두피 & 헤어증모

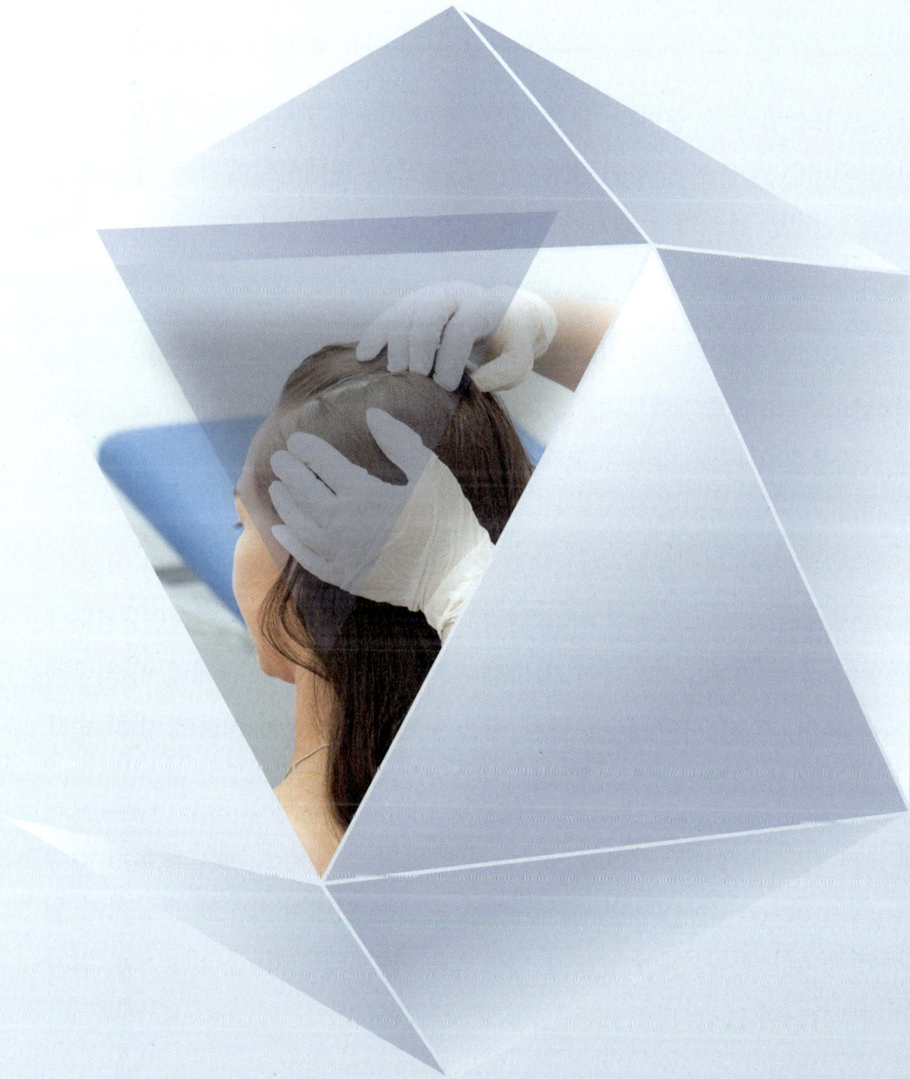

메디시인

머리말

뷰티산업은 21세기 최고의 고부가가치 산업의 하나로 세분화, 전문화되는 경향을 보이고 있습니다. 외모도 능력의 일부라는 사회적 인식과 함께 외모는 자기표현의 수단이자 개인의 경쟁력이 되므로 현대사회에서는 외모 가꾸기가 생활의 필수 요소이며, 소비자들은 외모관리를 위해 미용산업을 이용하게 됩니다.

이러한 미용산업의 한 분야라 할 수 있는 두피 · 헤어 증모는 과거 아름다움을 표현하는 외적인 부분에 중점이 맞추어져 있었으나 현대사회에서는 기능과 생리적 기능, 건강한 관리가 트렌드가 되어 두피 건강과 올바른 관리에 대한 중요성을 많이 느끼는 경향을 보이고 있습니다.

국민건강보험공단에 따르면 2020년 탈모 진료를 받은 사람은 23만 3,149명으로 2016년보다 10% 증가했으며, 건강보험 진료 데이터에 따르면 탈모 환자의 연평균 증가율은 2.4%로 나타나 고객들은 이러한 모발 상태의 문제점을 호소하고 있습니다.

탈모 인구가 1천만 명이 넘는 시점에서 두피와 모발에 대한 관심은 더 이상 특정 사람들에게만 국한되는 것이 아닌 연령, 성별을 가리지 않고 있으며, 외모에 대한 관심이 많아진 것이 작용하여 2030세대를 비롯한 직업에 관계 없이 적극적인 태도를 보이고 있습니다. 이에 따라 최근 두피, 모발 케어 제품에 대한 수요가 늘고 관련 제품 시장은 성장세를 이어가고 있습니다.

현재 두피 관련 교재들은 다양한 내용들로 출판되고 있지만, 헤어 증모와 연장에 대한 책의 출간은 전무한 상태입니다. 본 교재는 시대적 요구에 부응하기 위하여 두피 및 탈모관리, 헤어 증모와 연장으로 다양하고 새로운 내용으로 알차게 준비하였습니다.

PART 1. 두피 · 모발 관리 이론편으로 두피 생리학, 두피 · 모발 관리학, 상담학 순서, 영양학 능의 내용을 다루고 있습니다.

PART 2. 두피 · 모발 관리 실기편으로 재료 및 도구, 두피관리 실제 관리 프로그램을 살펴볼 수 있습니다.

PART 3. 헤어 증모편으로 가모의 정의와 역사, 붙임머리 실기, 헤어 증모술 실기로 구성하고 이해도를 높이기 위해 사진도 꼼꼼하게 첨부하여 구성하였습니다.

대학의 관련 학과와 현장 실무자들, 두피관리와 헤어 증모를 처음 접하는 모든 분이 누구나 쉽게 다가설 수 있도록 상세히 설명하여 효과적인 관리를 할 수 있도록 하였으며, 두피, 모발의 전반적인 이해와 헤어증모 시술에 중점을 두고 교재를 집필하였습니다.

필자들은 학교와 산업현장에서 두피 · 모발관리와 헤어 증모 분야에 교육과 실무를 겸하며, 필요한 지식을 꾸준히 정리하고 각 분야의 기본이론 저서와 현장에서의 실제 임상경험을 토대로 이해하기 쉽게 정리하고자 노력하였습니다.

관련분야에 대해 공부하시는 모든 분들이 교재에 수록된 내용들을 통해 임상에 적용하여 도움이 되었으면 하는 바람입니다.

끝으로 이 책으로 두피, 탈모, 헤어 증모 및 연장에 도전하는 모든 분들에게 나도 할 수 있다는 용기를 심어주고 본 교재가 소중한 자료가 될 수 있기를 기대합니다.

이 교재의 작업을 위해 고생하신 필자분들께 감사의 마음을 전합니다.

한발 더 나아간 두피관리와 새로운 트렌드인 헤어증모와
헤어 연장의 분야를 개척해 가려 노력하는

저자 일동 드림

차례

Chapter 04 모발 영양학

PART Ⅱ 두피 · 모발 관리 실기

Chapter 05 재료 및 도구

Chapter 06 두피관리 실제 프로그램

PART Ⅲ 헤어 증모

Chapter 07 가모의 정의와 역사

Chapter 08 붙임머리(Hair extention) 실기

Chapter 09 헤어증모술(Hairincrease) 실기

PART Ⅰ

PART Ⅰ

두피 · 모발 관리 이론

Chapter 1

두피 생리학

1. 두피 · 모발 관리

1. 두피관리의 개념

건강한 모발은 두피에서 시작되며 두피의 피지선에서 분비되는 피지와 땀샘에서 분비된 땀이 약산성의 피지막을 형성시켜 살균, 소독의 기능, 수분의 건조를 막고 모발의 탄력과 윤기, 중화의 기능 등 두피의 정상적인 대사기능은 모발생성에 영향을 미치므로 두피관리는 모발관리에 있어 중요한 부분이다.

두피는 스트레스, 피로, 연령, 계절 등 내부적, 외부적 요인에 민감하게 작용하므로 두피와 모발 건강을 위해 평소 예방차원에서 꾸준한 두피관리가 필요하다. 두피관리란 1901년 런던 두피모발 전문가 협회에서 처음으로 주장한 학문으로 '두피 모발학' 학문으로 정립하게 되었으며 국내에서 본격적인 학문의 연구가 2000년도에 들어오면서 미용시장에 확대되었다.

두피에 대한 개념은 탈모와 모발 손상 문제가 심각해지면서 대두되었고, 두피의 중요성을 인식하게 되면서 두피관리의 개념이 정립되었다.

두피 모발관리는 두피 및 모발 건강에 저해요인으로 작용하는 내적 또는 외적 이상 현상에 대해 문제점이 발생하기 전에 두피에 잔류하는 노폐물, 먼지,

독소들의 이물질 등을 깨끗하게 제거하는 관리로 내적요인과 외적요인을 통하여 예방과 개선을 하는 관리를 말한다.

즉, 샴푸로 잘 세정되지 않은 두피의 잔유물을 스케일링 제품이나 기자재를 이용하여 장애요인을 제거하여 모공을 깨끗하게 하므로 두피 호흡의 기능을 도와 건강한 두피로 만들어 주는 것을 의미한다.

즉, 두피 · 모발에 발생하는 다양한 문제점을 사전, 사후에 예방하여 모발의 발생과 성장을 이해하면서 보다 근본적인 원인을 분석하고 두피유형에 맞는 정확한 관리 및 예방으로 문제성 두피와 탈모의 사전 예방 및 악화를 방지할 수 있다.

2. 두피관리의 필요성

두피는 다른 피부와는 달리 모발로 덮여 있어서 피지나 땀의 분비가 많고 습도도 높아 문제성 두피가 발생하기 쉽고 세균의 번식도 쉬워 가려움, 노폐물, 독소 등으로 두피의 각화주기에 변화가 생겨 두피에 이상 현상으로 문제성 두피와 탈모의 원인이 될 수 있다.

너무 과도한 두피 세정도 피지막 제거 및 영양분의 흡수를 저해하여 문제성 두피의 원인이 된다. 두피관리는 모발성장에 장애가 되는 문제점을 제거해주어 두피의 잔유물을 제거하고, 외부로부터의 영양공급과 내부에서의 피지와 땀이 정상적으로 분비되고 노폐물과 독소가 배출되도록 도와 탄력있고, 윤기 있는 건강한 모발이 성장하는데 필요한 부분으로 건강한 두피 및 모발을 유지하는 필수적인 관리의 측면이라고 할 수 있다.

3. 두피관리의 목적

올바른 누피관리는 두피, 모발의 건강뿐만 아니라 인체의 건강을 관리하는데 목적이 있으며, 두피에 잔류하고 있는 이물질은 샴푸와 스케일링제, 기자재 등을 이용하여 두피와 모발의 장애요인을 제거하므로 인체 내부의 노폐물과 독소의 배출, 두피의 호흡 기능을 정상화시키고 두피 마사지는 두피의 신진대사 기능을 향상시킨다. 원활한 혈액순환을 촉진하며 영양 성분을 공급하여 건강한 두피로 만들어 정상적인 모발의 성장을 촉진시키고, 탈모예방에 효과적이다.

2. 두피의 생리학적 구조

1. 두피의 구조(Scalp Structure)

두피란 얼굴 피부의 연장선으로 동물의 뇌를 보호하기 위한 두개골 상부를 덮고 있는 피부조직이다. 다른 어떤 부분보다도 신경분포가 섬세하고 조밀한 구조를 가지고 있으며, 머리덮개라고 하기도 한다. 얇은 막을 가져 환경의 변화에 쉽게 반응하며 두피는 다음과 같이 여러 가지 기능적 역할을 가지고 있다.

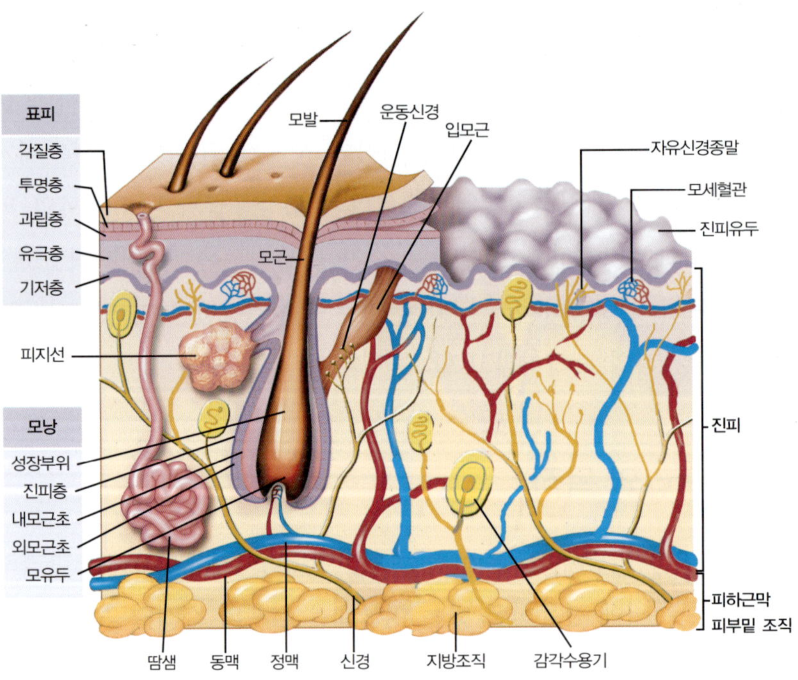

그림 1-1 두피의 구조

얇은 막과 섬유성의 두개골막은 뼈에 약하게 유착되어 있고 이런 두개골막에 의해 두개골을 둘러싸고 있는 두피는 외부 층에서부터 3개의 층인 표피, 진피, 피하조직으로 구분되어 완충작용을 한다.

1) 표피(Epidermis)

표피는 육안으로 볼 수 있는 인체의 가장 표면에 있는 최상부의 피부이다. 미용상에 있어서도 가장 중요한 부분이며, 화장품의 침투와 밀접한 관계를 가지고 있어 두피, 탈모관리를 이해하는데 매우 중요한 작용을 한다.

표피는 대략 0.04~1.6mm로 평균 0.1mm의 얇은 두께를 가지며 얇은 두께를 가짐에도 외부로부터의 강한 저항성을 가진다. 그리하여 표피층의 상처에는 출혈이 없다. 대부분(95%)이 수분을 보호하기 위해 자체적으로 기름을 만들어 내고 외부 이물질이 침입할 수 없도록 각질형성 세포(Keratinocyte)로 이루어진 중층편평각화 상피(Stratified squamous cornifying epithelium)로 된 얇은 막이다.

세포의 형태와 각화정도에 따라 각질층, 투명층, 과립층, 유극층, 기저층으로 5개의 층이 구성되어 있으며, 가장 아랫층인 기저층에서 각질층까지 각질형성세포(Keratinocyte)가 케라틴(Keratin) 단백질을 형성하여 28일 주기로 Turnover, 각화주기에 따라 각질을 형성 및 제거한다. 유극층에는 랑게르한스 세포가 면역력을 담당하고, 기저층의 멜라닌세포는 색소 형성세포로 색소에 관련된 모든 것을 관장하고 머켈세포는 촉각인지세포이다.

(1) 각질층(Stratum Corneum, Horny Layer)

각질층의 pH는 4.5~6.5의 상태를 띠며 난백질로 이루어진 각질세포(Keratinocyte)와 각질세포 간 지질성분인 세라마이드(Ceramide), 천연보습인자(NMF : Natural Moisturizing Factor) 등으로 구성된다. 각질형성세포가 분열되어 생성된 마지막 세포층으로 약 20~25겹의 중첩 모양을 띠고 있는 것이 특징이다.

각질층의 주성분은 케라틴 단백질 58%, 지질11%, 천연보습인자(NMF : Natural Moisturizing Factor) 38%를 함유하며 피부장벽은 같은 두께의 플라스틱 막 만큼이나 방수력이 뛰어나다고 비유를 할 정도로 수분이 밖으로 빠져나가지 않도록 한다. 보통 10~20%의 수분이 함유되어 있으나 10% 이하가 되면 피부가 육안으로 볼 수 있을 만큼 거칠어지고 갈라진다.

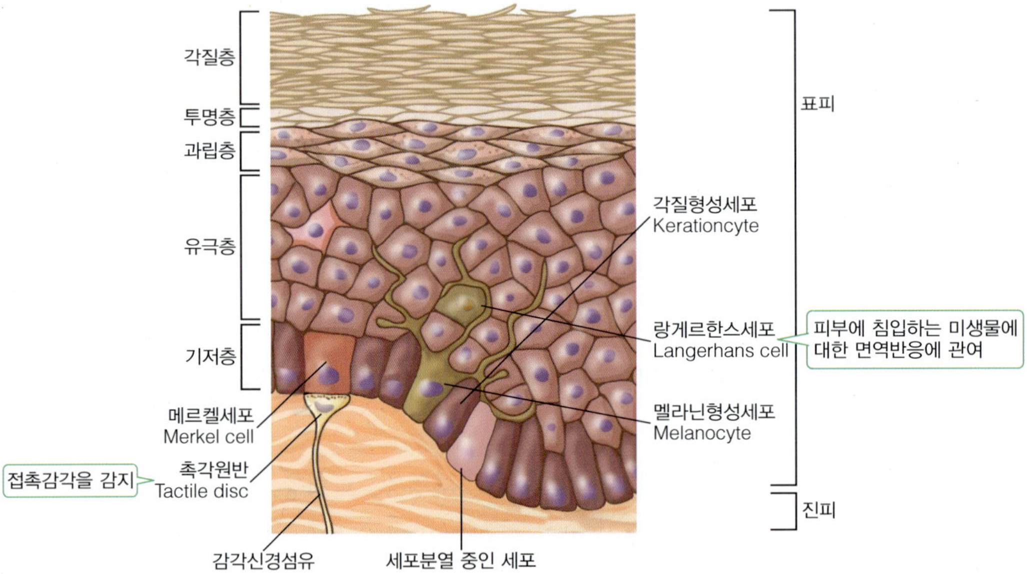

그림 1-2 각화과정

표피의 과립층에서 과립세포가 각질세포로 변해가는 현상을 각화현상(Turn-Over)이라 하며 각화현상이 일어난 각질층의 피부를 제거하지 않으면 세포의 재생주기가 길어져 피부가 활력이 저하되고 점점 굳어져 딱딱하게 된다.

① NMF(Natural Moisturising Factor)

단백질의 기본 단위인 아미노산과 대사산물들로 구성되어 있으며, 각질층에서 수분을 유지하는 역할과 함께 산성도를 유지하는 천연보습 성분이다. 각질층의 38%를 차지하며 물에 녹는 수용성 저분자로 방대한 양이 수분을 함유한다. 천연보습인자에 존재하는 아미노산들은 필라그린(Filaggrin)이란 단백질이 분해되어 만들어진다.

필라그린의 생성이 원활하지 않으면 건조함과 가려움을 유발하며 노화가 진행될수록 또는 계면활성제류 세정용품을 사용하면 감소하는 원인이 된다. 후천적인 원인 이외에도 선천적인 요인으로 인해 아토피가 발생하기도 한다.

표 1-1 NMF의 조성

	구성성분	구성비율	특징
1	아미노산	40%	많은 수분을 보유하며 입자가 작다.
2	피롤리돈 카르복실산 (PCA)	12%	아미노산으로부터 유래하며 수분결합능력이 뛰어나 보습제 성분으로 피부에 트러블을 일으키지 않는다.
3	젖산염	12%	요소, 요산과 함께 보습작용을 하며 수분결합능력이 있어 글리세린 대체물질로 사용된다.
4	요소	7%	활성성분을 흡수 증가시키며 각질층에서 수분을 끌어당기고 유지한다. 또한 각질층에서 세포와 세포사이 부분을 녹여 각질이 원활히 탈락할 수 있게 한다.

② 각질형성세포(Keratinocyte)

평편한 층을 이루고 있으며 표피의 대부분인 80%를 차지하며 건강한 피부는 대개 기저층에서 만들어진 세포는 분열되어 유극층으로, 분열된 세포들이 유극층에서 밀려 올라가는 주기는 14일을 가진다.

이렇게 과립층에서 각질층이 되어 각질층에서는 피부가 떨어지고 새 각질 세포가 생성이 되는 14일을 합하여 대개 28일(약 4주) 주기로 Turn-Over를 가진다.

이러한 주기가 정상적이지 않다면 각질과 피지가 섞여 피부트러블을 유발하고 더 나아가 외부로부터 자극이나 염증으로부터 저항성이 떨어지므로 각화주기의 중요성이 매우 중요한 것을 알 수 있다.

(2) 투명층(Statum Lucdum, Clear Layer)

다른 부위에 비해 두꺼우며 과립층에 있던 각질형성세포가 죽어서 각질층으로 가기 전 2~3층의 편평한 세포로 구성된 투명층을 거치게 된다. 손바닥과 발바닥에만 존재하는 얇고 투명한 것이 특징으로 3~4층의 생명력이 없는 각화 세포이다. 각질층과는 달리 수분을 흡수하는 능력이 없어 장시간 물에 노출 시 (ex : 목욕탕, 수영장) 단시간 쭈글쭈글 해진다. 엘라이딘(Elaidin)이라고 불리는 반유동성의 물질이 함유된 투명한 단백질이 빛을 차단하는 역할을 하여 색소침착이 이루어지지 않게 하며 윤기 나게 보이게 한다.

(3) 과립층(Stratum Granulosum, Granular Layer)

2~5층의 방추형의 다이아몬드 형태 세포로 구성되어 있으며 실제로 과립세포가 각질세포로 변하는 각질화과정이 시작되는 층이다. 세라마이드, 콜레스테롤, 자유 지방산(Free fatty acid)으로 이루어진 과립이 많이 포함되어 있고 외부로부터 이물질 및 물의 침투 등을 저지하는 수분 저지막(Rain membrance)이 있어 수분의 방출 및 유입에 관여한다. 이러한 원인으로 두피관리 시 앰플의 침투력이 원활하지 않는 이유를 가진다.

(4) 유극층(가시층, Stratum Spinosum, Spinous Layer)

표피 중 가장 두꺼운 층으로 5~10층으로 구성된 유핵 세포로써 가시층이라고도 한다. 불규칙한 다각형을 가지고 있으며 세포분열이 활발하지 않지만 표피에 상처가 나면 피부 손상을 복구할 수 있다. 유극층에는 주로 피부의 면역을 담당하고 있는 랑게르한스 세포(Langerhans cell)가 진피, 림프절, 흉선에서도 주로 발견되어진다. 유극층에서의 랑게르한스 세포는 외부에서 들어온 이물질을 면역세포인 림프구로 전달하여 알레르기 반응을 일으킨다. 그리고 림프(Limph)액을 순환시켜 노폐물 배출과 피부의 피로회복에 관여한다.

(5) 기저층(배아층, Stratum Basale, Basal Layer)

1개의 층으로 진피와 밀접해 있는 표피의 최하층 기저세포로 진피와 기저층의 경계면에 분포된 모세혈관으로부터 영양분을 공급받아 지속적인 세포분열을 통해 새로운 상피세포를 만들어낸다. 세포분열을 할 수 있는 유일한 세포들이다. 주로 잠이 드는 밤에 활발히 움직이므로 충분한 수면과 휴식이 필요하다. 배아층이라고도 하며 핵을 가지고 있다. 핵을 가지고 있는 세포사이에는 멜라노사이트(Melanocyte)가 있어 인체의 색을 결정짓는다.

각질형성세포로 전달된 멜라닌은 기저층 위 부분으로 확산되어 기저층이 손상되는 것을 막아주며 생성된 양에 따라 피부색이 결정지어진다. 신경세포와 연결된 기저층에 머켈세포(Merkerl cell)가 위치하고 있어 촉각을 감지한다. 피부 표면의 상태를 결정짓는 중요한 층으로 상처를 입으면 세포재생이 어려워 흉터가 남게 되고 세포증식이 중단되면 생명을 잃게 된다.

① 멜라닌 세포(Melanocyte)

표피의 13%를 차지하며 멜라노좀 안에서 멜라닌 세포가 형성이 되는데 유멜라닌(Eumelelanin)과 페오멜라닌(Pheomelanin)이 있다. 멜라닌의 두 종류는 백인, 황인, 흑인 모두 가지고 있지만 다양한 차이를 나타낸다. 혈액에서 얻을 수 있는 아미노산 중 티로신에서 시작하여 멜라닌좀(Melanosome) 안에서 멜라닌 형성이 이루어고 인종에 상관없이 모두 동일한 멜라닌 세포를 가지고 있다.

멜라닌좀(Melanosome)의 크기의 차이와 분포도, 합성에 따라 페오멜라닌과 유멜라닌의 특성이 두드러지며 멜라닌색소의 양에 의해 모발, 피부, 눈동자 등 색과 관련된 모든 부위를 결정짓는다. 멜라닌 세포는 표피 여기저기 분포해 있으며, 그 밖에도 모낭에서 모유두 위의 모기질에서, 홍채나 고환 등에도 분포해 있다. 각질형성세포로 전달된 멜라닌은 각질형성세포의 기저층 사이, 기저막 위에 있는 표피의 바닥에서 자외선에 의해 피부가 손상을 입는 것에 큰 역할을 한다. 태양광선에 대한 가장 효과적인 방어막이며 페오멜라닌보다는 유멜라닌의 효과가 너욱 크다.

② 랑게르한스 세포(Langerhans cell)

색소 결정 세포로 1868년 폴 랑게르한스에 의해 발견되었다. 표피에서 2~4%만 차지하며 대부분 유극층에 존재한다. 별모양의 많은 세포질 돌기인 가지돌기 세포인 랑게르한스 세포는 신경말단과 연결되어 있어 각질층을 통과할 수 있는 항원에 대한 침입을 인지하여 대식세포, T림프구에 전달하여 염증을 억제하고 면역작용에 결정한다. 두피관리 시 제품의 부작용과 관계가 있으며 자외선에 취약하여 노출 시 자외선은 랑게르한스 세포의 수를 감소시킨다.

③ 머켈 세포(Merkel cell)

머켈 세포는 촉각인지 세포라고 하며 표피의 기저층이나 신경종말에 위치하고 있으며 신경세포가 연결되어 있어 촉감을 감지하는 세포로 머켈 종합체를 형성한다. 주로 손과 발바닥, 입술 등의 털이 없는 부위에 발견된다.

2. 진피(Dermis)

표피 아래 위치한 층으로 촘촘한 결합조직인 섬유조직으로 피부의 90%를 차지하는 만큼 표피의 10~40배나 되는 두꺼운 층이다. 표피와 진피가 만나는 지점은 서로의 모양에 맞추어 맞물려 있으며, 진피는 두피를 보호하고 영양을 공급하여 재생의 기능을 가진다. 동물들에게 가죽을 얻는 부분이 진피 부분이다.

진피의 섬유아세포(Fibroblast)가 교원섬유(Collagenfiber), 탄력섬유(Elastic-fiber) 등의 섬유성 단백질과 무정형의 기질(Groundsub stance)을 만드는 역할을 한다. 그 외에도 대식세포(Macrophage)와 비만세포(Mast cell)가 존재한다. 비만세포(Mast cell)는 알레르기를 감지하는 세포로 염증매개 물질을 생성하거나 분비하는 작용을 한다. 진피는 두 개의 층으로 구분하여 유두층과 망상층으로 나뉘어지나 경계가 확실하지 않다.

1) 유두층(Papillary Layer)

표피와 가까운 기저층과 맞물려 있는 물결모양으로 진피의 윗부분에 위치한다. 영양공급과 온도조절을 담당하며 수분을 다량으로 함유하여 팽창한 피부 및 탄력을 좌우하며 신경은 통각과 촉각을 느낀다. 유두진피에는 특수 신경종말이 위치해 있는 신경유두(Nervous Papilla)와 모세혈관망이 분포되어 존재하는 혈관유두(Vascular Papilla)가 있으며 표피 가까이로 모세혈관과 신경종말이 풍부하게 분포되어 있어 표피의 기저층에 많은 영양분과 산소를 공급하는 역할을 한다.

2) 망상층(Reticular Layer)

표피와 가까운 진피의 아래 부분에 위치하고 그물 모양으로 존재하는 진피층의 대부분(80%)을 차지한다. 유두층과는 달리 모세혈관이 거의 없으며 장력을 관여하는 그물 모양의 콜라겐(Collagen)과 탄력에 관여하는 엘라스틴(Elastin)의 결합조직으로 이루어져 있다.

고무줄처럼 탄성이 있어 늘어나거나 줄어들 수 있는 유연성은 진피를 이루는 섬유질의 탄력상태에 따르며 망상진피의 섬유질로 인해 임산부가 임신으로 인하여 몸이 늘어나도 피부가 처지지 않는 것이다. 피부의 노화에 직접적인 관여를 하며 두껍고 치밀하게 짜여진 기질 아교섬유 다발들이 결합조직으로 서로 엉켜 배열되어 있다. 압각과 한각, 온각을 느낀다.

(1) 교원 섬유(콜라겐섬유, Collagen Fiber)

콜라겐이라는 어원은 아교를 만드는 바탕이라는 의미로 신체에서 많은 양을 필요로 하는 단백질인 만큼 진피의 90%를 차지하고 있으며 성인의 경우 단백질의 20~30%를 차지한다.

섬유아세포에서 만들어지며 교원섬유와 탄력섬유가 그물 모양으로 서로 짜여져 몸이나 장기를 지탱, 보강, 결합하는 역할과 피부에 탄력성과 신축성을 주는 역할을 한다. 매우 작지만 아교섬유 다발로 형성된 굵은 섬유는 원섬유질이라는 단백질로 형성되어 있고 물리적, 생리적, 화학적 자극에 대해 저항력을 가진다. 진피뿐만 아니라 뼈, 근육, 연골에 존재하며 현미경으로 보았을 때 6~7mm의 간격으로 줄무늬가 있는 것이 특징이다.

(2) 탄력 섬유(엘라스틴 섬유, Elastic Fiber)

교원섬유와 같이 섬유아세포에서 생성되어지며, 무정형의 불용성 단백질로 탄력성을 가지고 있어 1.5배까지 늘어나는 특징이 있다. 교원섬유와는 다르게 특징적인 줄무늬를 가지지 않으며, 탄력성이 있어서 수축되거나 팽창되어 변형된 피부가 원래의 모습으로 되돌아오도록 하는 기능을 가진다.

이러한 탄력적인 섬유는 노화와 직접적인 연관이 있어 나이가 들어감에 따라 파괴되어진다.

(3) 기질(Ground Substance)

대부분 히아루론산(Hyaluronic acid), 콘드로이친 황산(Chondrotin Sulfate) 등의 글리코사미노글리칸(Glycosaminoglycans), 황산 덜마탄(Dermatan Sulfate)들로 이루어진다. 이렇게 구성된 요소는 부위에 따라 다르고 기질은 물을 포함한 교질상태로 되어 있다. 진피의 건조중량에 따지면 1~2%를 차지하지만 수분을 보유하는 성질이 강한 진피의 보습인자인 기질은 본인의 몸무게의 수백 배까지 수분보유가 가능하다.

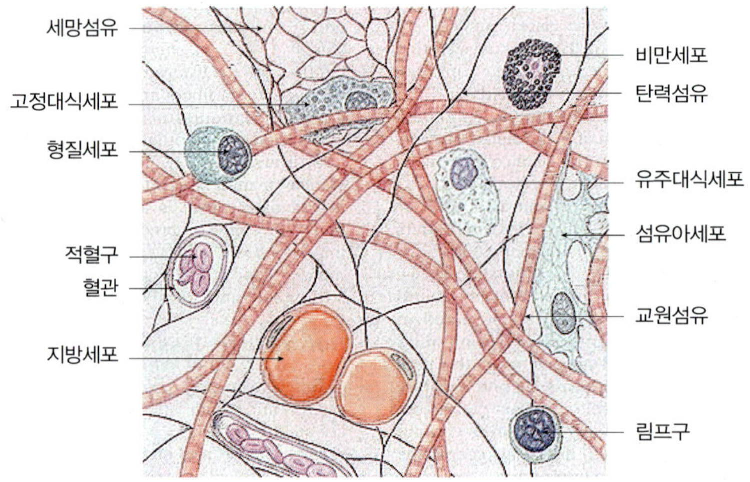

그림 1-3 진피의 구성

3. 피하조직(피하지방, Subcutaneous tissue)

진피와 근육사이에 위치한 피하조직은 피부의 가장 아래에 위치하고 있으며, 진피층에서 하강된 섬유조직 사이로 인체가 소비하고 남은 여분의 동글동글한 지방세포를 다량 함유하여 피하지방이라고도 한다. 피하지방은 에너지를 축척하고, 체온의 손실을 막아 몸을 따뜻하게 하여 체온 유지를 한다. 탄력성을 가지고 있어 외부 충격을 흡수하고, 내부를 보호하며 뼈와 근육을 보호한다.

피하조직이 두꺼울수록 두꺼워지며 운동, 다이어트 등으로 인하여 얇아지기도 하고 개인의 체형모양이 결정되며 여성 호르몬(Estrogen)과 관계가 매우 깊다. 두피의 피하지방은 다른 피부조직에 비해 얇게 존재하며 지방 외에도 여러 가지 섬유성 결합조직, 혈관, 림프관 등이 지방세포 사이사이에 존재하여 모발의 영양분을 전달하는 기능을 가진다. 셀룰라이트는 체액과 지방, 노폐물이 혼합된 지방이며 울퉁불퉁한 피부 표면을 가지고 있다. 오렌지 껍질같은 셀룰라이트는 여성에게 더 많이 나타나며 엉덩이, 배, 허벅지에 많이 쌓이게 된다. 규칙적이고 건강한 식습관, 운동, 마사지가 효과적이다.

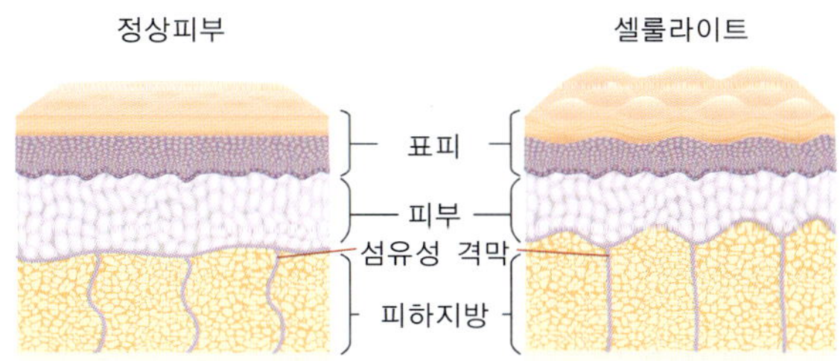

그림 1-4 피하지방

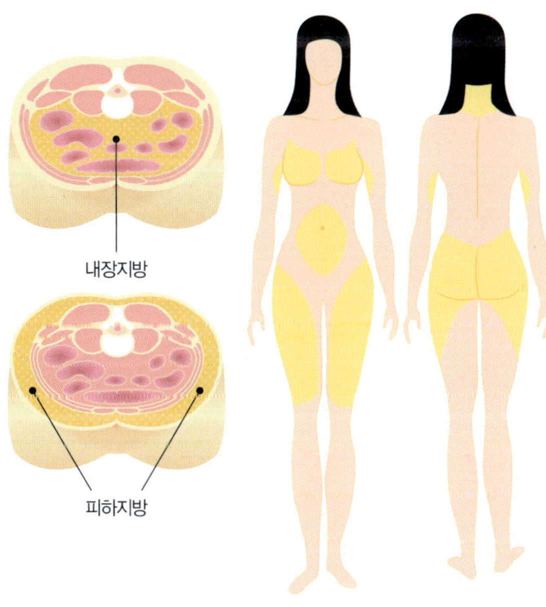

그림 1-5 여성의 지방 분포

표 1-2 셀룰라이트와 피하지방의 차이점

	구분	셀룰라이트	피하지방
1	형태	오렌지 껍질 모양	피부조직과 흡사
2	통증	있음	없음
3	발생시기	사춘기, 임신, 폐경 및 피임약	수시로
4	발생부위	엉덩이, 허벅지, 하복부 등	전신
5	특징	진피와 피하층, 미세혈액순환계에 걸친 구조변화	지방축척이나 지방 세포 증식에 의해 발생

4. 두피의 기능(Function of the Scalp)

두피는 두부를 감싸서 주위의 변화에 다른 신체의 작용을 순응시킨다. 피부는 또한 항상 신체 내부의 작용과 연결되어 있어 생명 유지에 중요한 기능을 한다. 생존에 있어 없어서는 안 될 두피가 가진 기능들이 서로 상호작용을 통해 두피의 건강을 유지하며 어느 기능 중 하나라도 문제가 생기면 다른 기능들에도 적지 않은 영향을 끼쳐 두피의 이상 현상이 일어나기도 한다.

1) 보호의 기능

가장 근본적인 기능으로 다양한 외부환경으로부터 노출되어 있는 두피는 모발 사이사이의 공기감이 쿠션역할을 하여 완충역할을 통해 충격, 온도, 먼지, 강한 자외선 등에 대한 물리적 보호가 가능하다. 또한 약산성 두피의 산도(pH 4.5~6.5)를 벗어난 pH밸런스를 무너뜨리는 샴푸와 염모제 성분 등의 화학제품으로부터 받는 자극에 대해서도 보호한다.

2) 호흡의 기능

인체는 폐를 통한 호흡이 97%가 되며 피부호흡은 1~3%로 기능을 관여하고 있다. 이렇게 호흡하여 피부로부터 독소를 배출하여 톤을 맑게 한다.

3) 흡수의 기능

두피조직은 모발성장에 필요한 영양분을 외부로부터 흡수하는 기능, 영양분의 두피 속 흡수는 표피세포를 통하여 흡수되는 것보다는 모공을 통하여 흡수될 경우 흡수력이 더욱 높다.

피지막 및 각질층과 레인방이막에서 물과 이물질의 침투를 차단하기 때문에 약물이 두피 내에 스며들게 하는 흡수 능력을 가지고 있는데, 모공 또는 표피를 경유하여 진피로 도달하는 것을 경피흡수라고 하며, 경피흡수의 경로는 두피세포 자체에서 흡수하는 경로, 두피세포 사이를 통해 흡수하는 경로, 모공 및 한선을 통해 흡수하는 경로가 있다.

4) 분비의 기능

피지선에서는 피지를 분비하고 한선에서 땀을 분비한다. 피지의 발생은 남성호르몬 테스토스테론(Testosterone)의 영향을 받기 때문에 남자가 여자보다 더 많이 분비된다. 두피에서 생성된 피지막은 두피의 세균감염에 대한 방어와 살균 능력, 보습기능을 가진다.

5) 배설의 기능

인체는 신진대사기능을 하고 남은 잔여물을 신장이나 항문, 폐 등을 통하여 체외로 배출하고 있으며 그 중의 일부인 모발은 중금속 등의 유해물질을 체외로 배설하는 기능을 한다. 두피에는 림프액이 흐르고 있어 두피에서 나오는 피지 등의 노폐물을 배출한다. 성인의 하루 피지 분비량은 1~2g이다.

6) 체온조절의 기능

땀을 분비하는 소한선은 온도가 낮을 때는 피부의 혈관수축성 신경의 활동으로 인해 피부혈관을 수축시켜 열의 발산을 억제하고 체온의 저하를 막는다. 또한 자율신경의 지배를 받는 입모근(Arrector)이 수축되어 표피에 공기층을 형성하므로 체내에서의 열 발산을 줄여 체온조절을 돕는다. 피부조직의 모세혈관은 피부발한 작용을 통하여 체온을 일정하게 유지하고 한선에서 땀을 분비하게 하여 체온조절에 중요한 역할을 한다.

7) 감각기능

피부는 인체의 최대 감각기관이다. 피부에는 1cm²당 촉점 25개, 온점 1~2개, 냉점 12개, 압점 6~8개, 통점 100~200개의 비율로 분포해있다. 세포표면 또는 세포질 내에 존재하는 분자구조인 리셉터(Receptor)는 지각과 감각기능이 있어 접촉되는 점막에서는 냉감, 온감, 압감, 통감 등의 감각을 느낄 수 있으며, 이러한 기능은 신체 방어기능으로 신경말단인 감각 소체에 의해 외부의 자극으로부터 전해지는 감각을 감지한다. 이러한 감각기를 이용하여 위험을 감지하고 신체를 보호한다.

8) 비타민 D의 합성

대부분의 비타민은 체외로부터 공급되어진다. 예외적으로 비타민 D는 표피 내에서 만들어지는 프로비타민 D로부터 일광 중의 자외선 조사에 의하여 만들어지는데, 이때 생성된 비타민 D는 칼슘의 흡수 촉진과 인의 대사에 관여하여 뼈의 발육 및 피부 재생을 도와주는 작용을 할 뿐만 아니라 일광으로 인한 피부염의 치유에도 관여한다.

9) 면역 작용

피부의 표피에는 이물질이나 병원균에 대항하는 각질형성 세포(Keratinocyte), 랑게르한스 세포(Langerhans cell), 비만 세포(Mast cell) 등과 같은 면역반응에 관련된 세포들이 면역작용을 함으로써 생체방어기전에 관여한다. 특히, 각종 세균과 박테리아 등 미생물이 피부에 침입하지 못하도록 인체에 이물질이 침입하는 것을 막아주는 1차적인 방어기구이다.

그러나 피부의 상처나 화상으로 인하여 피부가 손상될 경우에는 피지선에서 분비되는 피지와 땀에 의하여 피부 표면에는 산성막을 구성하여 여러 가지 미생물에 대한 방어체계를 이루고 있다.

10) 재생 작용

상처를 입었을 때 자연 치유를 하는 이러한 기능을 피부의 재생력으로 두피의 모발이식 수술 등을 할 수 있는 것은 피부의 재생력 때문이다. 그러나 상처가 진피층까지 진행이 되면 흉터가 발생하기도 한다. 진피층의 결합조직이 상처 치유과정에서 과도하게 증식되는 켈로이드(Keloid)가 발생하기도 한다.

5. 골격(Head Skeleton)

1) 두개골(Skull)

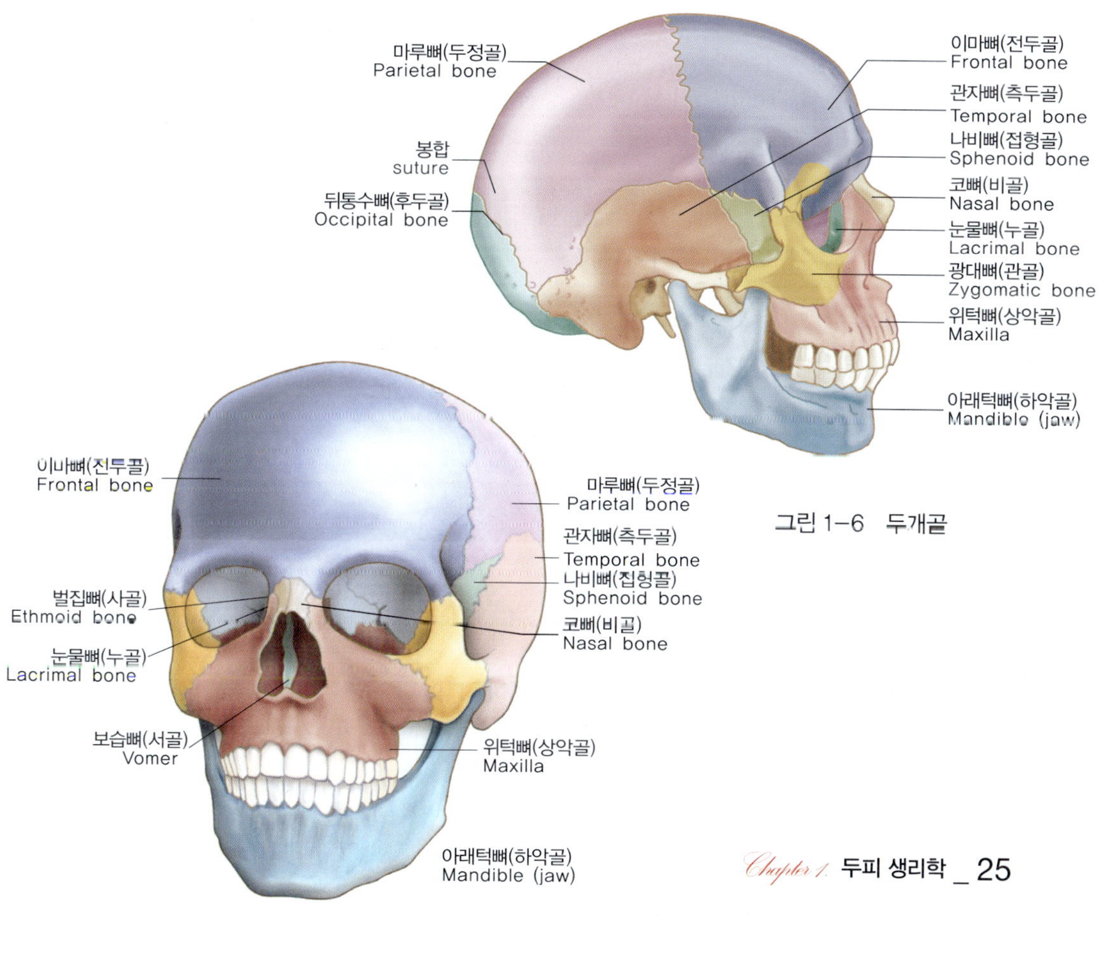

그림 1-6 두개골

인체의 뼈들은 발생학적으로 중배엽에서 유래되었다. 뼈로 변화는 과정을 골화(骨化)라고 하며 결합조직에서 직접적으로 뼈가 생성되는 것은 막성뼈(膜性뼈)라 한다.

이것은 여린 결합조직인 중간엽세포(中間葉細胞)들이 증식하며 막을 형성하고 이렇게 만들어진 막이 직접 뼈로 변화되는 과정이다. 두개골과 사골 등 연골이 형성되어서 뼈가 만들어지지 않는 골격의 형성과정으로 연골모형이 형성된 후 이 연골로부터 뼈의 외형이 만들어진다.

이렇게 형성된 뼈는 두상의 골격이 되고 두개강을 둘러싸는 부분인 두개골과 얼굴을 형성하는 안면골로 총 15종 23개의 뼈로 되어있다. 두피와 관련이 깊은 두개골은 6종류의 뼈가 8개로 이루어져있다.

① **전두골**(이마뼈, Frontal bone) : 머리 정면에 위치하는 뼈로 이마를 형성하고 안와(Orbit)의 천정을 구성한다.

② **두정**(상)**골**(마루뼈, Parietal bone) : 머리 후면 위쪽에 위치하는 2개의 뼈로 구성되어 있다.

③ **측두골**(관자뼈, Temporal bone) : 청각과 평형감각기를 수용하는 2개의 뼈로 구성되어 있다.

④ **후두골**(뒤통수뼈, Occipital bone) : 후두부와 두개저(머리뼈 바닥)의 후부를 만드는 부채모양의 큰뼈이다.

⑤ **접형골**(나비뼈, Sphenoid bone) : 날개를 편 나비모양이라 하여 눈확(눈구멍)을 이루는 일곱 개의 뼈 중 하나로 변형되면 안면비대칭의 주요 원인으로 꼽을 수 있다.

⑥ **사골**(벌집뼈, Ethmoid bone) : 두 눈 사이로 후신경이 지나며 눈확을 이루는 뼈들 중 하나이다.

2) 두부근육(Musculi capitis)

두피관리를 위해서는 두상의 근육을 이해해야 한다. 두상의 근육은 안면근과 저작근과 밀접하게 연결이 되어있는데 안면근은 피부가 당겨져서 표정을 변화시키므로 표정근이라 하며 안면신경의 영향을 받는다. 저작근은 악관절의 운동에 작용하는 4쌍의 근으로 천부에 2개(교근, 측두근), 심부에 2개(내 · 외측 인돌근)가 있고 삼차신경의 제 3지인 하악신경의 지배를 받는다. 이러한 안면 신경이 마비되면 두피의 근육과 연결되어 두피의 기능을 못하므로 이해할 필요가 있다.

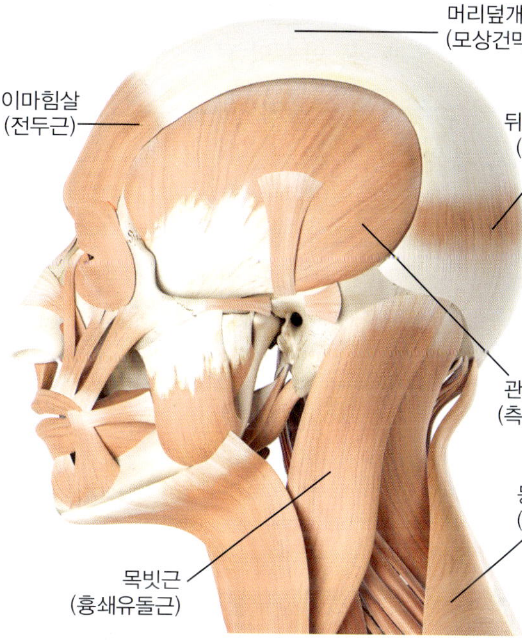

그림 1-7 두상의 주요근육

(1) 두상근(Muscles of head)

① 전두근(Frontails)

머리뼈를 덮고 있는 근육으로 이마에 위치하여 이마힘살이라고도 한다. 눈썹을 위로 올려 놀란 표정을 짓게 하고 이마에 주름을 생기게 한다. 전두근이 수축이 길어지면 탄성을 잃어 깊은 주름이 발생하며 이마, 눈, 눈썹, 코 부분에 관여한다.

② 모상 건막(Galea Aponeurotica)

머리덮개널힘줄이라고도 하며 두개골을 덮고 있으며 나이가 어릴수록 두툼하여 순환이 잘 된다. 나이가 들어감에 따라 스트레스 등으로 모상건막이 경직되어 딱딱해지는데 모상건막 사이로 혈관이 있어 영양 공급에 지장을 준다. 이것은 탈모와 관련되어 이완시키는 것이 매우 중요하다.

③ 후두근(Occipitalls)

뒤통수 힘살이라고 하며 목과 볼, 입술의 근육, 얼굴의 길이에 관여하는 턱선과 목주름, 얼굴 길이를 조절하는 근육이다. 뇌의 흐름을 안정되게 하고 신경을 다스려 대사 기능을 좋게 한다.

④ 측두근(Temporalis)

가리비 모양을 가진 관자근이라 한다. 두피를 팽창하게 하고 관자놀이의 피부를 뒤로 당기며 얼굴 속 깊은 근육의 느슨해진 근육을 당겨 올려 눈, 광대, 턱의 근육의 움직임에 관여한다.

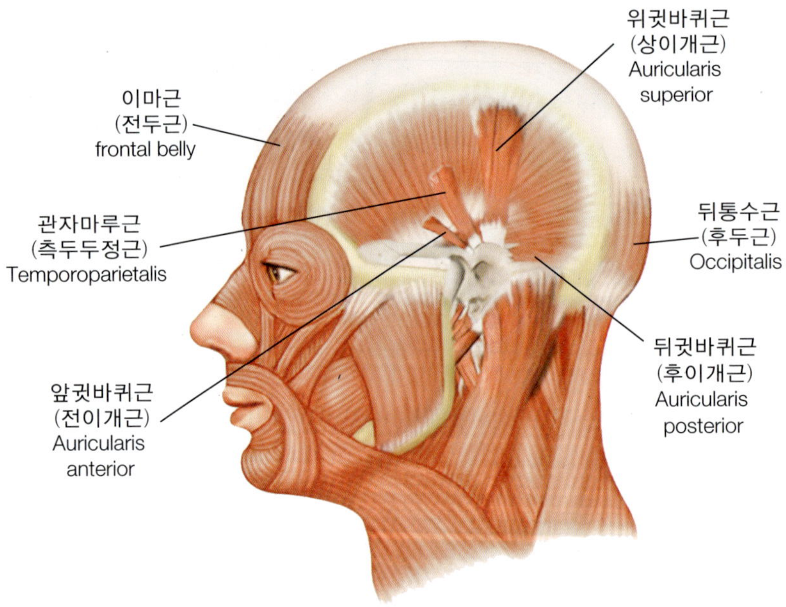

그림 1-8 얼굴근육

(2) 안면근(Facial muscles)

① 안륜근 (Orbicularis oculi)

눈 둘레근으로 눈 주위를 고리모양으로 감싸며 눈꺼풀을 조이거나 눈을 감게 하는 기능이 있다.

② 광대근(Zygomaticus)

근골근이라고도 하며 구각에서 광대까지 연결되어 있고 입꼬리를 뒤쪽 위로 당겨 올리거나 내리게 하는 기능이 있다.

③ 비근(Nasalis)

상악골에서 기시하여 콧등과 비익에서 정지하며 비공을 넓히는 기능이 있다.

④ 협근(Buccinator)

볼근이라고도 하며 볼을 치아 쪽으로 접근시키며 수축 시에는 입안의 음식물을 유지시켜 음료수나 젓을 빠는 데 쓰이며 입을 디물이 화닌 표징을 지을 내도 작용한다.

⑤ 추미근(Corrugator superciti)

눈썹과 눈살을 찌푸릴 때 주름을 형성한다.

⑥ 교근(Masseter)

깨물근이라고도 하며 권골궁으로부터 기시하여 하악각에 정지하는 두꺼운 근육이다. 인체에서 가장 강한 근육으로 아래턱을 들어올리며 차력사가 밧줄을 물어 물건을 끄는 것은 교근의 힘이다. 이 근육이 발달하면 사각턱을 만들고 비대칭을 일으키기도 하고 두통을 일으켜 문제를 일으킬 수 있다.

⑦ 측두근(Temporalis)

관자근이라고도 하며 측두와에서 시작하여 하악골의 근돌기에서 정지한다. 아래턱을 움직이게 하여 아래 턱의 근육을 올리고 내린다. 이 근육이 문제가 생기면 긴장성 두통을 유발하며 치통으로 연결될 수 있다.

⑧ 외측 및 내측익돌근(Pterygoideus Lateralis and Medialis)

상하의 치열을 접촉시켜 음식을 물게 한다. 아래턱을 내밀거나 올릴 수 있다.

(3) 두부와 관련된 근육

① 경부의 근육

7개의 경추는 머리를 움직이고 지탱하는 역할을 한다. 경추가 제대로 역할을 하지 않으면 머리무게가 전신에 영향을 주어 다른 근육의 역할에 지장을 준다. 이마와 후두근이 잘 움직이려면 목과 어깨의 뭉친 근육을 풀어줘야 한다. 근육이 쉽게 위축되는 대표부위가 목과 어깨, 허리 등으로 긴장된 경추와 어깨 근육을 풀어줌으로 인하여 머리와 목을 이완시켜 건막으로 가는 혈행이 방해받지 않고 스트레스를 쌓이지 않도록 한다.

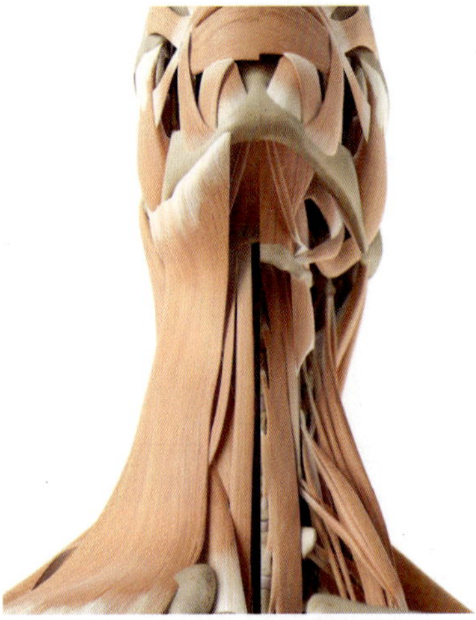

그림 1-9 목 근육

- **광경근**(Platysma) : 피부밑으로 달려있는 얇고 넓은 1쌍의 근육으로 표정근의 영향을 받으며 슬픈 표정을 지을 수 있다. 목의 피부를 당겨 경정맥의 압박을 완화시키는 역할을 한다.
- **흉쇄유돌근**(Sternocleido mastoid) : 부신경과 경신경의 지배를 받고 흉골 및 쇄골에서 기시하여 유양돌기와 후두골 위쪽에 정지하는 크고 강한 근육이다. 머리를 굽히고 돌리며 목이 무리하게 뒤로 젖혀지는 것을 방지한다. 마사지의 효과가 좋으나 강한 압으로 눌렀을 시 붓기도 한다.
- **경장근**(Longus colli) : 경추의 앞쪽을 아래 위로 늘어나게 하여 목의 굴곡을 지지한다.

- 두장근(Longus capitis) : 머리를 앞으로 굽힐 수 있다.
- 전두직근(Rectus capitis anterior) : 머리의 굴곡을 지지한다.
- 두판상근(Splenius capitis) : 머리를 돌리고 젖히는 역할을 한다.

② 등근육

- 승모근(Trapezius) : 양쪽 어깨를 펴고 어깨뼈를 회전하며 턱을 기울인다. 척추측만증, 척추전만증 등 가로막에 변화를 주어 호흡에 문제를 일으킬 수 있다.
- 경상판근(Splenius cervicis) : 머리와 목을 펼 수 있게 한다.
- 두상판근(Splenius capitis) : 머리와 목을 펼 수 있게 한다.
- 광배근(Latissimus dorsi) : 광배근을 늘여 어깨를 부드럽게 하고 위쪽 팔뼈를 펴고 모으며 회전한다. 수영이나 노를 서을 때 주로 쓰이는 근육이다.

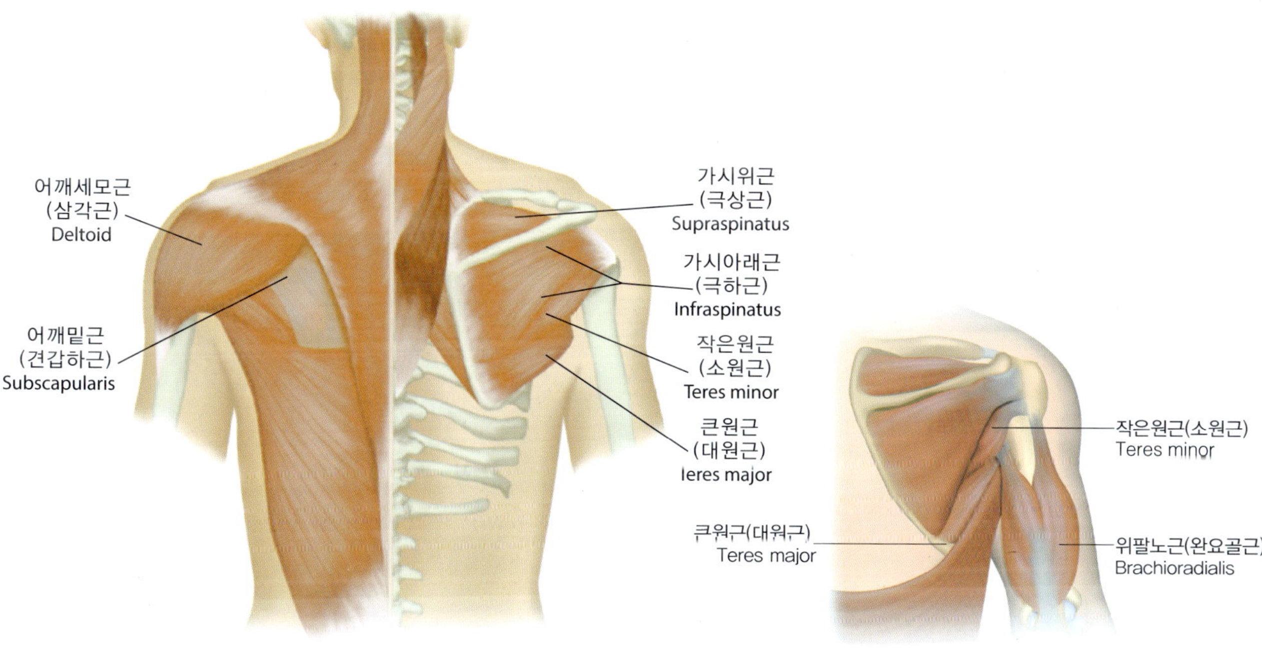

그림 1-10 등의 근육

③ 어깨, 팔, 손의 뼈대근육

몸의 움직임은 특정한 근육의 수축과 다른 근육의 이완의 결과이다. 근육의 작용은 적어도 2개 이상의 점에서 2개 이상의 뼈와 연결되어야 하는 밀접한 관계를 가지며 두피관리 시 두피만 마사지해서는 효과가 떨어진다는 것을 알 수 있다. 목, 어깨, 등, 팔, 손의 마사지로 인해 두상의 근육이 이완되어 대사를 촉진하고 혈액과 림프의 순환이 원활해진다. 이러한 효과는 극대화되어 두피 관리 시 앰플의 영양공급과 노폐물의 배출에 용이하고 부교감 신경계의 활성화로 심신이 안정된다. 하지만 강한 자극은 혈류의 흐름을 방해할 수 있으므로 적절하고 부드러운 마사지와 압이 필요하다.

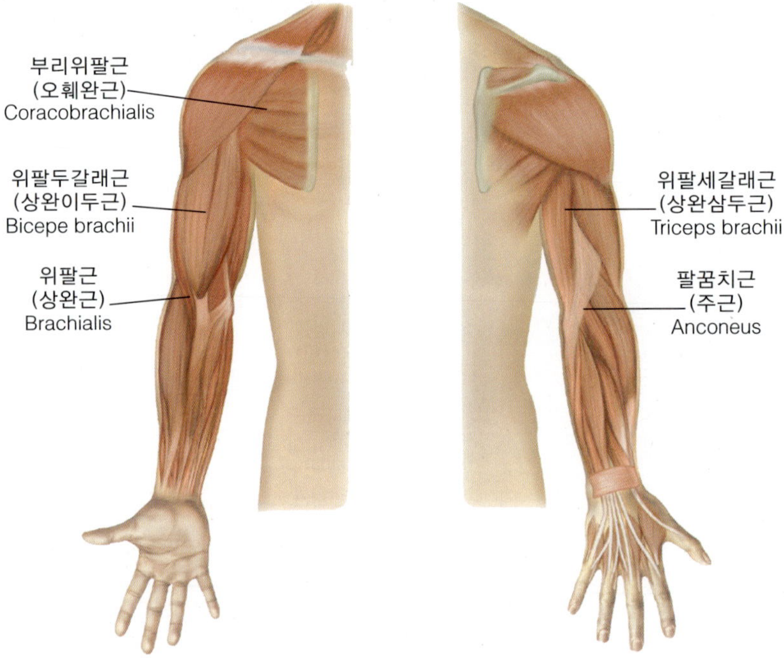

그림 1-11 어깨, 팔, 손의 뼈대근육

3) 두피관리 시 필요한 주요 경혈

두피는 혈행과 밀접한 관계를 가지며 마사지를 통해 혈류의 흐름을 부드럽게 한다.

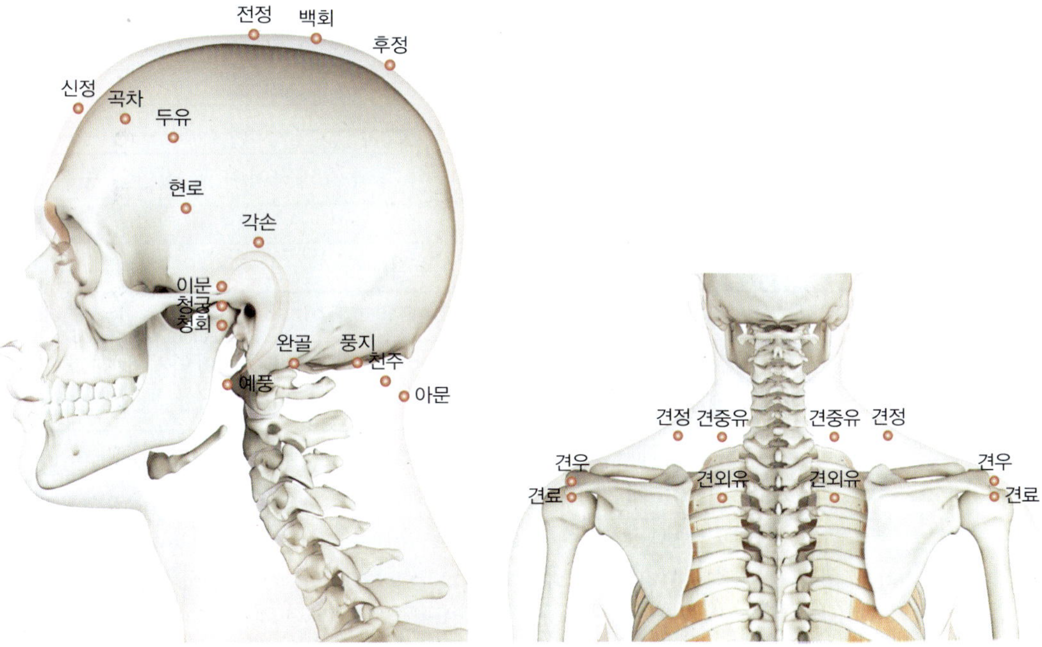

그림 1-12 주요 경혈

(1) 두상의 주요 경혈

표 1-3 두상의 주요 경혈

명칭		특징
1	후정(後頂)	두통, 불면증, 어지러움, 뇌출혈 등 눈에 관련된 경혈로 백회혈의 뒤쪽에 위치한다.
2	백회(百會)	모상건막의 가장 가운데 위치한 혈로 백 개의 혈이 지나간다 하여 백회라고 한다. 신경성 두통과 탈모에 효과가 있다.
3	전정(前頂)	이 혈을 자극하면 두통에 효과적으로 반응한다
4	신정(神庭)	이마에서 머리카락이 나는 정중앙 부분을 뜻한다.
5	곡차(曲差)	신정에서 두마디 옆으로 위치하여 만성 비염, 알레르기 비염, 두통, 혈압에 좋은 효과를 보인다.
6	두유(頭維)	눈에 관한 시력감퇴, 충혈에 효과가 있으며 구안와사에 효과가 매우 좋다.
7	현로(懸顱)	편두통, 어지러움, 뇌출혈, 신경쇠약, 결막염에 효과가 좋다.

	명칭	특징
8	각손(角孫)	귀, 눈, 치아의 통증에 효과가 좋다.
9	이문(耳門)	급성중이염, 소염작용에 효과가 좋다.
10	청궁(廳宮)	대소문이라 불리며 안면신경마비 등에 효과적이며 귀 질환의 중심혈이다.
11	청회(廳會)	이명, 난청, 중이염, 치통에 효과적이다.
12	예풍(瞖風)	중이염, 안면신경마비, 이명 등에 효과적이다.
13	완골(完骨)	두통, 안면신경마비, 불면증, 목이 뻣뻣한 증상, 구안와사에 효과가 매우 좋다.
14	풍지(風池)	후두골 아래에 위치하여 여러 근육을 동시에 풀어주는 목의 대표혈이다. 눈에 관련된 증상과 뇌출혈 예방에 효과가 좋다.
15	천추(薦椎)	머리를 하늘로 보았을 때 하늘을 지탱하는 두 개의 기둥이라 하여 천추라고 한다. 목이 뻣뻣해지거나 두통, 코 막힘에 이 혈을 누르면 머리가 맑아지는 효과가 있다.
16	아문(啞門)	두개골 아래 정중앙에 위치하여 신경질환, 두통, 중풍에 효과적이다.

(2) 어깨의 주요 경혈

표 1-4 어깨의 주요 경혈

	명칭	특징
1	견중유(肩中兪)	어깨가 아프고 목이 뻣뻣할 때 자극하는 혈로 어깨의 대표 혈이다.
2	견정(肩井)	모든 어깨 병의 중심혈로 머리와 목의 통증과 심한 천식에 효과적이다.
3	견우(肩髃)	현대인들은 장시간 스마트폰과 컴퓨터 사용으로 인해 바른 자세가 흐트러져 오십견에 걸리기 쉽다. 견우는 오십견을 예방할 수 있다.
4	견료(肩髎)	어깨통증에 관여한다.

3. 모발의 생리학적 구조

1. 모발의 정의와 기능

1) 모발(Hair)의 정의

모발(毛髮)이란 일반적으로 사람의 털을 이르는 말로 포유동물(Mammal)만이 가지고 있는 특징이다. 모발은 단단하게 밀착되고 각화된 상피 세포로 이루어진 고형의 원추섬유(Cylindrical Fiber)로 털이 난 부위에 따라 두발, 수염, 속눈썹, 콧털, 귀털, 겨드랑이털, 음모로 나타낸다. 부위에 따라 길이나 굵기가 다르고, 성모는 성장시기나 부위 · 성별에 따라 다르며, 길이에 따라 단모와 장모로 나뉜다. 손바닥 및 발가락의 말단부, 점막의 경계부, 입의 점막, 배꼽, 유두, 귀두부를 제외한 몸 전체에 분포한다. 전신에 약 130~140만 개 정도 분포되어 있으며, 이 중 머리카락은 약 10~20만개 정도 분포되어 있고 평균 1일에 0.35mm의 속도로 성장한다.

2) 모발의 기능(Hair function)

모발은 외부환경으로부터 피부 표면을 보호하고 방한(防寒)과 방서(防暑) 작용으로 체온유지 작용을 한다. 또한 인체에 유해물질의 침입을 방지하고, 개성을 표현하는 장식적 요소와 촉각 및 통각을 전달하는 작용을 한다.

(1) 보호(Protect)기능

털은 외부의 충격이나 직사광선, 추위, 더위 등으로부터 인체를 보호한다. 두발은 머리 전체를 감싸고 있으며 두개골(Skull)에 가해지는 충격을 완화시켜 뇌(Brain)를 보호하는 중요한 기능을 가지고 있으며, 땀이나 이물질의 유입을 막아주고 피부 사이의 마찰로부터 피부 손상을 줄여준다.

(2) 장식(Decoration)기능

모발을 장식의 수단으로 사용하였다. 머리 모양은 자신의 아름다움과 개성을 나타내는 방법으로 시대에 따라 남 · 여의 특징을 나타내는 기능을 가지며, 개인적인 장식기능의 중요한 역할을 한다.

(3) 배출(Egestion)기능

인체의 털은 체내의 노폐물(Waste)을 배출한다. 모발은 혈액순환에 의해 받은 영양분으로 성장하기 때문에 혈액 내에 있는 비소, 수은, 납, 아연과 같은 중금속 및 유해 성분들을 모발을 통하여 체외로 배출시킨다. 어떤 특정 물질은 혈액을 통하여 모모세포에 집중적으로 보내져 분열하는 세포 내로 모이는데, 모발 생성과정에서 모모세포의 영향으로 모발에 잔류량이 축적됨으로 인체의 건강 상태를 파악하는 자료로 활용된다.

(4) 감각(Sense)기능

모근부(Hair root) 주위에 존재하고 있는 지각신경이 방사상으로 분포되어 작은 자극에도 반응하므로 촉각으로 인체를 보호한다. 기온이 높을 때에는 입모근을 늘어뜨려 모발을 기울이게 하여 열을 발산시키고, 기온이 낮을 때에는 입모근을 잡아당겨 모발을 세워 바깥에 있는 차가운 공기를 차단하여 온도를 조절하는 기능과 외부 자극에 우리 인체가 반응하도록 하는 기능을 지니고 있다.

(5) 표시(Express)기능

피지선의 발달과 성호르몬 작용으로 인하여 2차 성징이 나타나며 2차 성징의 기능으로 남성과 여성 각각의 특징을 알아볼 수 있으며, 음모가 자라기 시작한다.

2. 모발의 발생 및 성장주기

1) 모발의 발생

모발은 한선, 피지선, 조갑과 같은 피부의 부속기관로서 세포의 분화 과정을 통해 특별한 구조와 기능을 갖춘다. 모낭의 발생은 태생기에 표피의 함몰로 형성되면서 시작하여 전모아기(Pre−germ Stage), 모아기(Hair−germ Stage), 모항기(Hair-Peg Stage), 모구성 모항기(Bulbous-Peg Stage), 완성 모낭(Follicle Maturation)으로 나뉜다.

(1) 전모아기(Pre−germ Stage)

전배세포기로 임신 6~7주경 태생초기로 표피는 배아층 세포와 주피의 2층으로 구성되어 세포가 밀집하게 되는데 모낭의 형성 이전을 말한다.

(2) 모아기(Hair−germ Stage)

배세포기로 임신 14주경 중간층 세포가 배아층 세포 속으로 진입하여 배아층 세포가 진피 속으로 함몰되는 시기를 말한다.

(3) 모항기(Hair−peg Stage)

기둥형성기로 임신 18주경 모아가 진피내로 자라 깊숙이 형성되어 기둥모양을 갖추고 모유두가 될 간엽성 세포집단이 형성되는 단계이다.

(4) 모구성 모항기(Bulbous−Peg Stage)

구상기로 모구가 형성되고 모낭 기둥면에 피지선과 기모근의 근원 부위가 부풀어 오르고 모낭 끝이 둥글어지면 간엽성 세포집단이 모유두 형성을 예고하는 시기이다.

(5) 완성 모낭(Follicle Maturation)

모낭성숙기로 모근은 내 · 외모근초와 모간의 분화로 피지선이 형성되고 입모근이 부착하는 팽출부가 생성되며, 모유두가 형성되어 모발을 만들어낼 수 있는 성숙한 모낭을 말한다.

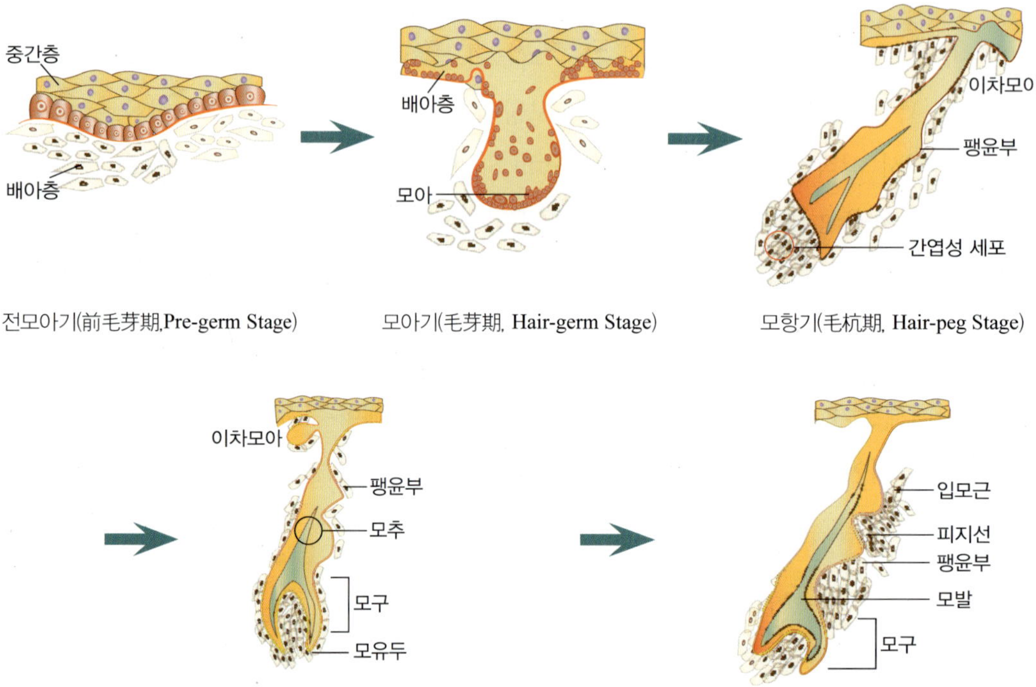

전모아기(前毛芽期,Pre-germ Stage)　모아기(毛芽期, Hair-germ Stage)　모항기(毛杭期, Hair-peg Stage)

모구성 모항기(毛球性 毛杭期, Bulbous-Peg Stage)　완성모낭(完成毛囊, Follicle Maturation)

그림 1-13　모발의 형성과정

2) 모발의 성장주기(Hair Cycle)

인체의 모발은 약 100만 개에 이르며 모발에만 약 10만개가 있다. 각각의 모발은 독립된 수명을 지니며 하루 평균 0.35~0.4mm씩 자라며 성장하고, 탈락하고, 다시 발생이 반복하는 과정을 통해 모주기(Hair Cycle)를 갖는다.

모유두의 수는 새로 생성되지 않고 태어날 때 정해지기 때문에 모유두의 수에 따라 모발의 개수가 정해지고, 모유두가 손상되면 모발은 더 이상 자랄 수 없기 때문에 매우 중요하다. 또한 모유두는 모발을 지속적으로 성장시키지 않고 어느 정도 활동을 하고 난 후 일시적으로 활동을 중단하고 다시 활동하기를 반복한다.

(1) 성장기(Anagen Stage)

성장기 기간은 남성 3~5년, 여성 4~6년으로 전체 모발의 80~90%를 차지한다. 성장기 세포분열이 가장 활발한 시기로 빠른 속도로 모발이 자라 하루 평균 0.35~0.4mm, 한달 평균 1~1.5cm 정도 자라며 남성보다 여성의 모발 성장 속도가 빠르다. 피부 표면에 나오기 전까지는 남성이 빠르고 표면에 나와서는 여성이 빠르며 겨드랑이나 치모는 여성이 남성보다 배의 속도로 자란다.

모구로부터 모낭으로 나가려는 생성단계와 딱딱한 케라틴(Keratin)이 모낭 안에서 만들어지는 단계로 모발 성장기의 초기 단계에 모모세포로부터 만들어지고 모유두의 모세혈관으로 보내진 영양분으로 성장하기 시작한다. 모발의 성장은 건강상태, 연령, 성별, 질병의 유무, 음식, 비타민, 체내 호르몬 등의 영향에 따라 변화될 수 있다.

(2) 퇴행기(Catagen Stage)

퇴행기 기간은 산후 탈모증을 제외하고 2~3주 정도이고 전체 모발의 1%를 차지한다. 퇴행기는 약 5년간의 성장기가 끝난 후 세포분열이 점차 둔화하였다 정지되는 시기로 모발의 형태를 유지하면서 대사과정이 느려진다. 이 시기에 모구부의 수축현상으로 모유두와 분리되고 모낭이 위축되어 모근이 위쪽으로 밀리면서 세포분열이 정지 상태로 더 이상 케라틴을 생성하지 않는다.

(3) 휴지기(Telogen Stage)

휴지기 기간은 3~4개월로 전체 모발의 10~15%를 차지한다. 휴지기는 성장의 마지막 단계로 퇴행기 후에 모유두가 위축되고 모낭이 차츰 쪼그라들면서 세포가 증식하지 않으며 더 이상의 성장은 없고 모유두와 완전히 분리되어 모발이 빠지는 시기로 강한 브러싱이나 마찰 등에 의해서도 모발이 쉽게 탈락한다.

남성은 평균 하루 60개 정도 모발이 빠지는데 봄, 가을에 모발의 빠짐이 심해져 계절에 따라 모발 탈락의 개수가 달라진다. 산모의 경우 급격한 호르몬 변화에 의해 휴지기 모발이 전체 모발의 30~40% 정도를 차지하나 일시적으로 나타나 차츰 회복된다.

(4) 탈모기(Hair Loss Stage)와 발생기(Return Anagen Stage)

탈모기는 탈락하는 모발의 개수가 성장하는 모발의 개수보다 많아지면서 모발의 개수가 줄어드는 시기이다. 휴지기와 발생기 과정 중간으로 발생기와 동시에 일어날 수 있으며 개개인 마다 차이가 있다.

탈모기 과정 10주 동안 신생모가 나오지 않으면 탈모로 인한 대머리가 될 수 있다. 발생기는 휴지기에 쉬고 있던 모유두는 모구부와 결합하여 모모 세포분열이 다시 왕성해지며 한 모낭 안에 서로 다른 주기의 모발이 공존하고, 휴지기의 노화된 모발을 밀어 올려 자연 탈모가 일어나는 시기이다.

모발 한 가닥은 성장기–퇴행기–휴지기–탈모기&발생기 4 단계를 약 20~25회를 거듭하면서 모유두의 일생을 마친다. 모발은 질병, 유전, 체질, 연령, 성별, 영양 결핍 등의 여러 가지 상황에 따라 모발의 주기가 달라진다.

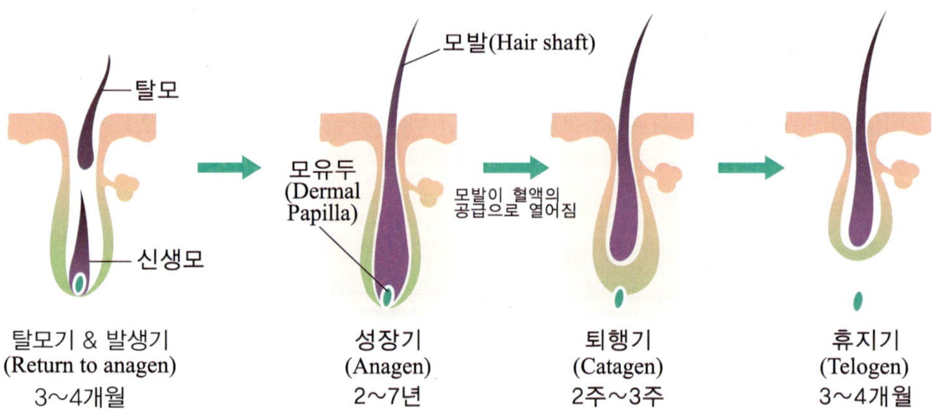

그림 1–14 모발의 성장 주기

3. 모발의 구조 및 특성

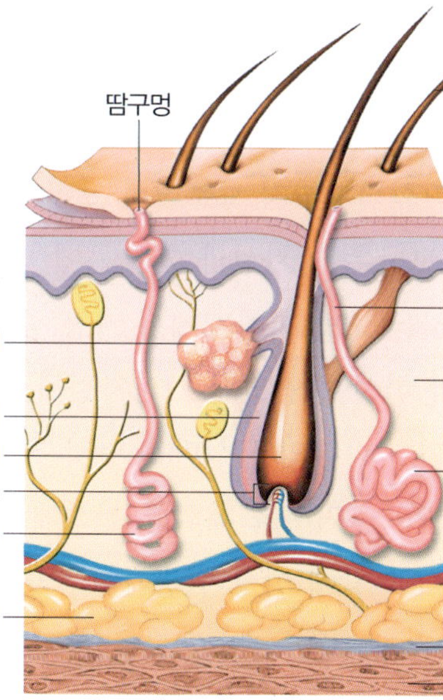

그림 1-15 모근부

모발은 표피가 진피를 향해 아래 방향으로 뻗어나가 생긴 움푹 패인 홈인 모구(Bulb)에 나있다. 모구의 하반부 중심에는 모유두가 있고 모유두를 둘러싸고 있는 모모세포가 세포분열을 하여 모발이 생성된다.

모발은 표피 내부에 있는 모근부(Hair root)와 표피 밖으로 나와 각화되면서 외부환경으로부터 직접적인 자극을 받는 모간부(hair shaft) 2가지 부분으로 분류되며, 모근부는 모낭(Follicle), 모구(Bulb), 모유두(Papilla), 모모세포(Keratinocyte), 내모근초(Inner root sheath), 외모근초(Outer rootsheath), 피지선(Sebaceous gland), 입모근(Arrector pili muscle) 등으로 구성되어 있고, 모간부는 모표피(Hair cuticle), 모피질(Hair cortex), 모수질(Hair medulla)로 구성되어 있다.

1) 모근부(Hair root)

(1) 모낭(Follicle)

모낭은 모낭 모발을 감싸고 있는 주머니 모양의 기관으로 외층은 표피와 연결되어 있고 내층은 진피와 연결되어 피부 속의 모발을 원통형으로 감싸고 있으며 모발이 생성되어 각화되기까지 보호하며 표피까지 운반해준다.

피부의 함몰로 생긴 모낭은 피지선과 기모근에 발견되는 아포크린선(Apocrine gland) 등을 포함하는 모발 복합체에서 가장 중요한 구조물이다. 또한 모낭의 도관으로 피지선과 한선이 연결되어 피지선에서 피지를 분비하고 한선에서 분비되는 땀과 혼합되어 피부의 산성막을 형성시켜주고 보호해 준다.

모낭은 손과 발바닥, 입술, 귀두를 제외한 전신에 분포되어 있으며, 모발 발생과 밀접한 관련이 있어 모낭에 이상이 생기면 모발 자체가 생성되지 않고 한번 파괴가 되면 재생되지 않는다. 그리고 모낭 옆의 민무늬근으로 된 입모근이 모낭에 붙어서 털을 직립시키는 작용을 도와준다.

(2) 모구(Bulb)

모구는 모구부의 구근 모양으로 되어 있는 아랫 부분을 뜻하며 전구 모양이다. 모근 아래 둥글게 자리 잡고 있으며 모구 내측에 있는 모유두와 연결되어 있으며 모발과 이를 보호하는 모낭의 내모근초와 외모근초가 만들어지는 중요한 곳이다.

(3) 모유두(Papilla)

모유두는 모낭 바닥에 있는 조직으로 가운데가 오목한 모양으로 아랫부분에 모모세포가 빈틈없이 짜여져 있고 모세혈관과 자율신경이 분포되어 있다. 이에 분포되어 있는 자율신경과 모세혈관이 모발의 당김 시에 모근 안쪽 신경으로 통증을 느끼게 된다. 또한 혈관을 통하여 모발을 성장시키는 영양분과 산소를 운반하는데 모발 성장을 돕는 직접적인 영양 공급원으로 세포분열이 시작되는 곳이다.

(4) 모모세포(Keratinocyte)

모구부의 오목한 부분과 모유두가 접한 부분에 위치하며 비듬같이 납작한 모양의 케라틴 형태로 각화된 모양의 모모세포는 모유두를 감싸고 있는 가장 중요한 모발 구성요소이다. 모모세포는 내모근초와 모간을 형성하며 모세혈관을 통하여 모유두에 산소와 영양분을 공급받아 활발한 세포분열과 증식을 하며 모발을 성장시킨다. 이는 모유두의 정점은 모수질이 된 세포가, 아랫 부분에서는 모피질이 된 세포가, 가장 아래 외측으로는 모표피가 된 세포가 분열하여 위로 밀고 나오며 모발의 모양을 갖추어 성장하는 것이다.

(5) 입모근(Arrector pili muscle)

입모근은 피지선 아래에 붙어있는 불수의근(不隨意筋)으로 털의 경사면에 존재하며 찬기온이나 공포에 노출되었을 때에 입모근이 수축하여 털을 세우고 소름이 돋는 현상이 나타나는데, 이때 입모근이 작용하여 모공을 닫고 체온 손실을 막아주는 역할을 한다. 털은 진피의 피지선 바로 아래에 붙어있는 유극층으로부터 모낭을 감싸는 결합조직까지 경사지게 기울어져 있어 모구의 뿌리를 피부를 향해 비스듬히 끌어당겨 주어 모발이 서도록 한다.

(6) 모발의 색소세포(Melanocyte)

색소세포는 수지강 돌기의 형태로 모유두의 바로 윗부분에 위치한다. 모모세포 분열 시 모모세포에 있는 색소세포로부터 생성되어 연한 모피질 속에 같이 함유하여 모발의 색을 결정하는데 중요한 역할을 한다. 인종과 개인에 따라 색소 입자에 따른 차이로 인해 다양한 색상이 나타나게 된다.

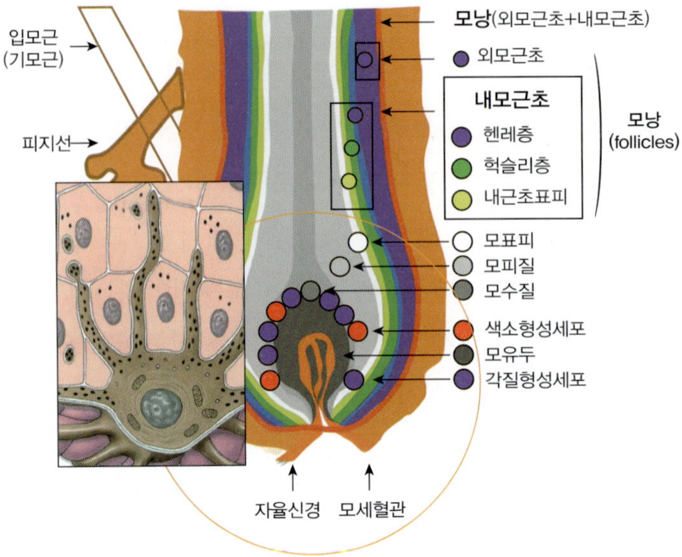

그림 1-16 색소세포

(7) 내모근초(Inner root sheath), 외모근초(Outer root sheath)

내모낭과 외모낭 안의 모발을 직접 감싸고 있는 부분으로 내모근초는 표피의 각질층, 과립층, 유극층으로 구성되어 있으며, 모발을 직접적으로 보호하고 표피까지 운반하여 각질화되고 비듬이 되어 소멸한다. 외모근초는 기저층으로 구성되어 입모근 근처까지 위로 올라간다. 또한, 내모근초와 외모근초는 모구 부분의 세포분열로 생성되며 각각 다른 세포이다.

2) 모간부(Hair shaft)

모발의 단면을 보면, 중심을 감싸고 있는 3개의 층으로 이루어져 있다. 중심부를 이루는 가느다란 모수질(Hair Medulla), 그 주위를 감싸고 있는 좀 더 두꺼운 모피질(Hair Cortex), 그리고 최외층의 비늘처럼 형성된 모표피(Hair Cuticle)로 가장 얇은 부분이다. 모피질은 피질세포와 간충물질로 이루어져 있고, 세포막 복합체(CMC, Cell Membrane Complex)로 감싸져 있다. 모간부의 모든 물질은 원자, 분자, 분자들의 중합체로 이루어져 있으며 모발의 약 90% 이상을 차지하는 각화된 비듬 형태를 이루는 케라틴 단백질로 되어 있다.

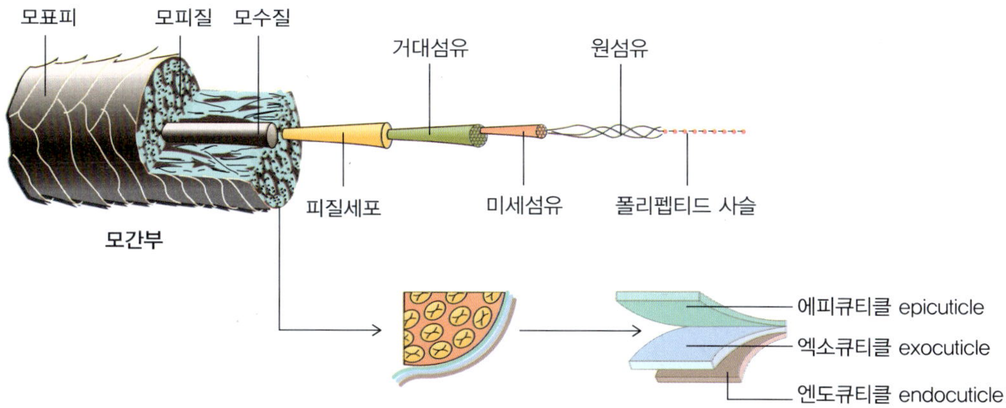

그림 1-17　모간부의 구조

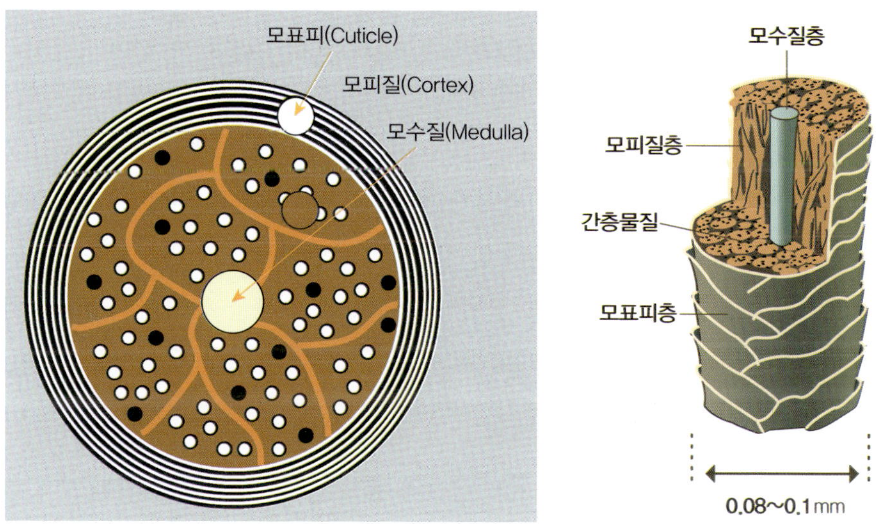

그림 1-18　모간부의 구성

(1) 모표피(Hair Cuticle)

모표피는 모발의 가장 바깥층으로 모발의 10~15%를 차지한다. 편평하고 핵이 없는 판상의 세포로 투명한 비늘 모양의 단단한 케라틴(Keratin)으로 구성되어 인종과 개인에 따라 5~15층으로 모표피가 조밀하게 겹쳐진 문리모양이다. 이 문리는 모발의 손상된 정도를 측정하는데 사용되며, 모발을 보호해주고 광택을 내며 모발 손상의 척도가 되는 곳이다. 케라틴은 모발의 주성분으로 섬유성 단백질로 이루어져 있으며, 수십 종의 아미노산 결합물로 되어있다.

모발의 케라틴은 염기성 아미노산의 히스티딘(Histidine), 리신(Lysine), 아르기닌(Arginine)의 비율이 1 : 3 : 10 비율로 되어 있으며, 이 비율은 다른 단백질에서는 볼 수 없다. 모피질과 연결된 모표피는 친유성(Lipophilicity)으로 물과 약품의 침투와 작용에 저항력이 있으며 알칼리성 용액에 약하다.

모표피의 손상이 클수록 화학성분이 쉽게 흡수되고 알칼리(Alkali)에 쉽게 팽윤되어 모표피가 열리고 산과 접촉하면 단단하게 폐쇄된다. 물리적인 자극에 모표피의 손상(Damage), 박리(Exfoliation), 탈락(Eliminate) 등이 발생되면 모수질에 손상을 주게 된다. 모발이 건강할수록 견고하게 결합되어 있으며, 모발의 바깥층으로부터 에피큐티클(Epicuticle), 엑소큐티클(Exocuticle), 엔도큐티클(Endocuticle)의 3층으로 이루어져 0.1～ 0.2mm의 두께로 되어 있다.

① 최외표피(에피큐티클, Epicuticle)

최외표피인 에피큐티클은 가장 바깥부분에 위치한 얇은 막으로 수증기(Water vapor)는 통과하지만 물은 통과하지 못한다. 친유성으로 외부 환경으로부터 알칼리성과 같은 화학약품에 저항성이 높고, 단단하기는 하나 부서지기 쉬워 물리적 자극에도 손상되기 쉽다. 모발을 보호하고 수분을 유지하며 pH에 의해 반응한다.

② 외표피(엑소큐티클, Exocuticle)

외표피인 엑소큐티클은 연한 케라틴질의 층으로 시스틴 함량이 높으며, S-S 결합이 많은 비결정질의 케라틴이다. 불안정하여 펌(Perm)제에 의한 시스틴 결합을 절단하는 약품의 작용이나 화학적 약품에 대한 자극을 받기 쉬운 층이다.

③ 내표피(엔도큐티클, Endocuticle)

친수성(Hydrophile property)으로 모표피와 세포막 복합체로 접근하고 있으며, 시스틴 함량이 적어 약품에 대한 저항력이 강하나 단백질 침식성의 약품인 친수성 · 알칼리성 용액에 약하다.

(2) 모피질(Hair Cortex)

모피질은 모수질을 감싸고 있는 섬유 조직으로 모피질은 모발의 85~90%를 차지하며 유연성, 탄력, 감촉, 질감, 색상 등 물리적 · 화학적 성질을 좌우하므로 모발의 성질을 나타내는 가장 중요한 부분이라 할 수 있다. 모피질은 결정영역인 피질세포(Cortical cell)와 비결정영역인 간충물질로 1 : 0.8 비율로 구성되어 있고, 색소과립인 멜라닌(Melanin)을 함유하고 있다. 단단한 폴리펩타이드(Polypeptide) 3개가 꼬여 있는 프로토 피브릴(Proto Fibril) 11개가 마이크로 피브릴(Micro Fibril)을 구성하여 이 마이크로 피브릴이 모여 만든 매크로 피브릴(Macro Fibril)이라는 거대 섬유와 이를 감싸고 있는 간충물질(Matrix)로 구성된다.

① 피질세포(Adrenal Cortex)

피질세포의 길이는 약 100㎛, 직경 1~6㎛, 두께 1.2~1.6㎛ 정도로 CMC(-Cell Membrane Complex)의 결합에 의해 폴리펩타이드(Polypeptide)가 규칙적으로 배열된 섬유다발로 안정적인 결합을 한다. 수소 결합(Hydrogen Bond)이 강하게 결합되어 화학반응이 어려우며, 매크로 피브릴(Macro Fibril), 마이크로 피브릴(Micro Fibril), 프로토 피브릴(Proto Fibril), 폴리펩티드(Polypeptide)로 더 세분화된다.

② 간충물질(Matrix)

간충물질은 결정 영역의 규칙적인 배열과는 다른 짧은 폴리펩타이드(Polypeptide) 연결이 코일 형태로 부정형이 복잡한 배열로 되어 있다. 세포간의 결합물질의 경우 외부자극 및 화학반응으로 인하여 손상받기 쉽고 피지세포 사이를 연결해 주는 시멘트 역할을 하고, 모발의 컬(Curl)과 탄력성을 결정한다.

모발을 구성하는 간충물질의 약 49% 이상을 세라마이드(Ceramide)라는 성분이 차지하며 수분 증발을 억제하고 수분과 결합되어 간충물질의 구조 형성이나 기능에 관계한다.

(3) 모수질(Hair Medula)

모수질은 모발의 중심에 위치하고 있으며, 0.9mm 이상의 굵은 모발에 존재하고 태아와 유아의 모발 또는 초기모와 같이 부드럽고 가는 모발에는 찾아볼 수 없다. 이처럼 모발에 따라 존재하기도 하고 존재하지 않기도 하고 모발 전체 길이에 연속적으로 모수질이 존재하지 않는 경우도 있다.

모수질은 동공으로 되어 있고 그 안에 공기가 가득찬 벌집모양을 갖추고 있다. 공기의 양이 많을수록 모발에 광택을 주고, 보온과 관계해서 기온이 낮은 지방의 동물의 털일수록 모수질이 많이 발달되고, 약 3% 이하인 멜라닌 색소(Melanocytes)를 함유하고 있으며 멜라닌 색소의 두 가지 형태인 유멜라닌(Eu-melanin)과 페오멜라닌(Pheomelanin)은 멜라닌 색소의 수와 크기에 따라 모발의 색상이 결정되고 모발을 착색시킨다.

또한 자외선(Ultraviolet)으로부터 두피를 보호하는 역할을 한다. 자외선은 모발의 단백질 성분인 시스틴 결합(Disulfide bond)을 파괴시키고 색이 바래 윤기가 저하된다. 이로 인하여 모발의 탄성 저하 및 인장강도를 저하시켜 모발 손상을 일으키고, 자외선에 의하여 산화됨으로써 모발의 적색화도 유발시킨다. 일반적으로 모수질이 많은 모발은 강도가 크며 웨이브(Wave) 형성 시 탄력 있게 나오는데 이는 퍼머넌트 약제의 찌꺼기가 모수질로 배출되기 때문이다.

4. 모발의 분류

1) 모발 굵기에 따른 분류

(1) 취모(배냇머리, Lanugo Hair)

취모는 '배냇머리'라 불리는 솜털이다. 태내에서 생긴 털로서 태아가 수정하여 약 20주가 되어 처음으로 나타나는 가늘고 연한 컬러의 모발로 전신에 발모되었다 출생 무렵인 임신 8개월 차에 연모로 대체된다.

(2) 연모(솜털, Vellus Hair)

연모는 피부의 대부분을 덮고 있는 부드럽고 섬세한 모발로 직경 20~40㎛ 정도이며, 짧고 가늘며 멜라닌색소가 거의 없어 갈색을 띠고 있다. 출생 후 성장함에 따라 인체부위에 따라 풍부한 색소를 가지게 되고 굵고 튼튼한 성모로 대치된다. 연모는 구조상 모수질이 없고 주로 이마와 얼굴, 탈모가 진행되는 부분에 있으며 경모 사이에도 섞여있다.

(3) 중간모(Intermediate Hair)

중간모는 연모와 종모 사이에서 구분이 모호한 모발을 말한다. 중간모의 구별은 길이보다 직경에 의해 판단한다.

(4) 성모(종모, 경모, Terminal Hair)

종모는 성인의 머리카락, 눈썹, 속눈썹, 수염, 겨드랑이 및 음부 등의 모든 털을 말하며 직경 60~120㎛ 정도의 굵기의 모발이다. 연모가 종모로 대체되는 정도는 유전적 소인 및 내분비기관의 영향으로 좌우되고, 호르몬의 영향을 받으며, 단단한 단백질로 결합된다.

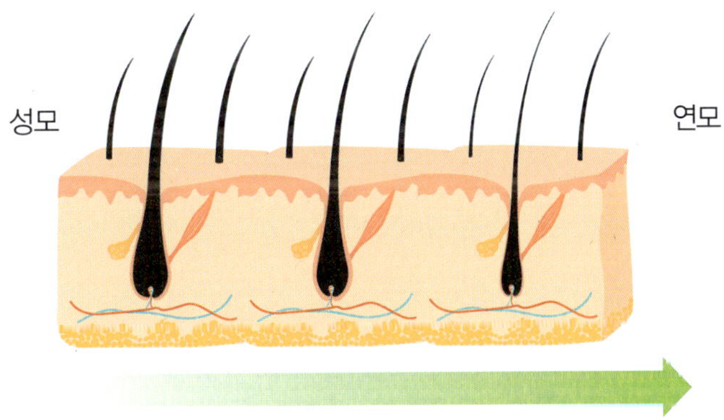

그림 1-19 모발 굵기의 따른 분류

2) 모발 형태에 따른 분류

(1) 직모(Straight Hair)

직모(直毛)는 아시아의 황인종, 에스키모, 아메리카 인디언, 폴리네시아인 등에 나타나며, 모경지수가 75~85% 정도로 직선상 또는 매우 약하게 물결치는 모양의 모발이다. 모발의 형상으로 단면이 원형이고 모낭이 피부 표면으로부터 일직선으로 머리카락도 곧게 성장한다.

(2) 파상모(Wavy Hair)

파상모(波狀毛)는 백인, 오스트레일리아 원주민, 에티오피아인종 등에 나타나며, 모경지수가 70% 정도로 현미경(Microscope)으로 관찰 시 만곡(彎曲)되어 있어 굵기가 일정하지 않고 단면이 달걀모양의 타원형이며 모낭이 피부 표면으로부터 비스듬히 누워 곱슬거리는 모발로 성장한다. 파상의 정도는 여러 가지로 정도가 강한 것은 굵은 코일 모양으로 감겨 있는 경우도 있다.

(3) 축모(Kinky Hair)

축모(縮毛)는 아프리카 흑색인종, 코이산인종, 멜라네시아제족, 파푸아제족, 안다만인 등에 나타나며, 모경지수가 50% 정도로 매우 작게 오그라진 모발로서 모낭이 피부 표면으로부터 활처럼 한쪽으로 휘어 있어 모발이 꼬불꼬불하고 울퉁불퉁한 형상의 나선형(Spirality)으로 소용돌이치며 성장하고, 머리카락의 횡단면은 납작한 타원형(Oval) 모양 또는 삼각형(Triangle) 모양이다.

만곡선인 축모는 웨이브진 외측 부분에는 비결정 영역에 많이 존재하는 O-코텍스(Ortho-Cortex), 웨이브진 내측 부분에는 비결정 영역 외에 존재하는 P-코텍스(Para-Cortex)가 존재한다.

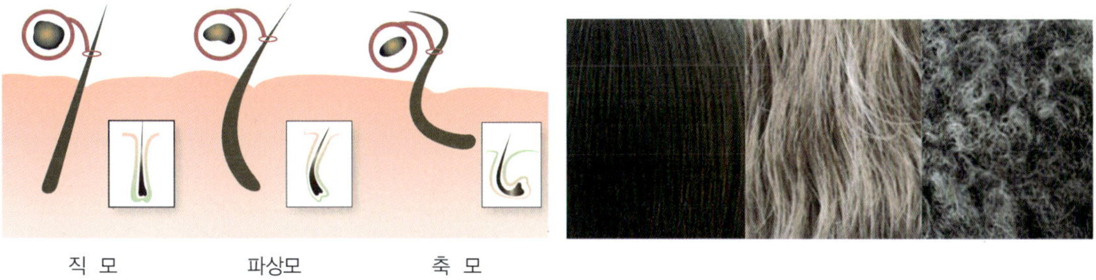

그림 1-20 모발 형상의 따른 분류

표 1-5 모발의 분류

	모발의 분류	
1	모발의 굵기	취모(배냇머리, Lanugo Hair)
		연모(솜털, Vellus Hair)
		중간모(Intermediate Hair)
		성모(종모, 경모, Terminal Hair)
		아주 가는 모(Fine Hair)
		아주 굵은 모(Coarse Hair)
2	모발의 형태	직모(Straight Hair)
		파상모(Wavy Hair)
		축모(Kinky Hair)
3	모발의 모경지수	곱슬모(Curly Hair)
		아주 심한 곱슬모(Severe Curly Hair)
		부드러운 곱슬모(Soft Curly Hair)
4	모발의 피지분비량	중성모(Neutral Hair)
		건성모(Dry Hair)
		지성모(Oily Hair)

5. 모발의 물리적 특성

1) 모발의 흡습성(Hygroscopicity)

흡습성(吸濕性)은 공기가 습할 때 수분을 흡수하고, 공기가 건조할 때 수분을 발산한다. 모발은 수분을 흡수하는 성질을 가지고 있는 친수성이다. 공기 중에서 10~15%의 수분을 포함하고 있으며 샴푸 직후에는 약 30%, 블로우 드라이어((Blow dryer)로 건조한 모발의 경우 수분 함량이 10% 이하로 떨어져 모발이 건조하고 거칠며 모발이 푸석하다. 공기 중 떠도는 수분을 흡수하면 원래의 모발로 되돌아가려는 성질 때문에 헤어 스타일(Hair style)이 흐트러지게 되어 헤어 스타일링에 큰 영향을 준다.

2) 모발의 팽윤성(Swelling)

팽윤성(澎潤性)은 어떠한 물질이 수분을 흡수하여 부피가 증가하게 되는데 그 본질은 변화하지 않고, 길이 방향보다 모발의 직경 방향으로 늘어나게 되는데 체적이 증가하는 형태로 늘어나는 현상을 말한다.

팽윤은 무한팽윤(Limitless swelling)과 한계팽윤(Limited swelling)으로 나눠지며 무한팽윤은 모발이 용해될 때까지 끝없이 팽윤이 진행되는 것이고, 한계팽윤은 어느 정도 진행되면 더 이상 팽윤이 일어나지 않는 경우이다. 팽윤 평행은 수분이 흡수되어 팽창되면 부풀어지게 되는데 더 이상 팽창의 변화가 일어나지 않는 상태를 말한다. 팽윤은 건조와 염색, 축면(Creeping) 등 젖은 상태의 시술 과정에서 고려해야 할 중요한 요소이다.

3) 모발의 열변성(Thermodegenertion)

모발의 열변성(熱變性)이란 열에 의해 모발이 변화되는 상태로 건열(Dry fever)과 습열(Wet fever)에 따라 차이가 있다. 모발의 건열에서는 외관적으로 120℃ 전후에서 팽창되어 130~ 150℃에서 변색이 시작되며 270~ 300℃가 되면 타서 분해되기 시작한다.

모발의 습열에서는 100℃ 전후에서 시스틴의 감소가 나타나며 130℃에서 케라틴 구조의 변형이 일어난다. 즉 모발은 건열보다 습열에서 더 많은 손상을 입게 되며 모발에 약제 잔여물이 남아 있거나 샴푸 시 적절한 헹굼을 하지 않아 세제가 모발에 남아 있을 때 열을 가하면 모발의 변성을 촉진시킨다. 아이론(Hair iron)과 헤어 드라이어(Hair dryer)를 사용하는 경우 수분 제거 후 사용하면 손상을 최소화 할 수 있다.

4) 모발의 광변성(Photodegenertion)

모발의 광변성(光變性)이란 태양광선을 쬐면 피부와 같이 모발도 변성을 일으키는 성질을 말한다. 태양광선 중 파장이 긴 적외선 열선으로 모발에 강한 열을 발생시키고, 파장이 짧은 자외선은 모발의 시스틴 함량이 줄어들게 하고 멜라닌 색소를 파괴하여 모발의 탈색과 손상에 큰 영향을 주며 모발 케라틴의 변성을 일으키기도 한다.

5) 모발의 대전성(Electrification)

모발의 대전성(帶電性)이란 건조한 모발을 빗질하면 마찰에 의한 전기가 발생하게 되는 현상을 말한다. 이때, 모발은 전기를 띠면서 서로 반발하게 되어 정전기가 발생되는데 이러한 마찰 전기가 모유두로 전달되어 탈모의 원인이 되기도 한다. 정전기는 건조한 겨울에 더욱 심하게 나타나므로 정전기 방지제 제품을 사용하는 것이 좋다.

Chapter 2

두피·모발 관리학

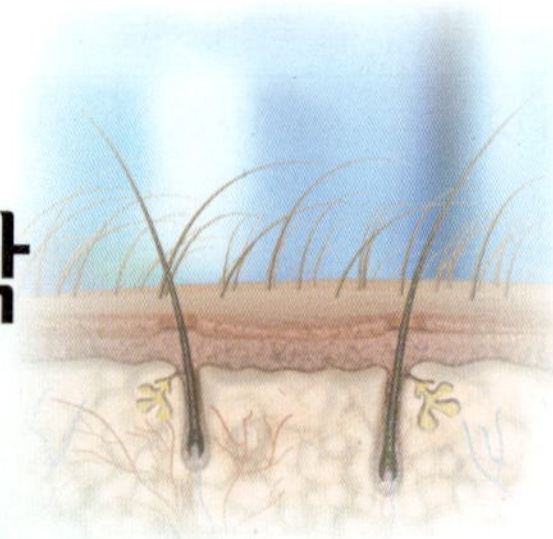

1. 두피 유형 및 관리방법

두피는 건강과 밀접한 관련이 있으며 두피의 이상증상으로는 다양한 유형이 나타난다. 두피관리를 위해서는 정확한 두피진단 후 판독을 통하여 두피 유형을 파악하여 관리할 수 있는 측정이 필요하다.

두피도 피부와 마찬가지로 정상적인 각화작용, 적당한 유분량과 수분량, 탄력, 색상은 우유 빛의 두피 톤을 정상두피로 건강두피라 할 수 있다.

두피의 이상 증후는 피지선과 한선의 기능에 따라 두피의 생리기능에 영향을 미쳐 다양한 두피의 유형으로 분류된다.

두피 관리는 두피의 노폐물 및 이물질 등의 노화각질 제거, 두피의 생리기능을 정상화시키고 혈액순환 촉진으로 두피의 기능을 정상화시켜 모발의 성장을 조장하여 탈모를 예방하기 위한 목적이 있다.

1. 정상 두피(Plain Scalp)

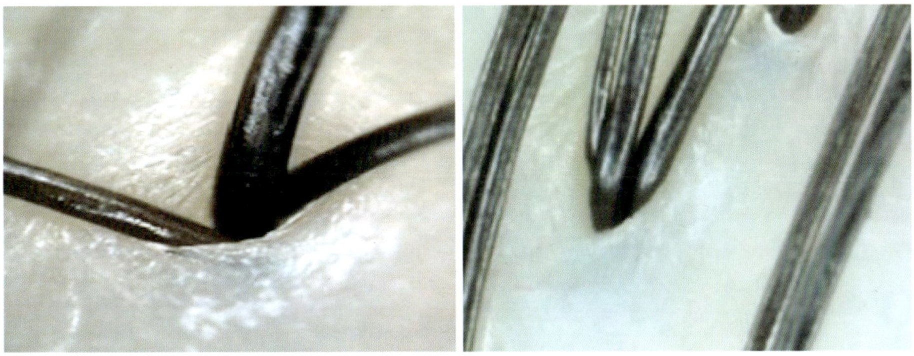

그림 2-1　정상 두피

정상적인 생리작용으로 각질이나 이물질이 없으며, 두피 표면은 윤기 있고 촉촉하며 부드럽고 탄력이 있으며, 맑은 청백색을 띠며 투명도 높은 두피의 색상을 보인다.

즉, 정상적인 피지분비로 윤기 있고 적당한 한선의 작용으로 두피 표면이 촉촉하며 피지 산화물이 쌓이지 않는 유형으로 계절변화에 민감한 두피를 말한다. 노화 각질이 없는 깨끗한 두피는 모공이 열려있는 상태로 오목하여 윤곽이 뚜렷하며, 모공 주변에도 이물질 등이 존재하지 않는 깨끗한 두피의 특징을 가진다. 빈 모공도 거의 보이지 않고 일정한 모공의 간격을 유지하며 한 개의 모공에 2~3개의 모발이 건강하게 자리 잡고 있다. 모발의 밀도는 평균 15본/mm^2, 또는 140~160본/cm^2 정도를 유지한다.

2. 지성 두피(Oily Scalp)

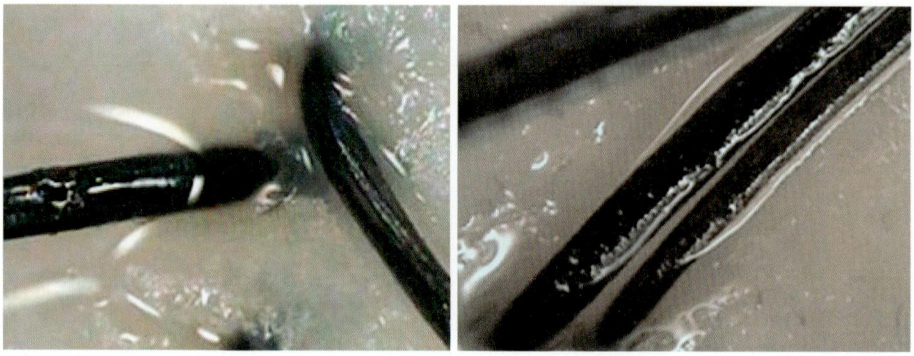

그림 2-2 지성 두피(Oily Scalp)

두피의 피지선 분비가 활성화해 두피 표면에 기름기가 많고 모공에 물이 고여 있으며 피지로 인해 이물질과 비듬, 각질이 엉겨 붙어 있어 모공이 막혀 두피의 투명감이 없으며, 과도한 피지 분비로 인하여 번들거리고 피지 산화로 인하여 황색의 두피 톤을 나타낸다.

피지와 이물질로 인하여 두피의 끈적거림과 악취, 가려움, 비듬을 동반하며 이러한 이물질로 인하여 모발의 탄력이 저하되고 모공의 위축 현상으로 모발의 연모화 현상이 진행되어 탈모로 나타난다. 뿐만 아니라, 피지의 과다 분비는 모낭 안으로 피지가 역류하는 현상이 발생하며 독소 등에 의해 염증 발생과 세균의 번식으로 지루성 피부염과 탈모가 일어나기 쉽다.

지성 두피는 연령 및 호르몬 밸런스 이상으로 인한 호르몬과 깊은 관련이 있으며, 식생활, 스트레스, 신진대사 이상, 비타민과 미네랄 결핍 등의 내적 요인과 불규칙적인 세정 등으로 인한 두피 불청결, 강한 마사지 등의 외적 요인 등 다양한 원인으로 발생하며, 대체적으로 젊은 층에 많이 발생한다.

지성 두피는 두피의 청결과 두피의 신진대사를 원활하게 하여 정상적인 피지 분비조절로 피지의 산성을 되찾아 세균에 대한 저항력을 키울 수 있는 보호의 기능을 회복시키는 관리가 중요하다. 특히, 모공이 막히며 모발성장을 방해하므로 모공 및 모공 주변 피지 등의 응고물을 제거하여 두피의 호흡작용이 원활하게 이루어질 수 있도록 지성 전용 샴푸를 사용하며, 두피 세정에 초점을 두어야 한다. 지성이 심한 경우 아침, 저녁으로 하루에 2회 샴푸로 두피를 청결하게 하는 것이 좋다. 또한, 두피 스케일링 및 피지성분을 조절하는 앰플 등을 병행하여 세정과 피지 조절에 초점을 맞추어 관리하는 것이 효과적이며 염증이 있을 경우 염증 치료 후 두피를 관리한다.

지성두피는 식생활관리가 무엇보다 중요하므로 기름진 동물성 음식과 자극적인 음식을 피하고, 균형있는 식생활을 할 수 있도록 하여야 하며, 스트레스 등으로 인하여 호르몬 밸런스가 깨질 수 있으므로 스트레스를 피하는 것이 좋다.

피지막 *Check Point*

외부의 세균 및 바이러스, 균 등으로부터 살균, 소독의 기능, 외부환경으로부터 보습의 기능, pH를 조절해 주는 중화의 기능, 피타민 D 생성의 기능을 가진다.

3. 건성 두피(Dry Scalp)

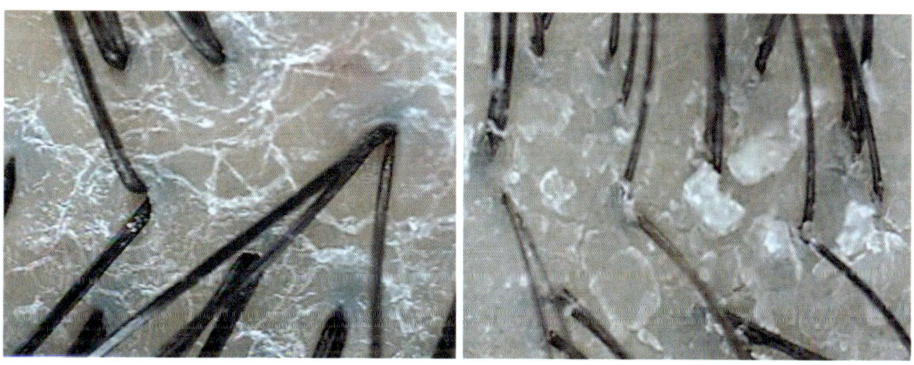

그림 2-3 건성 두피(Dry Scalp)

피지분비량 및 수분 조절 기능이 깨져 유분과 수분이 부족한 유형으로 두피가 건조하여 두피 표면에 비늘 모양의 노화 각질이 모공 주변에 하얗게 쌓여 있으며 모공 주변이 갈라져 있는 두피의 표면으로 투명도가 떨어진 탁한 백색의 두피 색을 나타낸다.

두피 표면이 거칠고 들떠 있는 각질로 인하여 모공을 막아 모발의 탄력도가 저하되며 모발이 가늘어지는 원인이 되어 탈모로 진행하게 된다. 피지분비 장애로 피지막의 역할이 저하되어 세균에 대한 저항력이 약화되어 손상 받기 쉽고 염증이 생기기 쉬워 외부의 자극에 쉽게 반응하게 되어 두피 당김과 가려움 현상이 나타나며 2~3일 정도 감지 않아도 두피에 기름이 확인되지 않는 특징이 있다. 외적인 요인인 화학적인 시술이나 제품 사용, 잦은 드라이 등으로 인해 두피 손상이 발생할 수 있으며 내적으로는 노화 현상 및 신진대사의 이상, 스트레스, 호르몬 불균형, 불균형한 식생활, 비타민 부족 등이 건성 두피의 원인이 된다.

건성 두피는 오래된 노화 각질 제거로 막힌 모공을 깨끗하게 제거하여 모공을 열어 주는 관리와 두피의 유분과 수분, 영양공급이 이루어질 수 있도록 하여 두피의 대사를 정상화시켜 피지 분비가 원활히 이루어지도록 하여 두피의 방어 능력을 회복시켜 주는 관리가 중요하다, 잦은 두피시술은 피하고 알칼리성 성분이나 알코올이 함유된 제품 사용 및 두피를 자극하는 두피 마사지를 삼가는 것이 좋으며, 보습성이 함유된 약산성 샴푸 및 건성 샴푸를 사용하여 두피의 자극을 피하도록 한다. 건성 두피를 예방할 수 있도록 비타민 A와 단백질 등의 영양 섭취와 물을 많이 마실 수 있도록 관리 한다.

4. 예민성 두피(Sensitive Scalp)

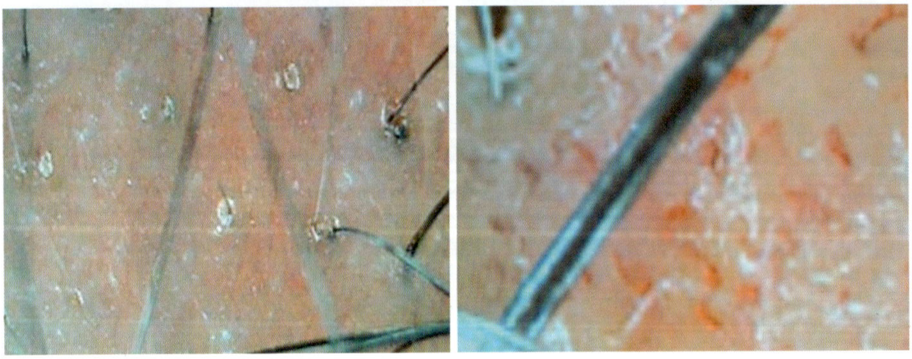

그림 2-4 예민성 두피(Sensitive Scalp)

예민성 두피는 외부물질에 대해 과민반응을 나타내는 두피로 각질층이 얇고 피지 분비량의 감소로 방어능력이 떨어져 바이러스, 곰팡이, 박테리아, 세균 등의 감염으로 붉은 반점이나 뾰루지 등의 염증이 생기기 쉬운 두피로 홍반과 염증 및 가느다란 실핏줄이 보인다.

모세혈관이 확장되어 있어 외부의 약한 자극이나 압력에 쉽게 민감하게 반응하여 주변이 붉게 변하거나, 가렵고 따끔거리고 발열 현상이 나타나며 모발의 굵기 변화가 심하며 탄력이 없으며 지속될 경우 두피 신진대사 기능의 약화 등에 의해 탈모현상이 나타난다. 선천적으로 두피가 민감한 경우도 있으나 스트레스나 음주, 화학적인 자극으로 인하여 민감해질 수 있는 두피로 건성 두피에서 많이 발전하지만 모든 두피 유형에서 복합적으로 나타날 수 있다.

예민성 두피는 두피 자극을 최소화하여 자극을 줄이고 두피의 청결로 세균 번식의 억제 및 전이 예방에 주력한 관리가 필요하며 염증 및 기타 질환 동반 시 치료 후 관리하여야 한다. 스트레스, 자극적인 음식, 잦은 헤어 시술 등의 외적 환경 자극을 제거하고 두피를 진정시키는 식물성 저자극 제품 등의 관리가 이루어 질 수 있도록 한다.

두피의 심한 마사지는 삼가하도록 하지만 독소제거를 위한 림프 마사지는 모세혈관 확장 두피에 노폐물 배출과 독소 배출에 효과적이며 신진대사가 원활할 수 있는 목 마사지 등을 통하여 혈행이 원활한 마사지를 하도록 한다.

5. 비듬성 두피(Dandruff Scalp)

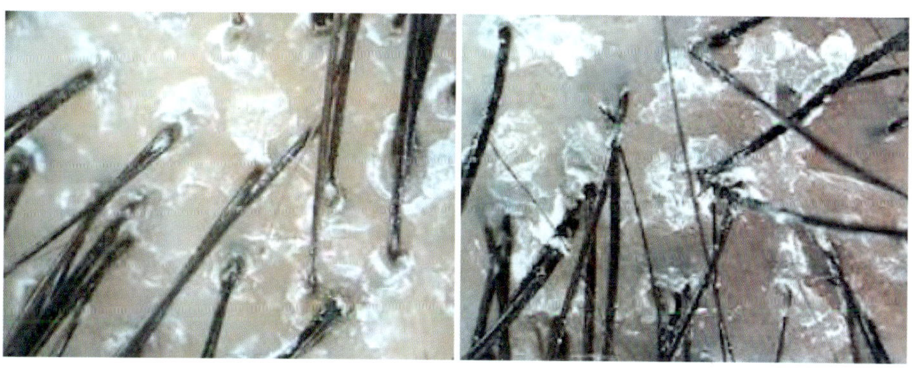

그림 2-5 비듬성 두피(Dandruff Scalp)

비듬은 사춘기 이후 청년층에 많이 나타나는 유형으로 각질세포가 두피에서 떨어져 나가지 못하고 쌓여 있는 형태로 각질 양의 증가로 인하여 덩어리가 떨어지는 현상으로 주원인은 비듬균(Malassezia) 이상 증식에 의한 것이다.

피부병의 일종으로 비정상적인 피지분비는 각질층에서 비정상적인 각화 현상을 일으켜 각질이 증가하고 가려움, 심한 악취가 동반된다. 처음에는 작은 부위에서 시작하여 광범위하게 두피 전체로 퍼지는 특징이 있으며 심한 경우 인설, 가피, 홍반, 진물의 염증이 발생하며, 비듬 등으로 인하여 모공이 막혀 두피의 호흡작용 저하로 두피 기능 이상과 모발이 가늘어지는 현상으로 모발 성장을 저하시켜 탈모현상이 나타난다.

비듬의 원인은 비듬균(Malassezia)의 증식이지만 비듬균을 증식시키는 유전적인 요인, 호르몬 불균형, 피지선의 과다분비, 잘못된 식생활, 스트레스, 불규칙한 생활, 수면 부족, 과도한 땀 분비, 탄수화물이나 과다한 지방의 섭취 등으로 인하여 비정상적인 각질주기를 발생시키고, 탄수화물과 지방의 과도한 섭취는 세균 증식으로 염증을 유발해 문제성 두피가 발생한다.

특히, 과다한 피지 분비는 지성비듬의 유형과 피지 분비 저하로 수분이 부족하여 두피 표면이 갈라져서 형성되는 건성 두피의 유형으로 구분할 수 있다.

비듬균(Malassezia)은 표재성 진균증(Superficial mycosis)인 어루러기(Tinea versicolot)의 병원체(Malassezia furfur)로 표피의 각질층(角質層)에 기생하여 낙설반(落屑斑)을 만든다. 말라세지아(Malassezia)는 담자균류(Basidiomycota, 분류학상의 '강 Division')에 속하는 진균의 속(Genus)으로 사람의 피부에서 가장 많이 관찰되는 진균이다.

원어로 피트로스포룸(Pityrosporum), 말라세지아(Malassezia)는 피부에 기생하는 진균류로 누구나 갖고 있는 정상균의 일종으로 비듬균의 이상 증상으로 인하여 비듬이 형성되며 사춘기 이후 두피의 47% 정도 상재하여 정상적으로 존재하고 있다가 유전적, 호르몬 불균형, 스트레스 등의 내적 요인, 기후, 음식, 수면, 식생활, 땀 등의 외적 요인에 의하여 비듬균이 증식하게 되며, 정상균총의 79%가 되면 비듬이 생기는 비듬균으로 보고, 83% 이상이 되면 피부염으로 볼 수 있다.

비듬성 두피는 일반적으로 다른 유형의 두피를 빨리 관리해 주지 않았을 때 비듬으로 진행하게 되므로 예방차원의 관리가 무엇보다 중요하다, 비듬성 두피는 세척이 가장 중요하며 특히, 균을 억제하는 특수 관리로 비듬전용 샴푸를 사용한다. 항진균제가 함유된 타르나 아연 제재의 약용샴푸로 일주일에 2~3회 정도 샴푸하는 것이 효과적이다. 두피의 기능을 정상화시켜 두피의 각화 주기를 28일 주기가 이루어질 수 있도록 하며 스트레스 등을 줄이고 비타민과 생선류의 섭취를 늘리면 좋다.

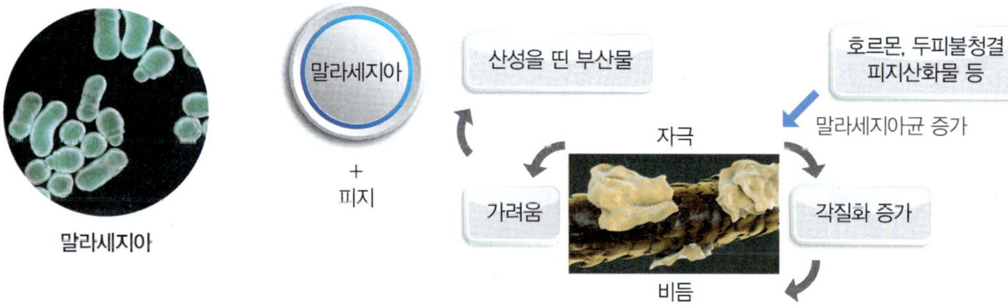

그림 2-6 비듬 작용기전

1) 건성 비듬(Dry Dandruff)

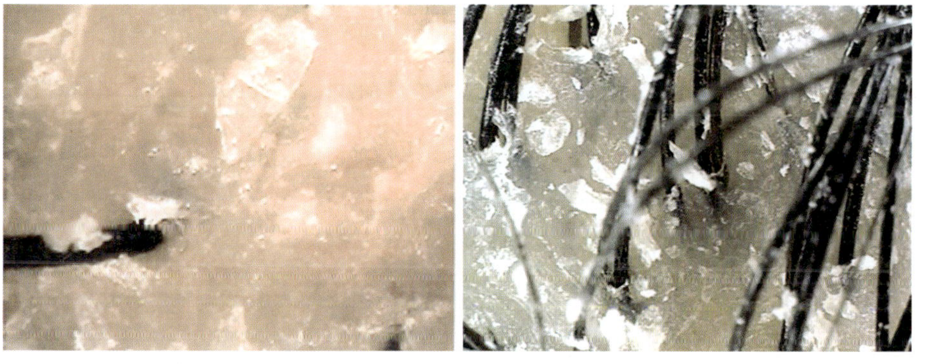
그림 2-7 건성 비듬(Dry Dandruff)

'두부 비강진'이라고도 하며 피지선 및 한선의 분비 저하로 땀과 수분이 부족하여 두피가 건조하고, 각질세포가 붙어 있지 못하고 작은 입자로 하얗게 들떠 있는 회백색 형태를 건성비듬이라 한다.

유전적인 요인, 스트레스 등의 다양한 내 · 외적 요인 및 비타민 A, 단백질 결핍, 부신피질의 기능 저하 등의 원인 및 잦은 샴푸로 두피의 피지를 지나치게 제거하거나 샴푸 등을 깨끗하게 헹궈내지 않아 두피 자극에 의하여 생긴다. 가볍고 가려운 각질과 가려움이 동반하는 것이 일반적이며 자극에 민감하고 각질이 모공을 막아 모공의 호흡기능을 저하시키고 모발 건조화 현상으로 모발의 윤기가 없어 탄력이 저하되고 연모화 현상이 나타난다.

두피를 자극하지 않고 약산성 샴푸나 항진균제 비듬 샴푸의 약용샴푸로 두피를 깨끗하게 관리한다.

2) 지성 비듬(Oily Dandruff)

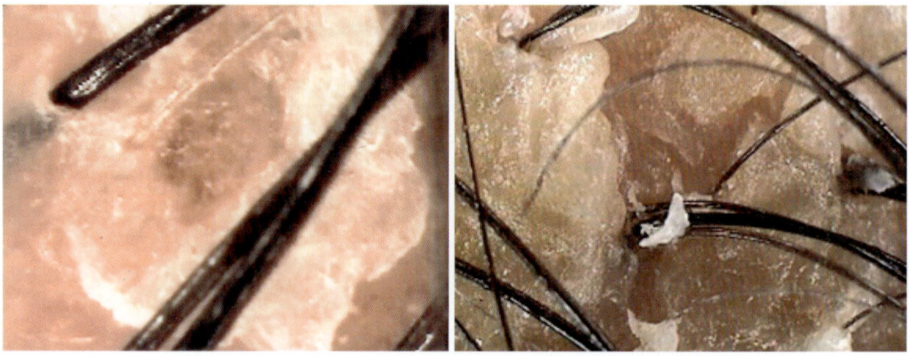

그림 2-8 지성 비듬(Oily Dandruff)

과도한 피지 분비로 각질 및 땀과 먼지 등이 엉켜 노란색을 띠는 각질 덩어리가 두피에 잔류하고 심한 악취가 발생한다. 입자가 크고 무게감이 있어 끈적거리며 심한 얼룩 현상과 황색의 두피 톤(Tone)을 띠며 각질의 입자가 모공을 막아 두피의 기능을 저하시켜 문제성 두피를 일으키며 모발의 연모화 현상으로 탈모의 원인이 된다.

약알칼리성 샴푸나 항진균제 비듬샴푸의 약용샴푸로 두피 샴푸 후 잔여물이 남지 않도록 깨끗하게 세척하는 것이 중요하다. 스케일링 관리를 통하여 모공을 확보하여 피지 조절관리가 이루어질 수 있도록 한다.

6. 지루성 두피(Seborrheic Scalp)

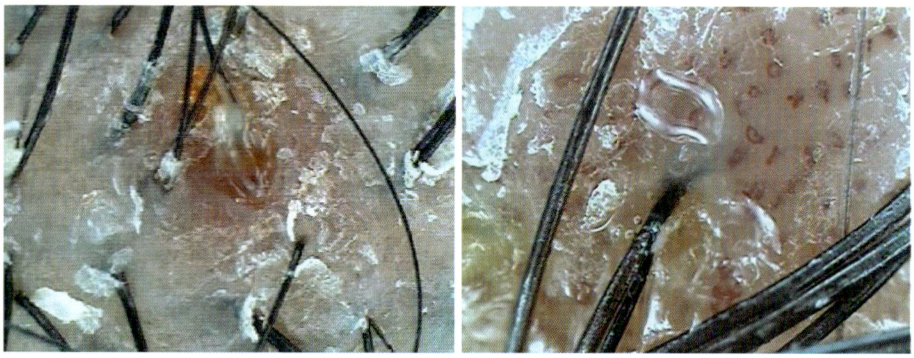

그림 2-9 지루성 두피(Seborrheic Scalp)

원인은 분명하지 않지만 부모 중 약 25%가 같은 질환이 있는 것으로 유전적인 요인이 가장 크다고 알려져 있으며, 남성호르몬(Androgen)의 영향이 큰 유형으로 피지 과다 분비로 두피 신진대사 이상으로 인하여 방어기능이 저하된다. 진균의 일종인 비듬균(Malassezia)의 약 83% 내외 이상 증식으로 발생하며 호전과 악화를 반복하는 두피유형이다. 지루성은 인체 전반에 걸쳐 얼굴, 목, 가슴, 등, 두피 등 다양한 부위에서 발생한다.

특히, 심한 지성 두피를 잘못 관리하였을 경우 발생하기도 하므로 초기증상은 지성 두피와 예민성 두피의 혼합형 두피 및 두피의 비듬으로 발생하며 염증 및 진물이 발생하여 모발의 연모화 현상으로 점차 탈모로 진행된다.

피지의 과다 분비로 인하여 염증과 지성 비듬의 현상이 보이며, 두피가 전체적으로 붉은색을 띠며 과잉화된 피지로 인하여 황색 톤의 각질이 존재하며 가려움과 심한 염증이 발생한다. 끈적이고 덩어리진 각질들로 인하여 모공을 막아 염증과 진물 발생과 피지 응고물들이 두피 신진대사를 저하시켜 두피의 기능 저하와 림프선이 부어오르는 현상이 나타난다.

지루성 두피는 다양한 증상이 복합적으로 나타나는 증상으로 특히, 염증을 동반하므로 자극을 주지 않고 염증이 번지지 않게 하는 주의가 필요하다.

특히, 자극이나 압력에 의한 상처로 인하여 모낭염이 더 악화될 수 있으므로 두피에 자극을 주지 않는 것이 중요하다.

염증이 동반하는 두피로 살균과 세정에 효과가 있는 약용샴푸를 사용하며 피지를 조절할 수 있는 제품을 사용하여 두피를 진정시킬 수 있도록 하고 피지분비 조절 제품을 사용하여 두피의 정상화를 유지할 수 있도록 한다.

특히, 염증이 호전될 수 있는 스테로이드(Steroid) 제재를 사용하는 것이 효과적이다. 호전과 악화가 반복되는 특징이 있으므로 화학적인 시술이나 제품 등의 사용을 자제하고 스트레스, 공기와 먼지 등의 작업 환경, 알코올 섭취, 피로 등이 두피를 악화시킬 수 있으므로 주의하는 것이 좋다. 림프순환이 원활할 수 있도록 노폐물 및 독소 배출을 위한 림프 마사지를 병행하여 관리하면 더 효과적이다. 증상이 심할 경우 반드시 병원에서의 약물치료를 하여야 한다.

7. 탈모성 두피(Alopecia Scalp)

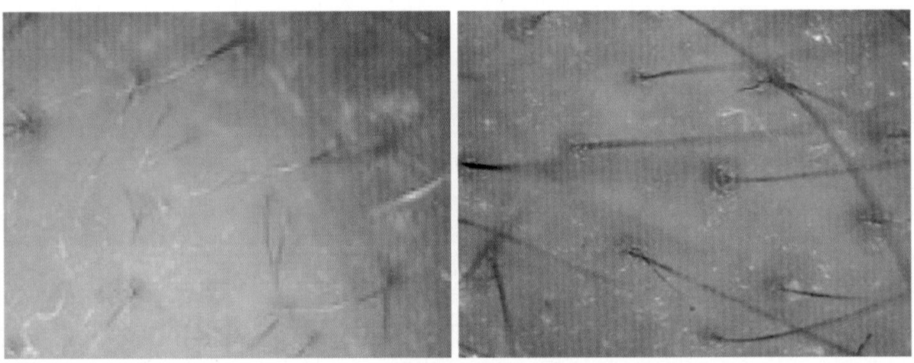

그림 2-10 탈모성 두피(Alopecia Scalp)

모발이 얇아지면서 빠지는 현상으로 피지 과다 분비와 딱딱한 두피, 비듬과 가려움이 동반하여 두피 신진대사의 저하로 인하여 모모세포의 힘이 약해져서 모발의 성장기가 짧아지고 휴지기에서 다음 성장기까지의 기간이 길어져 모발의 성장이 제대로 이루어지지 않고 모발이 연모화 되면서 점점 빠지는 특징을 가진다.

모발은 동양인의 경우 하루 50~100개가 빠지며 하나의 모공에 모발이 2~3개 존재하지만 탈모 두피인 경우 한 모공에 1개의 모발이 존재하며 모발 굵기가 현저하게 차이를 보이며 하루에 100개 이상의 모발이 빠진다. 두피의 색도 혼탁한 황색을 보이며 모공이 막혀 있는 상태로 모발 밀도의 차이도 보인다. 특히, 모발의 연모화로 인해 모발은 갈색을 보이며 두피의 정수리 부위 중심으로 빈 모공이 존재하는 것을 관찰할 수 있다.

탈모는 유전적인 소인이 가장 강하며 특히, 남성 호르몬(Androgen)의 영향으로 탈모의 진행이 이루어진다. 유전적인 소인 이외에도 두피의 혈액순환 장애, 영양 불균형, 폐경에 의한 호르몬의 영향, 과도한 피지 분비, 임신과 출산, 땀, 흡연, 음주, 환경적인 요인 등의 내 · 외적요인의 복합적인 요인에 의하여 발생한다. 탈모는 노화의 현상으로 자연스런 탈모가 일어난다.

모발은 성장기, 퇴화기, 휴지기, 탈모기, 발생기의 모주기에 의하여 성장하고 멈추고 빠지고 다시 성장을 반복한다. 전체 모발의 성장기가 80~90%, 모발의 성장이 잠시 멈추는 퇴화기는 1%, 모발이 빠지는 휴지기가 10~15%를 차지하며 계속적으로 반복한다. 탈모는 호르몬과 관련이 깊으며 직접적으로 탈모를 일으키는 호르몬은 디하이드로 테스토스테론(DHT, Di Hydro Testosterone)으로 남성 호르몬인 테스토스테론(Testosterone)에서 생성된다.

특히, 탈모의 주원인인 남성 호르몬에 대해 작용하는 활성효소 5-알파 리덕타아제(5-Alpha Reductase)가 테스토스테론에 작용하여 생성되는 대사물질로 모낭세포의 특정 부위와 결합하여 탈모로 변화를 일으키며, 5-알파 리덕타아제(5-Alphareductase)의 영향으로 변환된 DHT(Di Hydro Testosterone)는 모모세포에 작용하여 모낭의 위축과 세포분열을 둔화시켜 모발을 점점 연모화 시켜 탈모를 유발한다.

5-알파 리덕타아제(5-Alpha Reductase)는 모든 피부에서 생성되며 남성호르몬인 안드로겐과 상관관계가 있으며 땀샘 아포크린선과 관련이 있다. 탈모가 일어나는 부분에 활성화 빈도가 높은 것으로 알려져 있다. 특히, 정수리 부위에 다량 존재하므로 정수리 부위에 탈모가 많이 발생한다.

2. 탈모의 정의 및 종류

1. 탈모의 정의

모발은 일정한 기간을 두고 성장과 탈락을 반복하며 이러한 모주기에 따라 모발은 하루에 50~100개 정도 탈락하는 것을 '자연 탈모'라 할 수 있다. 이러한 정상적인 모주기의 탈락은 모발의 밀도를 유지하면서 빠진다.

그러나 인체의 내 · 외적인 균형이 깨어져 비정상적으로 모발이 탈락하는 경우 모발은 하루에 약 120~200개 정도 탈락하며 성장하는 모발보다 탈락하는 모발이 많아지는 현상으로 성장기 모발의 기간이 짧아지고 연모화 현상이 나타나면서 탈락하게 되는데 이를 '이상 탈모'라 할 수 있다.

이러한 탈모의 원인은 개인에 따라 다양하고 탈모관리에 따라 호전되거나 악화될 수 있으므로 탈모가 발생하는 정확한 원인을 찾아 관리하는 것이 가장 중요하다.

2. 탈모의 원인과 종류

탈모의 원인인 유전자와 성호르몬에 대한 구조가 알려지게 되면서 탈모의 원인은 밝혀지게 되었고 남성호르몬과 관련성이 깊다. 특히, 유전적인 탈모의 대표적인 남성형 탈모증(Male Pattern Baldness)인 안드로겐성 탈모증(Androgenic Alopecia)은 모낭에 작용하여 모포 기능을 저하시켜 모발을 점점 연모화 시키고 짧아지게 하면서 솜털로 변해가는 특징을 가진다.

그 밖에 두피생리 기능의 저하, 혈액순환 장애, 스트레스, 자가면역, 약물, 영양 불균형 등의 다양한 원인에 의해 이상탈모가 나타나게 된다. 이러한 다양한 원인에 의해 탈모가 발생되며 탈모는 크게 모근의 존재여부에 따라 반흔성 탈모와, 비반흔성 탈모로 구분된다.

1) 탈모의 내부적인 요인

(1) 유전(Heredity)

가장 대표적인 원인으로 남성형 탈모의 주원인으로, 유전적인 요인은 크게 선천적인 요인과 후천적인 요인으로 선천적인 요인은 유전인자에 의한 것으로 직접적으로 관여하는 유전자는 정확히 밝혀지지 않았지만 여러 개의 유전자가 간접적으로 영향을 미치는 것으로 알려져 있으며, 남자인 경우 유전력이 매우 강하므로 남성을 통해서는 우성으로 여성을 통해서는 열성으로 유전되며 남성은 부모 중 한쪽만 탈모된 경우라도 탈모 확률이 매우 높지만 여성은 양친 모두 유전자를 가지고 있는 경우 나타날 수 있지만 확률은 매우 낮다.

후천적인 요인은 건강과 관련하여 발생하는 탈모의 경우를 말한다. 그러나 탈모의 유전자가 있다고 해서 모두 탈모가 발생하는 것이 아니라 탈모를 발생하는 체질, 성격 및 형태의 유전이 탈모의 유무를 결정하므로 증상이 나타나지 않도록 자신의 건강과 컨디션(Condition)에 주의하여 신경을 쓴다면 탈모를 예방 개선할 수 있다.

(2) 혈액순환 장애(Blood circulation Disorder)

혈액순환은 탈모에 직접적인 원인이기보다는 보조적인 원인이다. 혈관은 모발과 우리 몸의 산소와 영양분을 공급해주고 노폐물을 배출하는 통로로 원활한 혈액순환은 우리의 건강뿐 아니라 두피 및 모발의 건강에 가장 중요한 요소이다. 혈액순환 장애는 모근의 에너지 대사가 원활하지 않아 탈모를 가속화시키는 원인이 되며, 두피 압박은 모세혈관의 압박으로 두피의 혈액순환 및 공기순환이 되지 않아 모근에 영양분은 제대로 공급하지 못해 탈모가 발생한다. 술과 담배는 혈관을 수축시키고 모발에 지속적인 빈혈 상태를 제공하여 탈모가 된다.

(3) 영양 불균형(Nutritional Imbalance)

현대사회의 서구화된 식생활, 심한 다이어트, 천식으로 인한 영양 불균형은 인체 신진대사 기능을 저하시킨다. 서양인인 경우 육식 위주의 식생활로 혈중 콜레스테롤이 증가하여 모근의 영양 공급을 악화시키고 포화지방산으로 피지선을 비대시켜 모발 성장을 저하시키는 원인이 된다. 서양인은 동양인에 비해 탈모 발생률이 5배 이상 높은 것으로 알려져 있다. 심한 다이어트로 인한 영양결핍 시 하루 탈모량이 정상 탈모량보다 2배 정도 높고, 모발의 굵기도 1/2 정도로 가늘어져 모발이 쉽게 빠지는 양상이 보이며, 탈모현상 3~4개월 전부터 내부적으로 서서히 연모화 현상이 나타나다 어느날 갑자기 탈락된다.

이처럼 영양 불균형은 두피의 신진대사 기능을 저하로 모모세포의 세포분열을 저하시켜 모발을 연모화, 건성화, 단모, 탈모가 된다. 특히, 단백질은 우리 몸의 세포분열을 위해 꼭 필요한 영양소로 단백질 부족 시 우리 몸은 단백질을 비축하기 위해 성장기에 있던 모발을 휴지기 상태로 보내게 되므로 탈모가 발생하는데 이때 단백질을 충분히 보충해 주면 회복이 가능하다. 균형 잡힌 식생활은 사전에 탈모를 예방할 수 있다.

(4) 스트레스(Stress)

만병의 근원인 스트레스는 탈모의 주요 원인 중의 하나로 탈모에 직접적인 영향을 미치는 것은 아니지만 탈모의 원인들과 중복될 경우 탈모의 진행 속도를 촉진시키는 작용을 한다. 복잡한 현대는 과중한 업무 스트레스와 심리적 원인으로 탈모를 가중화시키는데 육체 노동자보다 정신 노동자에게 더 많이 발생한다. 즉, 스트레스는 외부의 자극으로부터 인체를 보호하기 위한 인체의 반응현상으로 자율신경 중 교감신경이 자극을 받아 혈관 수축, 소화기관의 운동 억제, 입모근의 수축 현상 등의 이상 현상이 나타난다.

이는 모발의 영양 공급 장애, 영양 결핍 현상으로 두피 문제와 모발의 연모화 현상을 촉진시켜 탈모를 유발시키는데 심한 경우 모모세포의 세포분열을 관장하고 모주기를 조절하는 자율신경에 영향을 주어 자율신경 실조 현상을 가져올 수 있다. 뿐만 아니라 뇌하수체 기능 저하 또는 갑상선 질환 등 호르몬의 이상이나 자가 면역 질환에 의해 원형 탈모증을 유발하기도 한다.

(5) 질병 및 약물(Disease and Drugs)

일반적으로 질병과 약물에 의한 탈모인 경우 두상의 특정 부위의 탈모보다 전체적으로 탈모의 현상 및 다양한 형태의 탈모반이 특징이다.

고혈압 치료제, 항응고제, 항우울제, 항관절염제, 갑상선 질환 등과 같은 질병, 동맥경화, 항암제, 피임약, 비타민 A 유도체 등의 장기 복용으로 인해 약물에 의한 혈관 수축 현상, 여성의 남성 호르몬 수치 변화, 모모세포 분열 억제 등으로 인하여 성장기에서 바로 퇴화기 과정을 거치지 않고 휴기지로 넘어가는 경우로 어느 날 갑자기 탈모가 되는 특징을 지닌다. 질병 및 약물의 중단과 치료로 빠른 회복 효과를 얻는다.

(6) 내분비 호르몬(Endocrine hormone)

모발과 관계가 있는 것은 뇌하수체, 갑상선, 부신피질, 성선 등에서 분비되는 내분비 호르몬으로 내분비 호르몬 장애 시 모발의 성장기가 시작되는 것을 방해하고 휴지기의 기능을 연장시켜 탈모를 유발한다.

특히, 갑상선 호르몬은 모발의 발육에 밀접한 관련이 있다. 갑상선 기능 저하증인 경우, 모발 및 체모의 수가 줄어드는데 모발의 유연화와 함께 약화되고 가늘어지면서 퇴화시킨다. 눈썹의 수도 적어지는 것이 특징이다.

사람의 체모는 남성 호르몬(Androgen)과 관계되어 있지만 모발은 여성 호르몬(Estrogen)과 관계되어 있기 때문에 이것이 부족하면 세포의 작용이 약해진다. 남성 호르몬인 안드로겐 수용체의 지나친 분비로 인해서, 당뇨인 경우는 인슐린 조절이 제대로 되지 않아 탈모를 유발한다.

(7) 피지분비 이상과 비듬(Steatosis and Dandruff)

피지선은 남성 호르몬과 관련이 깊으며 피지선을 비대시켜 피지 분비를 증가시키고 모공을 막고 역류하여 산화 및 이상 작용을 일으킨다. 비듬이 생기거나 피지와 혼합되어 모공을 막으면 모근에 영양 공급이 어려워 모근이 위축되거나, 모낭염과 함께 모낭과 모발의 성숙력을 저하시켜 지루성 탈모와 같은 탈모증을 유발한다. 피지 분비 이상은 피지선의 문제이기보다 남성 호르몬으로 인해 피지를 과다하게 분비시키는 요인들에 의한 2차적인 현상과 피지선을 자극하는 요인들에 있다.

2) 탈모의 외부 요인

(1) 두피 불청결

모든 문제성 두피의 원인인 두피 불청결은 두피의 구조상 모공의 오목한 형태와 굵고 긴 모발에 덮혀 있는 두피는 외부의 이물질과 피지, 땀 등의 분비물이 쉽게 떨어져 나가지 못하는 특징을 지니고 있으며 이는 두피의 손상뿐만 아니라 모발의 손상에도 영향을 미친다.

두피의 이물실 빛 노폐물늘이 오래 머무는 경우 산화 분비물과 이물질들이 두피의 기능을 저해시켜 두피 분비물의 분비를 억제하며, 외부로부터의 영양 흡수 저해, 모발의 탄력저하, 균의 번식으로 인하여 가려움증, 피부염과 같은 문제점을 유발해 두피의 신진대사 기능을 악화시켜 탈모의 진행 속도를 빠르게 한다.

(2) 화학약품의 작용

두피조직은 pH 5.5의 약산성으로 피지막에 의해 외부 세균 및 화학약품의 자극으로 조직을 보호하는 작용을 하며 스스로 중화작용을 가진다. 모발과 두피는 헤어 스타일링을 위한 화학제품과 대기오염물질 등에 노출되어 있다.

특히, 퍼머넌트는 모간의 구조를 파괴하며 염색, 탈색 등의 주성분인 과산화수소로 인해 모발의 주성분인 단백질이 파괴되고 모표피의 세포를 손상시키는 알칼리 성분의 제품을 사용한다. 알칼리 성분은 두피 도포 및 모공 속 유입으로 인해 두피 과각화 현상을 동반하며, 세포분열 활동을 하는 두피조직과 모근부까지 제품이 침투하여 두피 화상, 모낭염, 손상모, 탈모, 절모 등의 문제점을 유발한다. 심한 경우 영구적인 탈모를 유발한다.

(3) 잘못된 시술

잘못된 시술 방법 및 잦은 시술은 모발의 손상과 탈모현상을 나타낸다. 모발은 한 번 손상되면 회복이 불가능하므로 사후관리가 무엇보다 중요하다. 브러싱 및 샴푸 시의 두피 자극, 업스타일 작업 시의 핀에 의한 자극, 가발 착용 등으로 두피에 상처 발생 시 말초혈관이 충혈되는 등 예민화 또는 두피의 염증이 유발된다. 심각한 경우에는 반흔성 탈모로 이어지는 경우도 있다.

헤어 드라이기 사용 시 너무 뜨거운 바람으로 인한 자극은 건조화 현상이나 두피를 민감하게 할 수 있으므로 주의해야 하며, 장기간 알칼리성 샴푸의 사용, 잘못된 제품 사용으로 인해 두피가 예민화, 과각화, 모공 막힘 및 피지분비 장애, 비듬, 가려움증 현상, 잦은 화학약품 시술은 두피 잔류와 모발 및 두피의 손상으로 이어진다. 이러한 잘못된 시술은 두피 신진대사 기능을 저하시켜 탈모의 위험성을 높일 수 있으므로 사후관리를 통하여 충분히 예방할 수 있다.

(4) 환경오염

현대사회에 있어 환경적으로 매연이나 먼지 등과 같은 대기오염으로 인하여 탈모가 많이 발생되고 있다. 대기 중의 먼지와 각종 유해 중금속은 우리의 두피나 모발에 가장 붙기 쉬운 곳으로 특히, 모발은 100% 노출되어 있다. 이러한 환경물질들이 두피 및 모발에 흡착하여 두피의 호흡작용을 막아 두피 불청결의 원인이 되며 모근과 모구에 침투되어 모발의 생성 과정에 변화가 발생하기도 한다. 또한, 수질오염은 샴푸 시 사용되는 것으로 두피 모발 세정 시 손상에 영향을 주기도 한다. 환경오염이 직접적으로 모발 생성에 관여하는 것은 아니지만 간접적으로 탈모의 진행을 촉진시킨다.

(5) 흡연 및 음주

흡연 및 음주는 인체의 대사기능을 저하시키는 요인으로 특히, 담배는 인체에 유해한 화학성분으로 인하여 모발뿐만 아니라 혈관의 수축현상, 콜레스테롤 증가, 혈액순환 저하, 영양공급의 방해, 체온저하 현상, 비타민 C 파괴, 심장질환 등을 유발하며 모발 성장의 방해 및 탈모 촉진의 원인으로 작용한다.

(6) 운동

적당한 운동은 신진대사 기능 및 혈액순환을 좋게 하며, 스트레스 해소, 정신적인 안정감, 면역력을 증강시켜 인체를 건강하게 하여 탈모를 예방한다.

(7) 계절적 요인

환절기 기후의 영향은 우리 인체에 작용하여 두피의 건조화 현상에 따른 두피 비듬의 증가를 유발하며 특히, 9~10월은 두피의 비듬 및 탈모증가가 가장 많은 달이다. 이러한 현상은 환절기의 건조함과 여름철의 잘못된 두피관리, 영양결핍, 여름철의 고온 다습한 기후의 영향 등으로 인한 두피 분비물의 증가와 두피의 불청결, 균의 서식 등을 유발하여 문제성 두피의 원인이 된다.

3. 탈모의 종류 및 특징

1) 남성형 탈모증(Male patten Alopecia)

남성형 탈모증은 안드로겐성 탈모증(Androgenetic Alopecia)으로 남성형 탈모는 40~50대에 발생하는 것으로 생각하지만, 보통 20대 후반부터 시작되며 50세 이상이 되면 노화에 의한 탈모의 진행 속도가 빨라진다. 이는 안드로겐에 대한 감수성이 증가하면서 탈모가 진행되는 것이다.

남성형 탈모증의 원인은 1942년 해밀턴(Hamilton)이라는 학자가 처음 제기하였으며 남성형 탈모증의 원인은 복합적이나, 대부분 유전적인 원인과 호르몬의 영향, 연령으로 인하여 발생하며 남성 탈모의 대부분을 차지한다.

남성 호르몬은 모발의 성장과 발육에 필요한 에너지의 생성을 방해하여 모근의 약화, 피지선의 비대화로 인한 과도한 피지 분비 때문에 나타나는 지루성 염증과 노화, 국소적 혈액순환 장애, 스트레스, 영양 결핍과 불균형 등에 의해 발생한다. 앞머리와 정수리 부분에 있는 모발의 성장을 억제하며, 국소적으로 두피 중앙부인 전두부와 두정부의 모발이 연모화 되어 점진적으로 길이가 짧아지고 가늘어지며 모낭이 소형화 되고 두피는 매끈하고 광택이 난다.

탈모 초기는 두껍고 긴 성장기 모가 휴지기 모로 변화해 탈모되는데 탈모가 진행되면서 점점 가늘고 부드러운 모인 연모화가 되므로 눈에 띄지 않으며 측두부와 후두부의 모발은 남성 호르몬에 영향을 받지 않아 남아 있는 것으로 알려져 있는데 이는 호르몬에 의해 모발은 탈모가 일어나지만 반대로 턱수염, 팔, 다리 털 등의 체모는 오히려 두껍고 많아진다.

남성형 탈모는 이마 양쪽 M자형으로 들어가거나 정수리에서 탈모가 발생하는 형으로 이마 라인 전체가 벗어지는 U자형 등 여러 가지가 있다. 이러한 방식으로 탈모가 진행되는 경우가 흔히 대머리라 불리는 남성형 탈모이다.

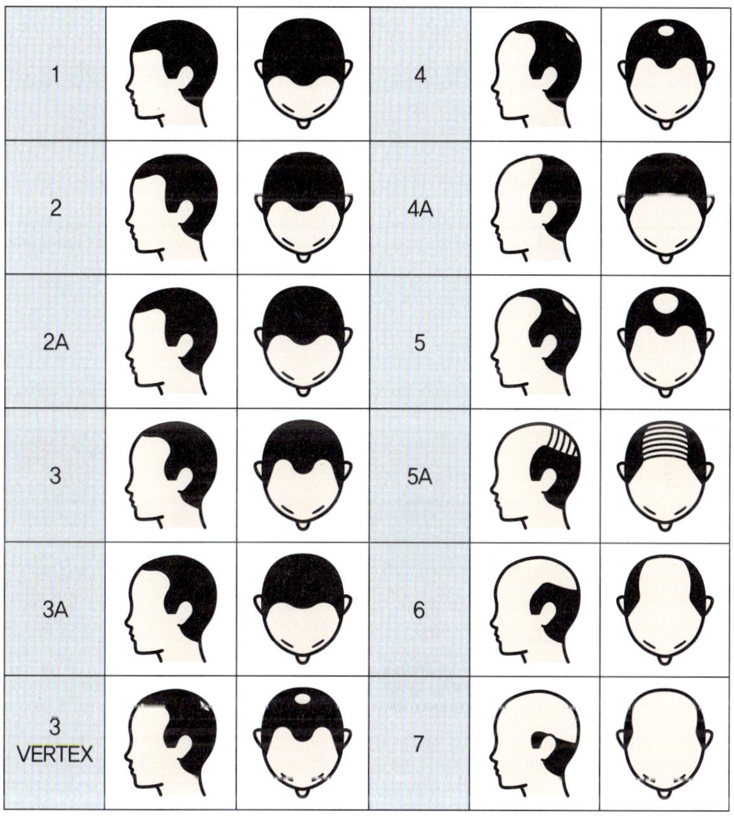

그림 2-11 해밀턴(Hamilton)의 남성형 탈모 단계

해밀턴의 남성형 탈모 단계

Check Point

1단계 : 탈모가 미약하게 진행된 시기
2단계 : 탈모 초기 단계
3단계 : 탈모가 외관상 확실히 자각되는 시기
4단계 : 탈모가 발전한 시기
5단계 : 탈모가 커진 시기
6단계 : 모발을 상당량 잃은 시기
7단계 : 거의 모든 모발이 탈락된 탈모 말기의 시기

〈참고 : 두피모발관리학, 메디시언〉

(1) 유전(Heredity)

현재까지 탈모의 유전자는 확실히 밝혀지지 않았으나, 탈모 유전자는 부계와 모계 양쪽에서 모두 유전될 수 있으며 유전형식은 단순하지 않다. 23개의 염색체 중 한 개의 유전자 이상으로 탈모증이 나타난다고 알려져 있다.

탈모 유전자가 있다하더라도 발현은 호르몬과, 나이, 스트레스 등 다양한 요인들과 깊은 관련이 있다. 탈모를 일으키는 유전자는 우성 유전으로 한 쌍의 유전자 중 한 개만 가지고 있어도 발현될 수 있으며, 부계보다 모계의 유전자가 조금 더 중요한 의미를 가진다.

(2) 호르몬(Hormone)

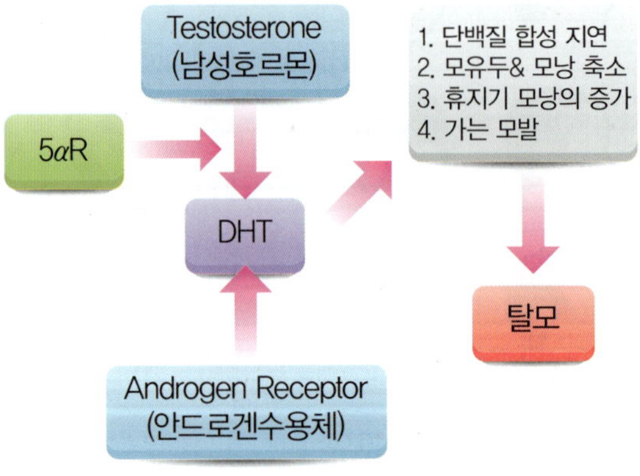

그림 2-12 남성형 탈모

가족력이 있는 사람에게 유전적인 시점에 적정량의 안드로겐이 모낭에 작용하면서 탈모가 진행되며, 유전적 요인이 있어도 남성 호르몬이 없다면 탈모가 되지 않는다. 즉 직접적인 원인으로는 유전적 요인과 남성 호르몬의 활성 효소의 결합으로 인하여 발생 된 디하이드로 테스토스테론(DHT, Di Hydro Testosterone)의 모모세포에 대한 작용으로 발생 된다.

DHT(Di Hydro Testosterone)는 테스토스테론(Testosterone)과 5-알파 리덕타아제(5-Alpha Reductase)가 반응 환원하여 생성되는데 혈액에서 공급되는 단백질을 굳게 하여 환원효소가 모발에 성장하게 하는 촉매제의 역할도 한다. DHT(Di Hydro Testosterone)의 일부는 모낭을 위축시켜 활동을 정지시키며, 모발의 단백질 합성을 지연시켜 모모세포를 죽이고, 피지선에 피지를 과다분비 시켜 모낭을 막아 성장기를 단축시켜 휴지기를 길게 길어지게 한다.

일반적으로 측두부와 후두부가 벗겨지는 경우가 드문 원인은 활성효소 5-알파 리덕타아제(5-alpha Reductase)의 활성도가 약하고, 또한 여성 호르몬(Estrogen)의 영향을 받아 탈모가 쉽게 나타나지 않는 것으로, 여성의 경우 헤어라인 부위에 탈모현상이 생기지 않는 이유도 이 같은 원인으로 볼 수 있다. 즉 5-알파 리덕타아제(5-AlphaReductase)의 활동이 남성에 비해 약하며, 여성 호르몬(Estrogen) 및 아로마타제(Aromatase)효소가 변화된 DHT(Di Hydro Testosterone)의 작용을 억제시켜 남성과 같은 완전한 탈모가 되지 않는 것이다.

(3) 연령(Age)

탈모는 노화의 현상으로 나이가 들면 모낭 일부가 축소되어 기능을 잃고 모발은 연모화되어 탈락하여 점차적으로 두피 전체에 탈모 현상이 나타난다. 여성에게는 노년층이나 폐경기에 여성 호르몬(Estrogen)의 감소로 인하여 탈모를 촉진시키며, 심한 스트레스로 인해 30세 이전에 남성형 탈모가 발생하기도 하며, 이는 질병이기보다 노화의 과정이라 할 수 있다.

2) 여성형 탈모증(Female patten Alopecia)

여성탈모는 남성의 경우와 마찬가지로 남성 호르몬(Androgen)의 영향으로 발생하는 것으로 폐경기 이후, 중년 이후 체내의 여성 호르몬(Estrogen)의 균형이 깨지면서 남성 호르몬(Androgen)이 가속화되어 휴지기 모발이 증가하면서 탈모증세가 나타나므로 남성보다 탈모가 발현되는 연령이 늦고 느리게 진행되며 남성에 비해 탈모의 정도가 덜하여 완전한 탈모를 유발하지 않는다.

여성탈모의 원인은 유전적인 요인과 후천적인 요인으로 구분하며 내분비 호르몬인 부신이나 난소의 비정상 과다 분비나 약물 복용으로 인한 남성 호르몬(Androgen) 작용의 원인인 경우가 많으며 대부분 관리를 잘하면 호전된다. 여성의 탈모현상은 윗부분의 모발이 얇아지고 숱이 적어지는 형태로 루드비히(Ludwig) 분류기준이 가장 흔히 사용된다.

여성은 정수리에서 탈모가 나타나는데 후두부의 모발이 유지되며 굵은 모발이 연모화의 상태에서 숱 자체가 줄어들어 두피가 보이지만 헤어라인의 경계를 벗어나지는 않는다. 이는 탈모를 유발시키는 남성 호르몬(Androgen)보다 여성 호르몬(Estrogen)을 더 많이 갖고 있기 때문으로 아로마타제(Aromatase) 효소의 증가, DHT(Di Hydro Testosterone)형성의 제한, 순환 남성(Androgen)의 여성(Estrogen)으로의 전환이 제한되는 것과 관계있다.

출산이 가까운 산모들에게는 여성 호르몬(Estrogen) 분비량이 증가하며 이는 모발의 성장기를 길어지게 하고, 성장기에서 휴지기로 가야 할 모발을 성장기의 연장으로 탈락하는 모발이 작아지게 된다. 하지만 출산과 동시에 호르몬의 분비가 정상화되면 출산과 스트레스 등으로 모발이 한꺼번에 휴지기로 변하게 되어 탈락하게 된다. 이러한 산후 탈모 증상은 출산 후 2~6개월 정도 지속되며, 전체 모발의 30~40%가 전반적으로 가늘어지는 미만성 탈모로 6개월 정도 지나 신체가 정상 상태를 회복하면 모주기가 정상화된다.

또한, 피임약과 같이 남성 호르몬(Androgen)을 촉진하는 약물을 과다 복용한 경우에도 탈모증을 악화시킬 수 있으므로 주의하여야 한다. 심한 경우 남성처럼 M자형 탈모를 동반하기도 하고 모발이 가늘어진다.

표 2-1 루드비히(Ludwig)의 여성형 탈모 분류

여성형 탈모의 단계		
	그림	설명
Ⅰ형		Ⅰ형은 두정부의 모발이 인지 가능 할 정도로 가늘어지고 일부 소실이 있는 형태이다.
Ⅱ형	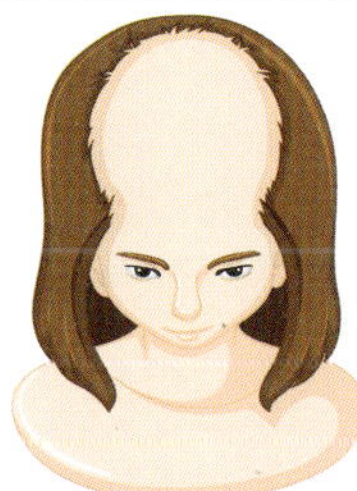	Ⅱ형은 두정부에서 미만성 탈모로 인한 중등도의 모발 수 감소를 보인다.
Ⅲ형	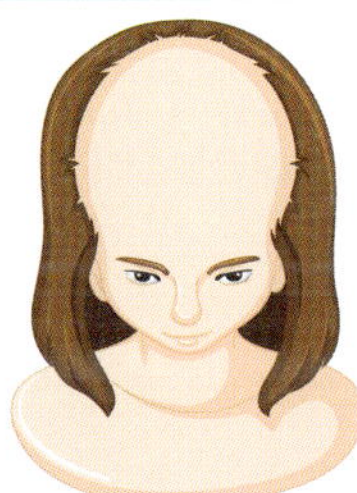	Ⅲ형은 두정부의 모발이 거의 전체적인 완전 탈모를 보인다.

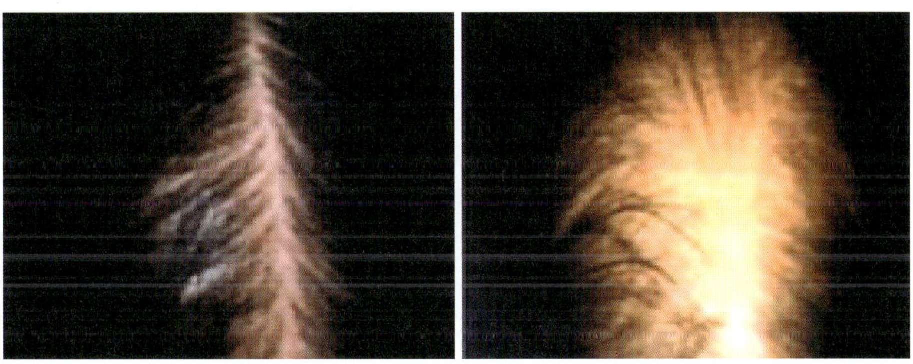

그림 2-13 여성형 탈모(Female patten Alopecia)

3) 원형 탈모증(Alopecia Areata)

원형 탈모증은 대표적인 신경성 탈모증상 원형이란 탈모반(Patches)을 뜻한다. 원인은 아직 불확실하지만 주로 유전적 소인과 정신적인 스트레스가 영향을 미치는 것으로 자가 면역질환의 일부로 혈액 속의 T임파구가 자신의 털을 자신의 털로 인식하지 못하고 공격하여 모발의 탈락을 유발하는 것으로 자가 면역기전에 의한 것으로 교감신경의 긴장과 1차적으로 말초혈관의 위축, 2차적으로 갑상선 기능의 이상 촉진이나 난소 기능장애로부터 발생한다.

신경성 원인이 대부분이며 피부의 어느 부위에서나 발생 가능하다. 특히, 두피와 수염, 눈썹, 음모 부위에서 가장 일반적으로 발생한다. 심한 경우 두피의 모든 모발이 빠지는 전체 탈모증이 나타나기도 한다. 원형 탈모는 어린아이와 고령의 노인 등 어떤 연령대에나 나타날 수 있다. 보통 자각 증상 없이 직경 1~5cm의 경계가 명확한 1군데 혹은 여러 군데가 원형의 탈모반이 갑자기 발생하며 탈모된 모근은 얇고 가늘고 색소는 소멸되어 있으며 탈모반 내에는 수개의 휴지기 모발이 남아 있다.

일반적으로 자신도 모르게 찾아오므로 본인이 발견하기보다 타인에 의해서 주로 발견되는 것이 특징이다. 약 50%는 1년 안에 모발이 다시 자라며 회복된 모발은 솜털 같고 연한 색으로 보이나 이후 굵고 진한 색깔의 성숙한 모발로 대체로 진한 색으로 교체되지만 수년 동안 연모로 남거나 백모로 지속되는 경우도 있다. 원형 탈모증은 어떠한 치료 없이 스스로 호전될 수도 있으며, 스스로 호전되지 않고 치료를 받았을 때 어떤 치료를 적용하고 모발이 다시 자랐다고 해서 이 치료가 모발을 다시 나게 했다고 확신할 수는 없다.

어떤 치료든 좋은 결과를 기대할 수 있는 효과는 4개월 안에 나타나며 또한, 그 효과가 모든 원형 탈모증 환자에게 다 적합한 치료법이 될 수는 없다. 원형 탈모는 스트레스가 과하게 형성되었을 때 자주 발생하므로, 스트레스 해소 및 관리가 가장 중요하며 간단한 운동이나 영양제 섭취 및 양질의 단백질과 칼슘, 비타민 E, 요오드 등의 섭취 등으로 균형 있는 영양이 공급될 수 있도록 해주며, 가급적 동물성 지방, 인스턴트 식품, 설탕, 담배는 피해야 한다.

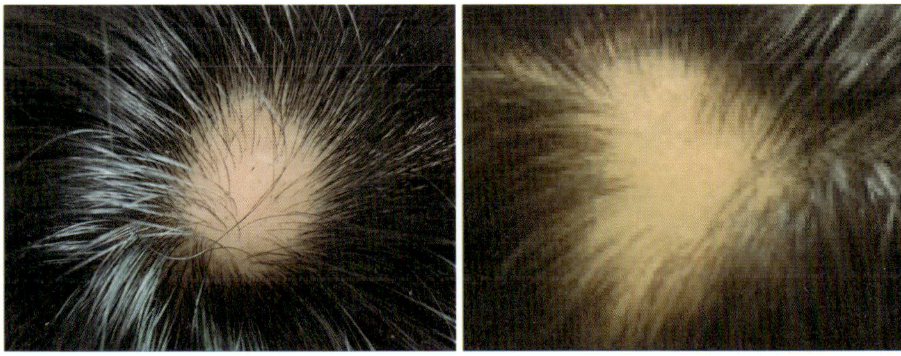

그림 2-14　원형 탈모(Alopecia Areata)

(1) 단발성 원형 탈모증(One-Off Alopecia Areata)

가장 일반적으로 다양한 연령층에서 많이 나타나는 원형 탈모로 남성보다 여성에게 더 많이 볼 수 있으며, 500원 동전 크기의 둥근 형태를 띠고 있는 탈모반으로 정상부위와 탈모반 부위의 경계가 명확한 특징을 가지고 있으며 대부분 1~2개월 사이에 모발이 성장해 60%의 자연 치유를 가지지만 재발의 위험성이 높으며 심한 경우 탈모가 늘어 난치성 탈모증으로 발전하는 경우도 있다.

유전적, 정신적 스트레스, 자가면역질환 등의 원인이 있을 수 있으며 치료와 스트레스 해소, 간단한 운동, 영양제 섭취, 단백질과 칼슘 등의 섭취로 균형있는 영양이 공급되어야 한다.

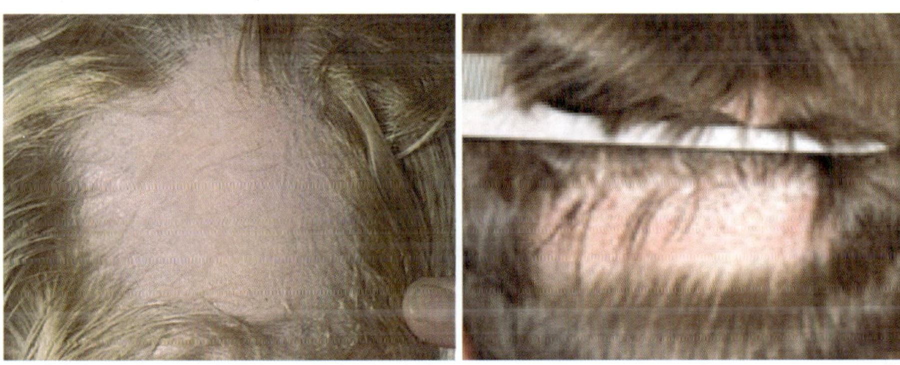

그림 2-15　단발성 원형 탈모(One-Off Alopecia Areata)

(2) 다발성 원형 탈모증(Being Multiple Alopecia Areata)

난치성 탈모증의 일종으로 단발성 원형 탈모가 2군데 이상 생기는 것으로 여러 개 생기는 경우도 많다. 불규칙한 원형의 형태로 다수의 탈모 부위가 주변에 확대되면서 서로 합쳐져 다양한 형태의 큰 탈모 부위를 형성하는 것이 특징이며, 단발성 원형 탈모에 비해 관리 효과가 낮으며 부위가 넓을수록 시간이 오래 걸린다.

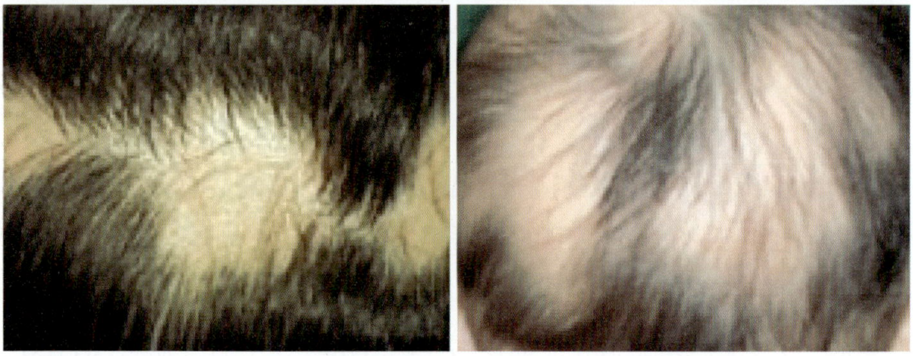

그림 2-16 다발성 원형 탈모(Being Multiple Alopecia Areata)

(3) 비만성 원형 탈모증(Obesity Alopecia Areata)

난치성 탈모증으로 머리 전체에 균등하게 많은 양의 모발이 탈모되며 가는 연모가 존재하거나 전혀 없는 상태로 1~2년의 치료가 필요할 정도로 치료에 끈기가 필요하고 치유기에는 원형 탈모증이 자주 나타나며, 범발성 원형 탈모증으로 되는 경우도 있으므로 전문적인 치료가 필요하다.

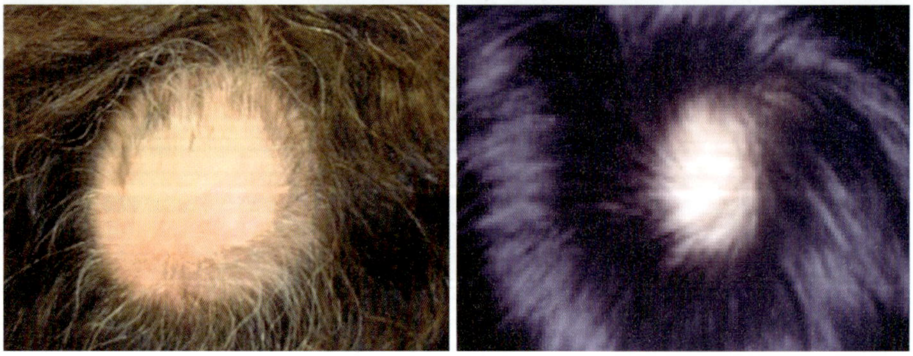

그림 2-17 비만성 원형 탈모(Obesity Alopecia Areata)

(4) 범발성 원형 탈모증(Diffuse Alopecia Areata)

세포성 면역의 결손이나 자가항체 및 내분비적 인자와 관련될 수 있는 탈모증으로서 미모, 첩모, 수모, 액모, 음모, 사지 등의 경모, 모취 등으로 빠지는 "전두 탈모증"에 유발머리 이외의 탈모가 더해진 악성 탈모증으로서 난치성 탈모증, 악성 탈모증의 별명도 있다. 하지만, 취모 이외에는 건강하여 대개 전신적 장해는 없다. 병리적으로 '악성'이라고 할 때, 악성종양을 뜻하는 경우도 있기 때문에 악성종양과 혼동하는 것을 피해 범발성 원형 탈모증이라고 부른다.

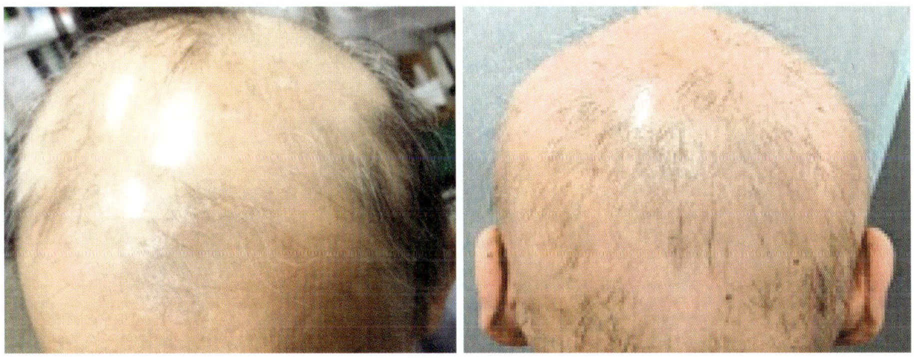

그림 2-18 범발성 원형 탈모(Diffuse Alopecia Areata)

4) 지루성 탈모증(Seborrheica Alopecia)

만성 질환의 일종인 지루성 두피인 경우 피지 분비와 피지 분비에 작용하는 남성 호르몬(Androgen)과도 연관성이 있다. 한선과 피지선이 많거나 커서 땀과 유분이 많이 생겨 각화이행부에서의 모발 각화과정 이상과 피지 분비 이상의 원인으로 작용하는 탈모 유형이다

피지 과다로 인하여 두피에 염증이 생겨 두피의 순환주기(28일)를 빠르게 하여 모세포의 각화를 방해함으로 떡비듬이 발생하며 이는 분비물을 먹고 살아가는 미생물의 번식과 자외선으로 인한 화학 물질의 변성으로 두피가 가렵고 냄새가 나며 비듬균이 모공을 막는데 특히, 진균의 일종인 피티로스포룸 오발(Pytirosporum Ovale)이 악화 인자로 작용하면서 피지선의 기능이 왕성하여 피

지의 분비가 많아지게 되며 염증과 비듬이 자주 생기게 된다. 이는 모근의 영양 장애와 위축 작용을 일으킴으로써 모발의 성장이 저하되어 나선형 탈모증과 동시에 탈모의 진행이 빨라진다.

지루성 탈모증에 대한 원인은 분명하지 않으나 유전적 요인이나 과로, 스트레스, 술, 지방이 풍부한 음식 섭취와 관련이 있으며 남녀노소 누구에게나 생길 수 있고 재발이 높은 것이 특징이다. 따라서 자주 샴푸하는 것이 무엇보다 중요하며 청결하지 않은 두피로 인해 염증이 일어나 비듬이 생기거나 지루성 습진이 되어 탈모를 일으키므로 약용샴푸로 매일 깨끗하게 샴푸하는 것이 좋으며 피지조절을 위한 트리트먼트를 사용하는 것이 효과적이다. 특히, 미지근한 물로 샴푸 후 두피 마사지와 비타민 B_2, B_6의 성분이 예방에 효과적이다.

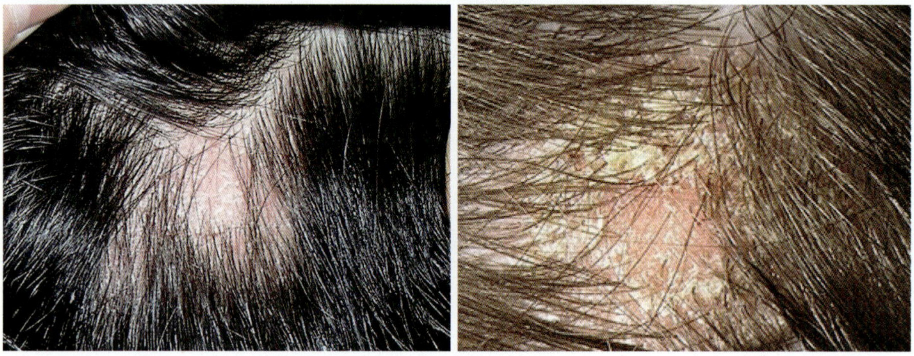

그림 2-19 지루성 탈모(Seborrheica Alopecia)

5) 산후 탈모증(Post-Partum Alopecia)

산후 탈모는 지극히 정상적인 현상이다. 임신한 경우 여성 호르몬(Estrogen)양의 증가로 모발 성장기가 지연되는 현상으로 모발 성장을 촉진시켜서 퇴행기의 이행이 느려 성장기의 모발량이 많아진다.

출산 4~6개월 후에 일시적으로 성장기에 있던 모발이 정상적인 휴지기의 모발과 동시에 탈락함으로써 나타나는 탈모 현상으로 정상적인 모발 중에서 휴지기에 속해있는 비율은 두상 전체의 약 14%를 차지하는데 휴지기에 있는 모발이 탈모 상태가 되면 전체비율이 증가되어 출산 후에는 24~46%의 두 배 이상의 탈모가 동시에 일어나므로 모발량이 현저하게 감소한다. 임신과 출산으로 인한 호르몬 불균형으로 나타나는 일시적인 현상으로 출산 후 호르몬이 정상화되면 자연스럽게 탈모가 멈추면서 모발의 재생이 나타난다. 그러나 내분비 이상으로 인한 불균형 상태의 지속, 수유, 다이어트, 스트레스 등으로 두피나 모근의 이상으로 탈모가 지속되는 경우 빠른 관리를 받는 것이 중요하다.

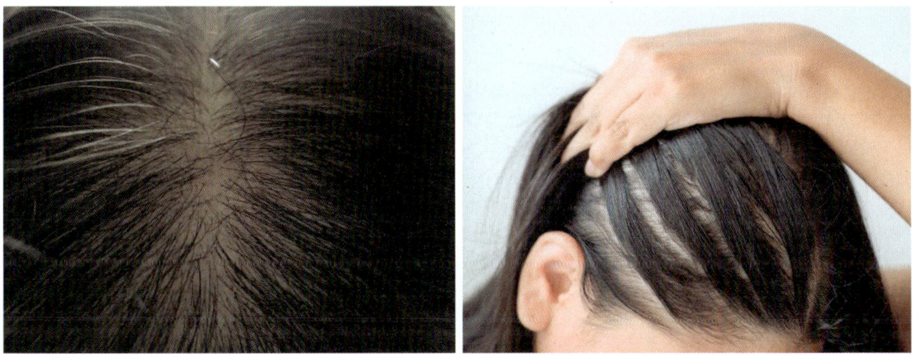

그림 2-20 산후 탈모(Post-Partum Alopecia)

6) 소아 탈모증(Child Alopecia)

소아 탈모증은 소아나 청소년층에서 발생하며 15세 이하에 빈모의 특성을 지니고 있는 탈모로 특징은 정해진 기간에 서서히 빠지는 것이 아니라 모발이 한꺼번에 탈락하는 것으로 스트레스가 높거나 환경오염 등의 자극으로 모발이 빠지기 시작하여 1주일을 전후하여 탈모가 후두부에 많이 발생하고 측두부, 두정부, 전두부 순으로 나타나는데 이를 '소아 탈모증'이라 한다.

소아 탈모증 환자들의 원인은 유전적 요인, 스트레스, 신신대사 기능 이상, 피부 질환, 식생활의 변화, 출생 시 두피 및 두상에 대한 압박 등 원인들이 다양하지만 소아 탈모증 원인의 특징은 가정적인 요인인 결손가정, 맞벌이 부부, 부모나 형제간의 갈등이 45%로 가장 많고, 공부 스트레스가 10%로 정신적인 작용에 의해 발생하는 경우가 많아 두피 및 탈모관리도 중요하지만 정신과적인 치료를 병행하는 장기적인 관리가 필요하다.

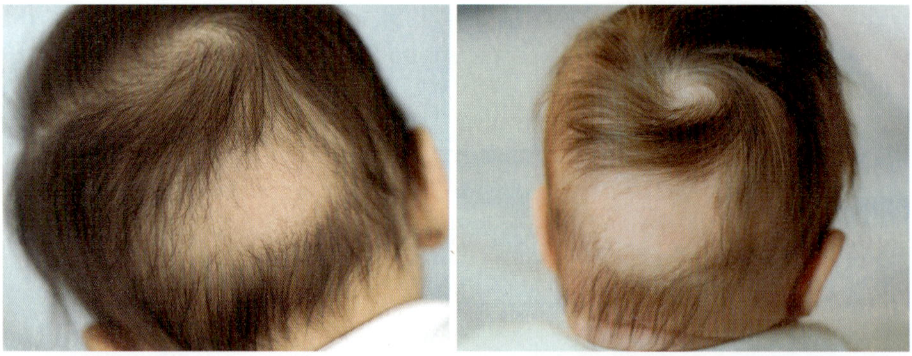

그림 2-21 소아 탈모(Child Alopecia)

7) 반흔성 탈모(Cicatrisata Alopecia)

외부 자극인 화상이나 외상, 수술, 세균감염 등으로 인한 흉터 탈모로 모발이 있는 부분에 흉터가 생기면 모발의 뿌리가 손상을 입어 모발이 없어지게 되고 모발의 뿌리 자체가 파괴된 경우로 모근부에 모발이 나지 않는데 이들 모근 자체가 파괴되어 모발 생성이 되지 않는다.

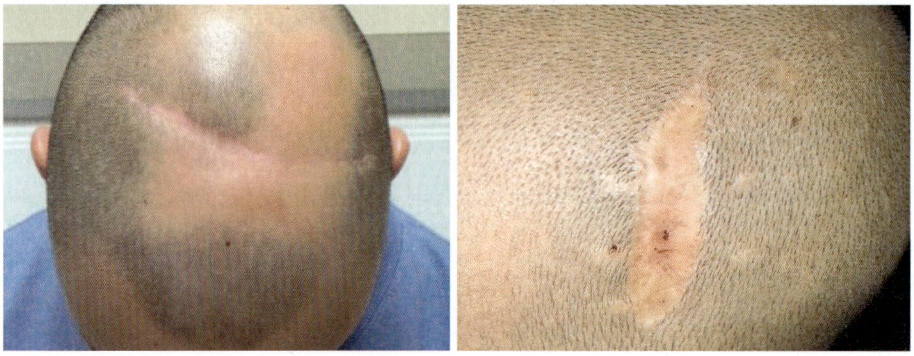

그림 2-22 반흔성 탈모(Cicatrisata Alopecia)

8) 결발성 탈모(견인성 탈모, Traction Alopecia)

모발을 세게 묶거나 잡아당겨서 약해진 모근부에 일정 강도 이상의 힘이 가해져 일어나는 탈모증으로 성장기에 있는 모발을 심하게 자극하여 당기면 모근부에 가벼운 염증이 발생하여, 모유두 부위가 위축되어 탈모로 이어질 수 있다. 심한 경우 모낭을 집단적으로 퇴행기 및 휴지기로 변하게 할 수 있으며 영구 탈모 현상이 생길 수도 있다.

성인의 경우 모발에 물리적인 과도한 머리 손질 등 땋거나 감아올리는 등의 자극을 반복하였을 경우 모낭의 일시적인 탈모현상이 나타나는 것보다 장기간에 걸쳐 서서히 본인이 느끼지 못하게 탈모가 나타난다.

9) 발모벽(Trichotillomania)

심각한 노이로제 현상으로 나타나는 탈모 현상으로 속눈썹, 모발 등을 자신도 모르게 잡아당겨서 부러뜨리거나 뽑아서 특정 부위의 모발을 탈락하게 하는 현상으로 주로 전두부와 누성부를 침범하여 비슷한 원형의 모양으로 서로 다른 길이의 모발과 새로 나오는 짧은 성장기 모발들이 보인다.

일반적으로 10세 이하의 여아에서 많이 볼 수 있으며 스스로 조절이 부족하므로 관리에 많은 시간이 필요하며 성격적으로 강박적인 성격의 소유자가 많으므로 정신과적인 치료와 병행하는 관리가 필요하다.

4. 두피질환

1) 두부백선(Tineacapitis)

곰팡이균의 일종인 백선균에 의한 감염으로 족부백선, 조갑백선, 두부백선, 안면백선, 체부백선 등이 있으며, 원인은 마이크로포럼 카니시스(Microporum Canis), 페루기늄 마이크로포럼(Microsporum Ferrugineum), 개, 고양이의 신체 접촉 등으로 모발이 쉽게 부서지고 비듬이 생기는 일종의 버짐과 같은 경계가 명확한 형태로 두피에 발생하는 전염성 피부병으로 회백색의 각질이 두껍게 자리 잡고 있다. 두부백선의 특징은 가려움, 반을 형성하는 각질 탈락, 해당 부위의 무름, 모낭 입구는 일반적으로 뚜렷하게 확장되다가 모발 끊어짐이 원형반으로 나타나며 반 속에서 모발 그루터기나 검은 점들을 볼 수 있으며, 심한 경우 심각한 염증, 농포, 각질 탈락의 독창이 보이며 전염성으로서 모누 두상부에 빨간 뾰루지나 점이 나타난다.

이러한 반점이 확대되면서 모발이 바삭거리고 생기를 잃는다. 모발을 짧게 자르면 없어지거나 확대된 모낭으로부터 떨어져 나간다. 모외균(Ectothrix) 감염은 일반적으로 우드램프로 볼 때 형광 빛을 낸다. 지속적인 가려움은 두부백선 반과 관련이 있다.

두부백선은 의사의 처방이 있어야 하며 일반적인 경구용 치료제는 항진균제인 그리세오풀빈(Griseofulvin), 이트라코나졸(Itraconazole), 플루코나졸(Fluconazole) 또는 알릴아민의 유도체인 테르비나핀(Terbinafine) 등으로 4~8주 동안 처방이 이루어지며 확실한 치료를 위해 그 이상 처방되기도 한다. 포자 생산을 감소시키기 위해 2.5% 황산셀레늄을 함유한 샴푸를 사용해야 한다.

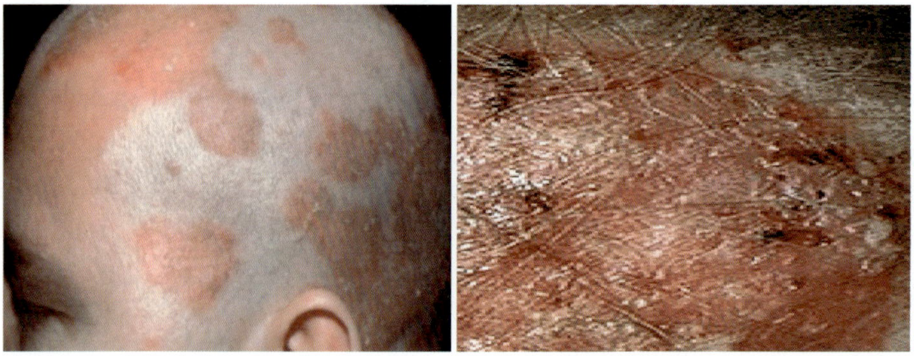

그림 2-23 두부백선(Tineacapitis)

2) 두부건선(Psoriasis)

만성 피부질환 중의 하나로 흔히 말하는 무좀과 비슷한 형태로 두피에 발생할 경우 두부건선으로 칭한다.

두부건선의 원인이 정확히 발견된 것은 없으나, 건선은 경계 부분이 뚜렷한 구진으로 직경 1cm 이하 경계가 뚜렷하고 단단한 피부 융기물이다. 주로 피지선 주위나 한선, 모낭의 개구부에 생기고 각질층 내에 존재한다.

이는 표피세포의 빠른 각화과정과 세포분열의 촉진 등으로 두피 전체에 각질이 두텁게 쌓여 은백색의 인설(Exfoliation)형태로 존재한다.

전체적으로 흰색 톤과 함께 출혈과 홍반 현상에 따른 붉은 톤이 두피에 전체적으로 교차하며, 노화 각질이 두꺼운 층을 유지하면서 전체적으로 모공을 덮고 있는 상태이다. 모발 주변에서 각질의 흡착을 쉽게 볼 수 있으며, 가는 연모화 및 탈모 현상이 나타난다. 가려움은 약하고 예민하여 누피 통증을 호소할 정도이며 대부분 염증과 이어지는 형태를 띠고 있다.

'건선'이라는 피부상태는 종종 유전적으로 특이한 성향을 갖고 있는 20대와 30대에서 일어난다. 이 증상은 조직과 혈액의 적합성을 결정하는 항원들을 부호화하는 염색체 6번에 있는 유전자군인 Cw6부위에 있는 주조직 적합 복합체(Major Histocompatibility Complex, MHC) 때문에 일어난다. 특히, 팔꿈치, 손가락 마디, 무릎 등의 피부가 커다란 비늘모양으로 뒤덮인다. 환자의 약 10%는 건선을 치료할 때 동반되는 관절염 등으로 고통받으며 또한 피부 아래의 모세혈관을 변경시키고 손상 부위에서 쉽게 피가 나게한다. 이처럼 약해진 피부에는 박테리아도 쉽게 자리 잡는다. 이 질병을 치료하기는 어렵지만 자외선으로 손상된 부위의 쓰라림을 줄일 수는 있다.

건선은 사람마다 매우 다양한 형태로 나타난다. 우선 약 5cm 직경의 경계면이 있는 작은 타원형의 반이 나타난다. 진한 붉은색에서 갈색이나 보라색까지 나타난다. 얇고 건조한 비늘이 항상 나타나지만 각질 탈락 범위는 상당히 다양하다. 이 비늘들은 피부 표면 위에 일부가 남아 있고 쉽게 제거되지 않는다. 비늘은 또한 매우 빽빽해서 비늘을 제거하고 나면 더 뚜렷해질 뿐이다. 비늘을 긁어내면 쉽게 출혈이 일어나며, 이것은 건선의 특징적인 징후이다. 반은 귀 뒤나 귀 속에도 생길 수 있다.

건선의 원인은 바이러스성 감염이나 세균성 감염, 피부의 외상이나 상처 또는 스트레스에 의해 유발될 수 있는 자가면역 이상이다. 외피의 세포들이 기저층에서 각질층으로 비정상적으로 빨리 이동하게 된다. 건선이 있는 사람들은 이 문제에 대해 유전적으로 우성이지만 건선을 유발하는 원인이 있어야 문제가 발생한다. 건선의 치료는 특정 치료제에 대한 반응은 사람마다 현저하게 다르게 나타날 수 있으며, 원인이 되는 담배와 음주 등을 삼가면 빠르게 호전될 수 있다.

두피 건선을 위한 치료방법으로 건조함을 완화시켜주거나, 자외선을 통해 살균하거나, 두 가지 방법을 병행하는 것으로 구성된다. 반대로, 광범위한 건선은 보통 전신성 및 외용 요법으로 치료된다. 치료제를 꼼꼼히 적용하여 매일 바르는 연고나 크림의 국소적인 적용이 두피의 스케일링 문제를 없애는데 성공하기도 한다. 이러한 연고, 크림에는 일반적으로 3% 타르(Tar)와 3~9% 살리실산(Salicylic acid)이 함유되어 있다.

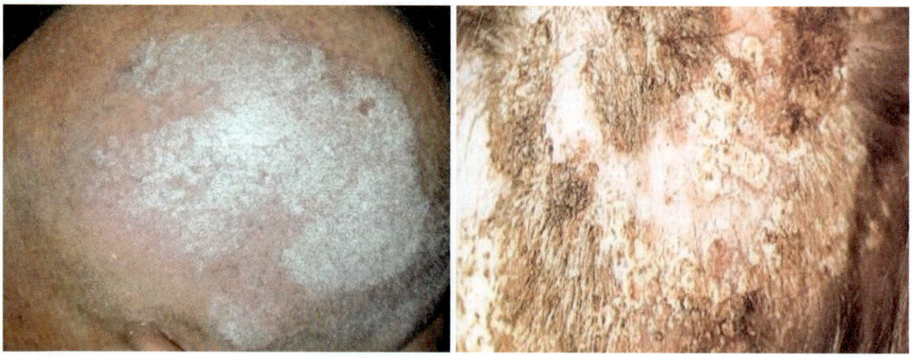

그림 2-24 두부건선(Psoriasis)

3) 아토피성 피부염(Atopic Dermatitis)

아토피성 피부염은 유아기, 소아기, 사춘기 및 성인기에 걸쳐서 습진성 병변이 일어나 병원균이나 바이러스 감염이 잘 되는 경향이 있다. 보통 흰색 피부묘기증(White Dermographism)이라 하여 피부 표면을 손톱으로 살짝 긁었을 때 긁은 자국이 창백한 흰 선으로 보일 수 있다.

찬 곳에 있을 때에는 다른 사람보다 쉽게 손끝이 차가워지고 더운 곳에 노출되면 서서히 더워지며, 감기에 잘 걸리고 물 사마귀(전염성 연속종)가 잘 생기고 오래간다. 아토피성 피부염의 치료는 스테로이드제(부신피질호르몬제), 항히스타민제(Antihistamines), 항생제(Antibiotics) 등을 사용한다.

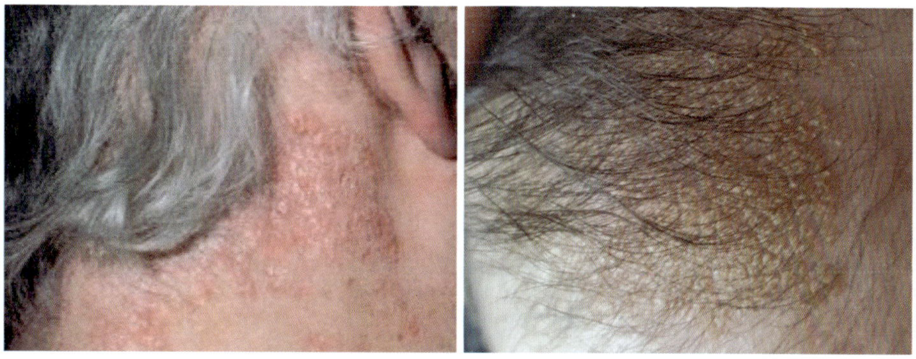

그림 2-25 아토피성 피부염(Atopic Dermatitis)

4) 단순 태선(Lichen Simplex)

1차 태선화로 정상 피부를 문지르거나 긁음으로써 발생하며 남성보다 여성에게 더 많이 발생한다. 정확한 원인은 밝혀지지 않았으나 사춘기 이후 30~35세에 가장 빈번하게 발생하며 보통 헤어라인과 경계를 이루는 목덜미 부위에 생긴다.

붉은 파편 같은 반점을 형성하는 특징이 있으며 종종 주변의 목과 두피로 번지기도 한다. 처음에는 건선과 비슷해 보이나 극심한 가려움 때문에 반복적으로 긁게 되면 가죽같은 피부의 태선화(Lichenification)를 유발한다. 긁고 난 후 탈모 또는 모발에 끊어짐이 나타날 수 있고 2차 감염이 발생할 수 있다.

치료는 심리적 치료와 함께 내재된 스트레스 또는 긁는 습관을 해소해야 한다. 외용제, 국소 스테로이드(Steroid) 용액 또는 크림, 병변 내 주사, 이차 감염 시에 항생제 등을 사용한다.

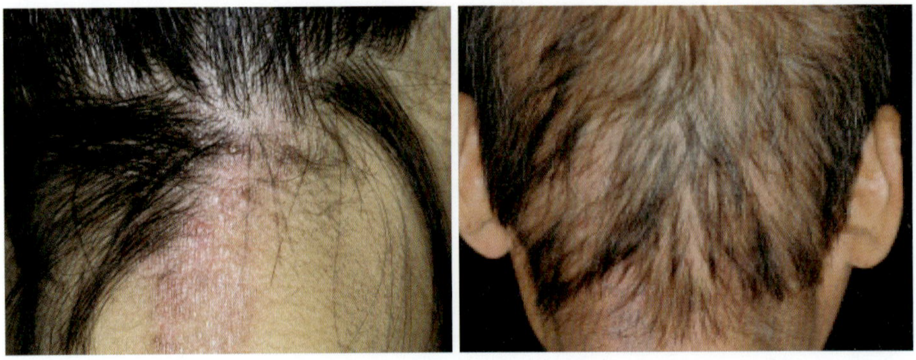

그림 2-26 단순 태선(Lichen Simplex)

5. 탈모(Alopecia)의 치료방법

현대사회의 탈모환자는 유전적 인자로 발생하는 탈모환자 뿐만 아니라 과중한 스트레스나 환경요인, 지나친 음주나 흡연 등 다양한 비유전적 요인으로 발생되어 누구에게나 나타날 수 있는 질환으로 변화되었다.

최근 탈모치료를 위해 병원을 찾는 환자가 늘어남에 따라 탈모 예방차원의 관리가 중요시 되었고 탈모 예방을 위해서는 스트레스 해소 및 관리, 균형 잡힌 식생활 습관 등의 환경적 요인의 관리가 무엇보다 중요하며, 탈모가 진행되었다면 초기에 적극적인 관리가 이루어져 탈모의 원인을 제거하기 위한 초점을 두고 모발이 약화되지 않도록 한다. 탈모가 진행되어 약물 치료가 필요하다면 의사의 처방을 받아 피나스테리드(Finasteride) 계열 약 복용 및 FDA 승인을 받은 미녹시딜(Minoxidil)과 프로페시아(Profecia)를 사용한다.

특히, 피나스테리드(Finasteride) 계열은 디하이드로 테스토스테론(DHT, Di-hydro testosterone)의 농도를 낮추는 작용을 하므로 여성은 사용할 수 없다. 약물요법은 모발을 굵게 하고 빠지지 않도록 방지하는 등 탈모 예방적 관리 차원인 치료의 효과가 빠르고 치료받기가 쉬운 장점은 있으나, 모낭이 살아 있어야 효과가 있고 일부 부작용이 생길 수 있으며 약물의 사용을 중단하면 수개월 내 탈모가 다시 진행되는 단점이 있어 주의해야 한다.

탈모가 많이 진행되어 약물의 효과가 미비할 경우 최근에는 다양한 수술법인 메조테라피(Mesotherapy) 요법이나 모발 이식을 한다. 메조테라피(Mesotherapy) 요법은 남성 호르몬의 원인으로 휴지기에 머물러 있는 모발을 메조테라피(Mesotherapy) 요법으로 모발의 성장주기를 정상화시켜 성장기 모발로 이행시킨다. 탈모가 상당 부분 진행된 경우에는 다양한 수술법도 있는데, 메조테라피는 남성 호르몬 등의 원인으로 휴지기에 머물고 있는 모발을 다시 성장기 모발로 이행시켜 모발의 성장주기를 정상화하는데 목적이 있다. 시술 후 빠르면 2~3개월부터 새로운 모발이 생겨나는 가시적인 효과를 볼 수 있는 것으로 전해지고 있다.

1) 약물치료

(1) 미녹시딜(Minoxidil)

치료 시작단계에 모발이 가는 조기 탈모 환자의 경우 효과를 보이는 미녹시딜(Minoxidil)은 약 성분명인 혈관확장제로 경구용 고혈압 치료제로 개발되었으며 부작용으로 털의 성장이 촉진되어 탈모증 치료제로 개발되어 탈모 환자 치료제로 사용된다. 의사 처방없이 구입이 가능한 바르는 형식 치료제로 표준 2%제제와 강한 5%제제가 있다.

특히, 여성인 경우 2~3%제제의 사용을 권하며 5%제제를 사용할 경우 얼굴, 기타 부위의 솜털이 굵어지는 현상이 생길 수 있다. 미녹시딜(Minoxidil)을 사용한다고 탈모 환자 모두에게 효과적이지 않고, 또한 장기간 사용해야 약효를 유지할 수 있으며, 남성의 경우 12개월, 여성의 경우 8개월을 사용하여도 효과가 없다면 사용을 중지해야 한다. 짧게 자라는 털이나 솜털, 어느 정도 가느다란 머리가 있는 정수리 부분에 효과가 높으며 진행이 많이 된 탈모인 경우 앞쪽 모발에는 효과가 없다.

모발이식수술 후 5%제제를 6개월 정도 사용할 것을 권하고 있다. 미녹시딜(Minoxidil)을 바르는 동안 가려움, 붉은 반점, 비듬 등의 두피 자극 증상을 보일 수 있으며, 이럴 경우 일주일 정도 쉬었다가 다시 사용하는 게 좋다.

(2) 프로페시아(Propecia)

경구용 탈모 치료제로 가장 많이 알려진 프로페시아(Propecia)는 '피나스테리드(Finasteride) 1mg'이다. 이 성분은 미국에서 전립선 비대증의 치료제로 개발된 피나스테리드(Finasteride) 5mg으로 출시되어 연구 과정에서 모발 성장을 촉진시킬 수 있다는 점이 밝혀지면서 1998년 1mg 피나스테리드(Finasteride)가 프로페시아(Propecia)라는 이름으로 FDA의 승인을 받아 의사의 처방이 필요한 전문 의약품인 탈모치료제로 쓰이게 되었다.

국내 발매 후 10년 이상의 기간 동안 안전성과 효능을 검증 받은 대표적인 남성형 탈모 치료제이다. 여성이나 임신 중인 여성은 복용하는 것을 금하는데 특히, 가임기의 여성이나 임신 중인 여성이 복용하였을 경우 태아의 디하이드로테스토스테론(DHT, Di Hydro Testosterone)호르몬 생성을 억제시켜 성기의 기형이 나타난다.

모발의 길이, 두께, 성장속도 등의 질을 향상시키는 등 모발 성장주기에 영향을 미쳐 모발의 수를 증가시키며 정수리 부분의 탈모에 효과를 보이나 치료효과를 보기 위해서는 지속적으로 복용하여야 한다. 50대 이상의 환자나 완전한 대머리인 경우는 거의 효력이 없으며 복용을 중단하면 몇 달 뒤에 다시 탈모가 진행되는 것으로 알려져 있다.

프로페시아(Propecia) 부작용으로 2% 미만의 남성에게 일시적으로 성욕감퇴, 사정액 감소, 발기부전 등이 나타날 수 있고 복용 중단 시 부작용은 사라지나 2~3개월 안에 탈모가 원상태로 돌아가므로 결과적으로 탈모의 효과 유지를 위해서는 평생 복용해야 한다.

(3) 트리코민(Copper)

트리코민(Copper)은 구리(Copper) 합성물로 체내의 구리(Copper) 성분은 신체 내에서 아연과 비타민 C와 함께 세포 간의 결합을 유지하고 있는 콜라겐과 엘라스틴의 교차 결합, 피부 탄력, 뼈의 손실을 막고, 근육 강화, 에너지 대사, 멜라닌(Melanin) 형성, 활성산소(Free Radical) 제거 등 3번째로 널리 쓰이는 미량의 요소로 세포내 호흡 촉진작용을 하며 5-알파 리덕타아제(5-Alpha Reductase)를 억제하는 작용을 한다. 특히, 모발에 많으며 나이가 들어감에 따라 그 성분은 점차 줄어든다.

구리의 성분학명은 Prezatide Copper Acetate로 '구리 복합체'로 국소적으로 사용할 수 있는 약물치료제로 모공에 자극하여 모낭 깊숙한 곳까지 전달하게 되는데 휴지기에 있는 모빌을 건강하게 만들어 휴시기 기간을 줄이고 모발의 성장을 촉진시키며 프로페시아(Propecia) 및 다른 약품과 병행할 때 좀 더 효과적으로 작용한다.

2) 메조테라피(Mesotherapy)

1952년 프랑스 의사인 Dr. Pistor이 창안한 시술법으로 1987년 프랑스 의학회에서 전통의학(Traditional Medicine)의 고유 분야로 승인을 받았다. 중배엽(Meso-Derm)의 메조(Meso)와 치료법이란 뜻의 테라피(Therapy)를 합성한 명칭으로 소량의 약물을 직접 주입하여 통증 및 국소부위 병변을 치료하는 의학적인 시술법을 메조테라피(Mesotherapy)라 한다. 현재 유럽, 남미, 아프리카에서 활발하게 시술이 이루어지고 있다.

혈액순환 촉진으로 모발에 영양공급이 원활하여 모발의 생성이 촉진되는데 4~6주 정도 시술 후 탈모의 진행이 멈추고 2~4개월 후 가는 모발이 굵어지면서 모발이 성장한다. 그러나 메조테라피(Mesotherapy)가 모든 탈모증에 효과적이진 않으며 성별과 연령, 탈모의 원인, 진행 상태에 따라 효과의 차이가 있으며 사용 전 유전적 요인, 탈모 정도, 부위, 모발 굵기, 색의 변화 등 두피 상태를 파악하는 것이 중요하며, 일시적으로 주사 바늘에 의한 멍이나 약물에 의해 주사부위의 소양감 등 붓는 부작용이 나타날 수 있으나 대부분 일시적인 부작용이라 할 수 있다.

3) 모발이식(Hair implant)

자가 모발 이식술로 자신의 두피 내 모발을 옮겨 심는 수술로 이미 탈모가 많이 진행된 상태라면 고려해볼 만하다. 약물치료와 달리 의사의 풍부한 경험과 모발이식에 대한 해박한 지식을 가진 의사의 숙련도가 중요한 수술로 탈모에 영향을 받지 않는 후두부 모발을 탈모 부위에 한 번에 1,500개에서 3,000여 개 이상까지 모발을 심을 수 있다. 후두부의 모발을 탈모 부위에 이식해도 원래의 성질인 색깔, 조직, 성장속도, 곱슬거리는 성질을 그대로 유지하며 자라는 것이 특징이다.

모발이식은 자연스러운 모발형태를 만드는 것으로 환자의 후두부에서 모발을 포함한 피부를 모판을 떼듯이 타원형으로 떼어내 봉합을 하고, 떼어낸 모발의 모근을 한 올씩 분리해서 모를 심듯이 탈모 부분에 심는 것으로 이식범위, 형태, 모류 등을 결정하여 디자인하여야 한다.

처음부터 전체적인 탈모 경과와 탈모 상태, 환자의 나이, 탈모 정도, 탈모 속도, 사회적 스트레스 상태, 안면 윤곽, 두개골 모양, 두피의 두께, 모발의 굵기, 모낭의 깊이, 약물 치료에 대한 반응, 예상되는 대머리 진행 경과 등을 고려하여 적절한 이식수술 계획을 세우는 것이 중요하다.

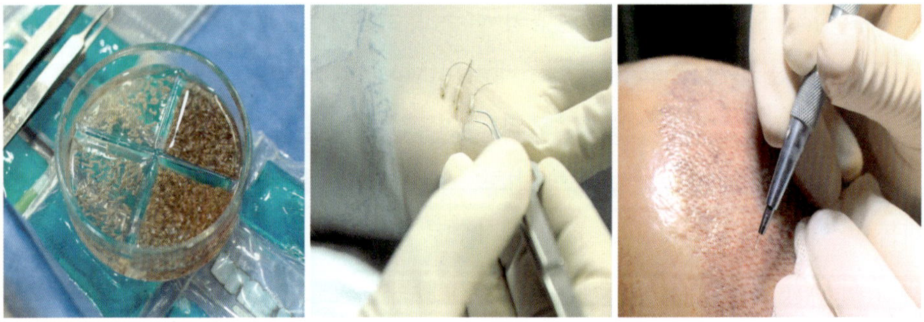

그림 2-27 모발 이식(Hair implant) 과정

3. 모발의 손상 및 관리방법

1. 모발 손상의 원인

모발은 건강이나 영양 상태에 따라 모발이 발생 될 당시에 비해 좋아지거나 나빠진 결과가 나타나 모주기에 따라 빠지기도 하고 새로 나기도 하면서 반복된다. 외부환경에 노출된 모발은 유해환경과 외부자극으로 변형(Deformation)과 변질(Alteration)이 일어나 모발의 손상을 가져와 시각적으로 질감의 거침과 윤기가 없이 푸석푸석하며, 가늘고 건조하여 모발의 손상을 가지고 올 수 있다.

아이론(Hair Iron) 등의 열이나, 샴푸(Shampoo), 타월 드라이(Towel Dry)와 같은 마찰로 인한 손상이나, 염색(Hair Coloring)이나 탈색(Hair Bleaching) 및 퍼머넌트 웨이브(Permanent Wave)와 같은 화학제의 사용으로 인한 손상 등 다양한 원인이 있다.

1) 영양소 결핍에 의한 손상

모발이 만들어지기 위해서 단백질(Protein) 섭취가 중요하다. 모발에 직접 영향을 주는 아미노산 종류를 함유한 단백질 등을 균형있게 섭취하여 건강한 모발을 유지하는 것이 중요하다.

극심하고 잦은 다이어트나 편식으로 인해 불균형 된 영양결핍 상태로 인하여 모발의 성장 문제가 생긴다. 정크 푸드(Junk Food) 섭취를 줄이고 비타민 A, 비타민 D, 미네랄, 요오드, 아연과 같은 식품의 섭취가 필요하다.

특히, 요오드(Iodine) 성분은 갑상샘(Thyroid Gland) 호르몬의 원료로 갑상샘 호르몬의 분비를 촉진시켜 모발 성장을 도와준다. 반면 과도한 스트레스(Stress)는 각종 호르몬(Hormone) 분비가 약화되거나 억제되었을 때 모발 손상의 원인이 된다.

2) 열에 의한 손상

모발의 케라틴(keratin) 단백질은 견고하고 강하지만 헤어 드라이어(Hair Dryer), 아이론(Hair Iron), 셋팅기(Hair Setting Machine) 등의 열기기를 사용하여 적정 온도 이상이 모발에 가해지면, 열로 인한 모발의 손상을 가져온다. 열로 인한 손상은 모발을 건조하게 하고 지속적인 열은 단백질 변성(Protein Degeneration)과 손상에 쉽게 노출시킨다.

헤어 드라이어의 경우 바람이 나오는 출구와 모발 사이의 간격이 좁거나 밀착되게 사용하면 모발이 건조해지고 피지 분비(Sebum Secretion)를 방해하여 비듬(Dandruff)이 발생할 수 있으므로 모발과의 일정 간격을 유지하여 신속하게 시술하며, 온도는 60℃가 이상적이다.

아이론은 가장 뜨거운 열을 사용하므로 신속한 동작으로 시술하고 모발에 닿는 시간을 적절하게 조절하며 온도는 120~160℃ 정도가 적당하며 250℃ 전후에서 약 1분 이상 사용하면 모발의 표피가 팽창(Expansion)하고 단백질은 열로 인한 변성을 일으킨다. 셋팅기는 마른 모발에 강한 열을 가하므로 시술 전에 다양한 제품을 사용하여 사전 처리(Preprocessing)를 해주는 것이 중요하다. 시술온도는 130~140℃가 적절하다.

3) 커트 기구 및 잘못된 커트에 의한 손상

커트(Cut)로 인한 모발의 손상은 모표피(Hair Cuticle)의 손상 및 모피질(Hair Cortex)내의 손상까지 야기시킨다. 지나치게 건조한 모발을 커트하거나 무딘 날의 가위로 끝이 점점 가늘어지게 하는 테이퍼링(Tapering) 기법이나 레져(Razer)를 이용한 시술은 모발과 레져의 각도 및 모발의 당김에 따라 커트된 단면의 면적이 넓어 단백질의 유실이 크고 수분 손실이 발생하여 모발의 손상을 가져온다.

또한, 쓸어내리듯 가위를 여닫아 모근에서부터 모발 끝으로 갈수록 모량이 줄어들게 하여 질감 처리하는 커트 기법인 슬라이싱(Slicing)의 경우 커트 기술이 미숙하면 모표피를 깎아 버리는 경우에 모발 손상을 가져올 수 있다.

그러므로 커트에 의한 모발 손상을 방지하기 위해 커트에 사용되는 기구에 따른 바르고 정확한 시술이 필요하며, 모발의 커트 시술 후 영양을 주어 보호하는 것이 필요하다.

표 2-2 모발 손상의 특징

모발의 손상					
1		건강한 모발	5	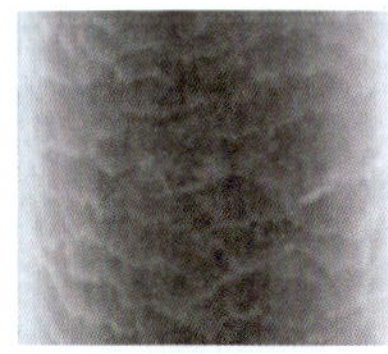	180℃ 플랫 아이론 처리로 인해 손상된 모발
2		탈색으로 인해 손상된 모발	6	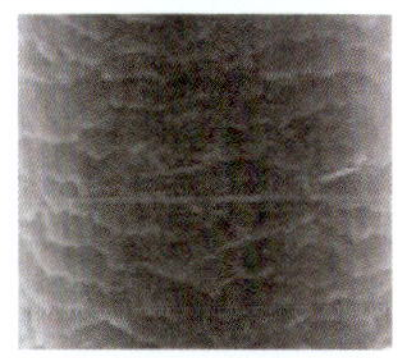	퍼머 후 180℃ 플랫 아이론 처리로 인해 손상된 모발
3	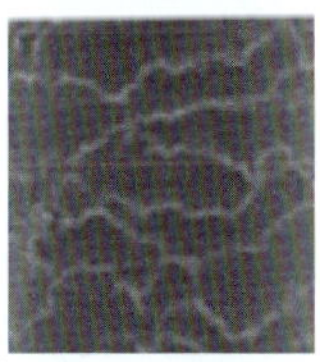	매직 퍼머로 인해 손상된 모발	7	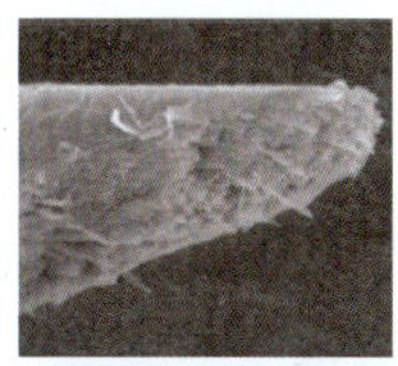	커트 가위 시저에 의해 손상된 모발
4	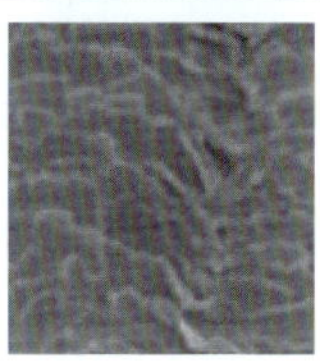	퍼머와 염색으로 인해 손상된 모발	8	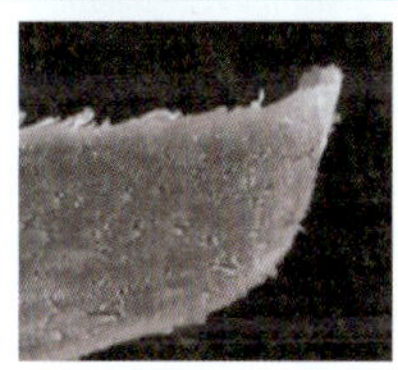	커트 가위 시저에 의해 손상된 모발

4) 퍼머넌트 웨이브 (Permanent Wave)에 의한 손상

퍼머넌트 웨이브(Permanent Wave)는 디오글리콜산(Thioglycolic Acid)과 시스테인(Cysteine)을 주성분으로 하는 1제 환원제(Reducer)와 브롬산나트륨(Sodium Bromate)과 과산화수소(Hydrogen Peroxide)를 주성분으로 하는 2제 산화제(Oxidant)로 환원작용과 산화작용을 한다.

퍼머넌트 웨이브의 약품은 알칼리 제품(Alkali Product)으로 약품의 작용시간이나 시술방법, 온도, 사용된 량에 따라서 모발의 손상에 크게 영향을 미친다. 알칼리로 인하여 모표피의 팽윤과 연화로 인한 내부 결합이 약화되고 간충물질과 수분, 단백질, 세포막복합체 등 모피질의 구성 성분의 유실에도 영향을 미친다.

그리하여 모발은 다공성모(Porous Hair)가 되고 약제 중 1제가 모발에 대하여 과잉반응을 나타내고, 2제의 방치시간 및 처리 미숙 등으로 모발이 환원된 과정 상태이므로 모발이 약해지고 손상과 직결된다.

또한 퍼머넌트 웨이브 시술 시 단단하고 강한 밴딩 처리 부위에 약액의 양이 많아지므로 연화가 크게 일어나 모표피가 벗겨지거나 단모를 초래한다. 롯드 제거 후 약액을 충분히 제거하여 2차적인 멜라닌 색소 파괴로 인한 모발 변색 및 탈색이 되지 않도록 한다.

퍼머넌트 웨이브 후의 플랫 아이론 처리 모발

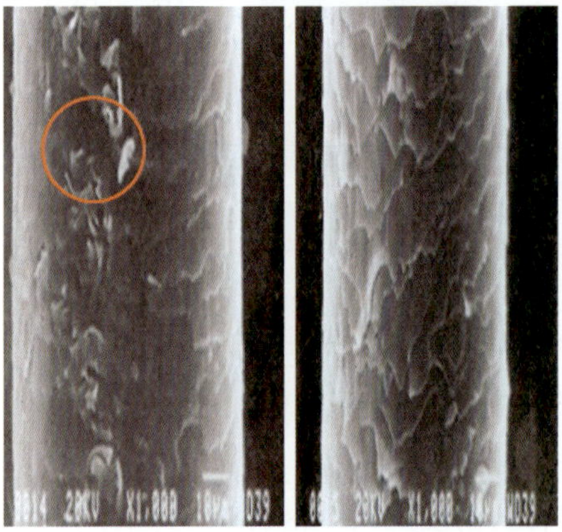

모표피 용해

밴딩에 의한 모발의 손상

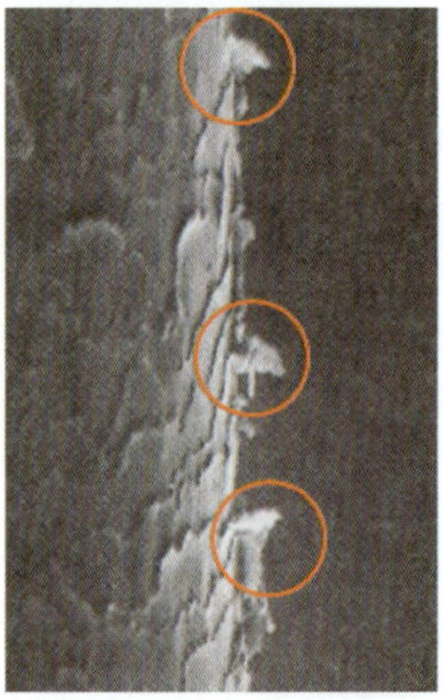

모표피 벗겨짐

그림 2-28 퍼머넌트 웨이브에 의한 손상

5) 염 · 탈색에 의한 손상

염색과 탈색은 모발 손상을 일으키는 가장 큰 요인이다. 염 · 탈색제는 알칼리제로 되어 있어 큐티클(Cuticle) 간의 보호막을 녹이고 모발의 수분과 단백질을 녹여 배출시킴으로써 다공성 모발을 만들어 모발의 팽윤을 가져오며 모발의 결합력을 약화시키고, 산화제로 사용되는 브롬산나트륨은 산화력이 적고 부드러우나 과산화수소는 산화력이 매우 강하여 멜라닌 색소를 파괴하여 모발의 손상에 큰 영향을 끼친다. 또한, 잦은 염 · 탈색은 모표피가 비틀려져 구부러지는 현상을 발생시키기도 한다. 염 · 탈색으로 인한 손상을 막기 위해서는 약제 처리 후 약제의 잔류물이 없도록 반드시 깨끗하게 헹구어 주는 것이 중요하다.

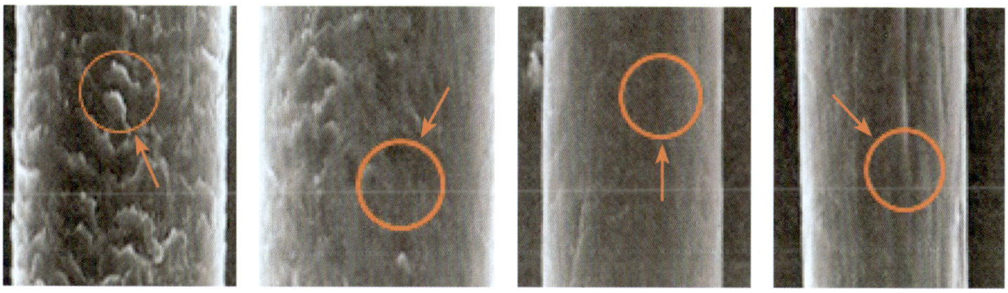

그림 2-29　과도한 염색과 탈색으로 의한 손상

2. 이상 모발의 종류 및 관리방법

1) 염전모(Pili Torti, Twisted Hair)

염전모는 유아기나 소아기에서 나타나고 두발에서 가장 잘 나타나며 소아기 두피나 눈썹, 속눈썹에도 나타난다. 모발의 장축에 따라 털이 나선형으로 꼬인 상태로 모발이 평평하다. 약간 방추형이 되기를 반복하여 잘 부러져 부분적인 탈모나 모발의 부서짐이 쉽게 나타나며, 모간의 두께가 고르지 않아 부분적인 색이 옅은색과 짙은색으로 나타난다.

염전모는 선천성과 후천성으로 나뉘는데 선천성인 경우에는 상염색체 우성으로 유전되며, 후천성인 경우에는 다른 피부 및 전신 이상을 동반한 다양한 증후군과 연관되어 나타나기도 한다. 특별한 관리방법은 없으며, 외부적인 모발 충격을 최소화시키며, 엉킴을 방지하기 위하여 샴푸와 린스를 한 후 헹굼을 하지 않는다.

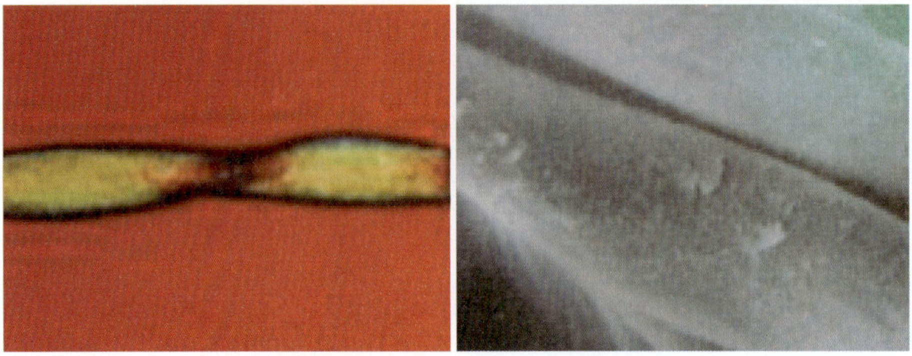

그림 2-30　염전모(Twisted Hair)

2) 연주모(Monilethrix)

연주모는 상염색체성 우성으로 유전되는 선천성 질환으로 생후 3개월에 발생하여 소아기에 뚜렷하게 나타난다. 모발에 다발성 결절들이 형성되어 모간의 두께가 고르지 않고 결절 부위에 위축이 일어나 진주 목걸이 또는 염주 모양 모발이 형성된다. 결절 부위는 모발이 쉽게 부서지고 유전적인 모낭의 과각화가 뚜렷하게 나타나 두피는 거칠고 건조함을 나타낸다.

여름철이나 임신 중 증세가 완화되나 출산 후 다시 나빠지며, 두피뿐아니라 눈썹, 음부, 겨드랑이 부위에도 나타나며 모공성 각화증이 동반된다. 사춘기에 자연적으로 호전되는 경향이 있으나 평생 지속될 수도 있다.

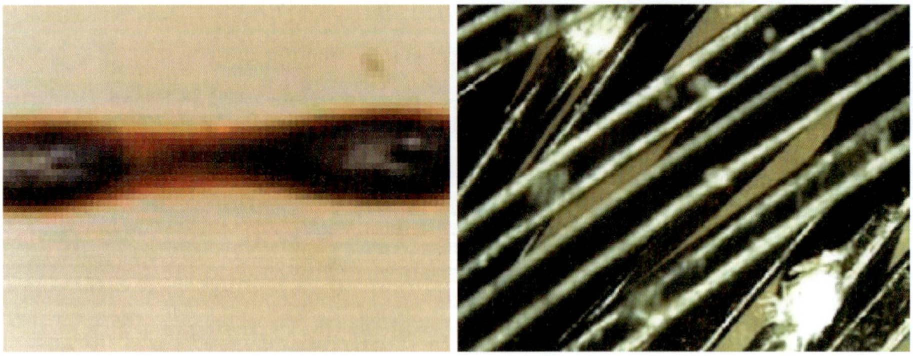

그림 2-31　연주모(Monilethrix)

3) 결절성 열모증(Trichorrhexis Nodosa)

모간의 한 점이 불규칙한 간격으로 배열된 회백색의 작은 결절로 대개 진주 모양의 작은 혹을 형성하여 진주병이라도 불린다. 모발의 건조함이 문제이며 두 가지 이유로 나타난다. 제품의 잘못된 적용으로 인한 화학적인 원인으로 퍼머넌트 웨이브, 염 · 탈색 등이 있으며, 퍼머넌트 웨이브 시술 시 사용하는 고무 밴드의 잘못된 고정으로 외상을 입는 물리적인 원인이 있다.

두발이 부분적으로 손상되어 엉겨서 매듭져 있으며 헤어 드라이어(Hair Dryer)나 강한 빗질로 인하여 끊어질 위험이 있다. 두발에서 나타나기 시작하여 수염, 음모, 겨드랑이 및 가슴 털에서도 볼 수 있다. 한번 손상된 모발은 치료법이 없으며 부드러운 샴푸 및 아미노산, 라놀린 등이 함유된 재활성 트리트먼트 크림을 사용하여 완전히 부서지는 것을 예방할 수 있다.

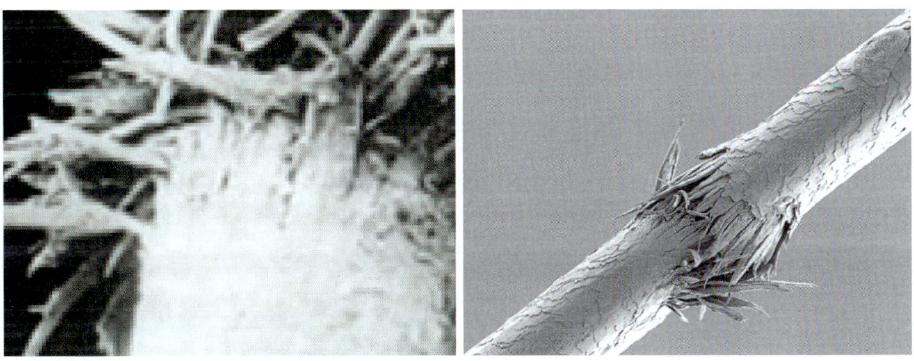

그림 2-32 결절성 열모증(Trichorrhexis Nodosa)

4) 함입성 열모증(Trichrrhexis Invaginata)

모피질의 황화수소(-SH)가 황결합(S-S)으로 치환되지 않아 각화를 시작하는 부위에서 모간이 중첩되어 말려 들어가면서 생기는 증상으로 대나무 모양의 털(Bamboo hair)이라 한다. 특별한 관리방법은 없으며 외부로부터 모발에 충격을 줄여준다.

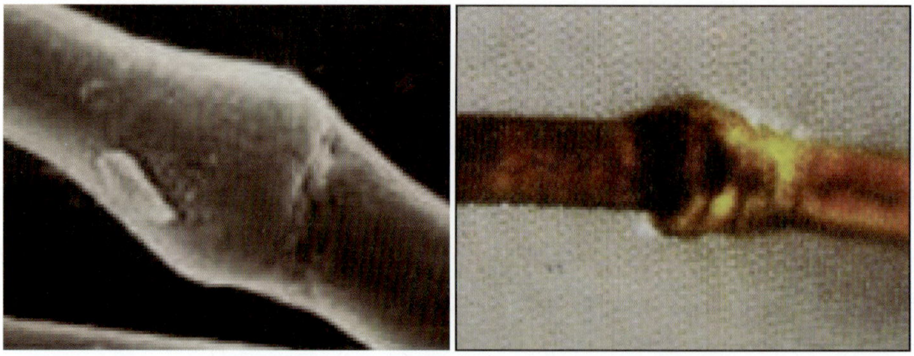

그림 2-33　함입성 열모증(Trichrrhexis Invaginata)

5) 백륜모(Piliannulati)

백륜모는 선천성 질환으로 모발에 흑백의 반점이 생기는 모발로서 원인은 불확실하나 가족 질환으로 발생되어 흑색과 백색의 띠가 교대로 나타난다. 직경은 모발의 길이를 따라 일정한 것으로 보아 성장은 정상이며, 다른 기관의 질병과는 관련이 없으며 유전적 현상으로 판단되며, 관리방법 및 치료법이 없으며 모발 염색만이 이러한 증상을 감출 수 있다.

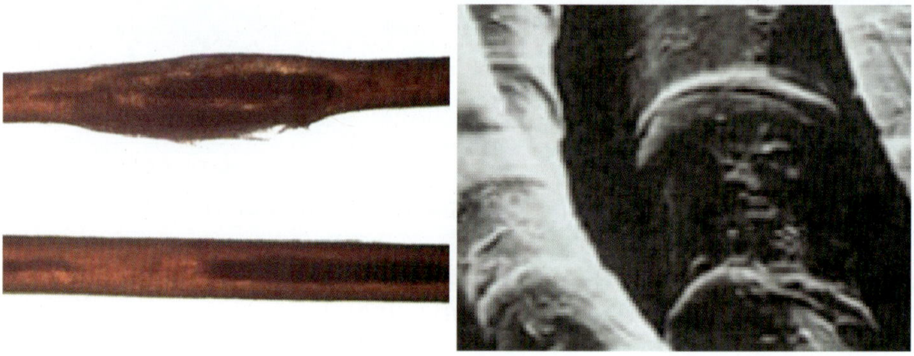

그림 2-34　백륜모(Piliannulati)

6) 양털 모양의 모발(Wooly Hair)

두피에 국소적 또는 전체적으로 가늘고 밀집된 양털 모양의 두발이 출생 시에 나타나서 아동기에 가장 심하며 성인이 되면 어느 정도 완화되는 질환이다.

뭉치는 정도가 심하여 빗질이 힘들고 평균적으로 12cm 이상 자라지 못하고 흑인에게서 흔히 볼 수 있다.

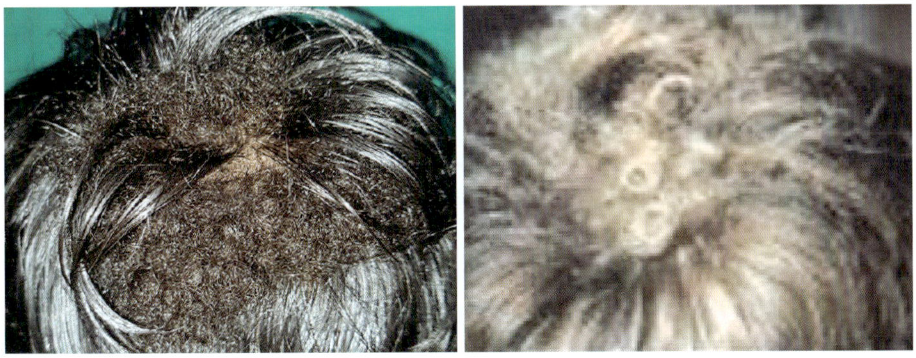

그림 2-35 양털 모양의 모발(Wooly Hair)

7) 다모증(Hypertrichosis)

(1) 다모증의 종류

다모증은 모발의 과도한 성장으로 선천성과 후천성, 전신형과 국소형으로 구분된다.

선천성 다모증의 원인은 유전자 이상으로 나타나며 안드로겐과 상관없이 피부에 모발이 많이 나는 질환으로, 연령, 종족, 성별 등에 따라 나타나는 정상 기준보다 모발의 밀도가 높거나 길이가 긴 상태를 의미한다.

후천성, 전신형 다모증의 원인은 약물, 독소, 전신 질환 등으로 다모증이 발현되는 빈도와 기간은 원인에 따라 차이가 있으나 가장 흔한 원인은 약물이다. 국소 다모증은 성선, 하수체, 부신질환으로 나타나며, 원인은 반복되는 국소적 자극이나 부신피질 호르몬제 장기 복용 등이 있다.

(2) 다모증의 치료

다모증의 치료를 위해서는 다모증의 원인을 파악하는 것이 중요하다. 부신성 다모증의 경우 안드로겐 분비를 억제하는 코르티코스테로이드나 항안드로겐

제제 등의 약제를 사용하면 효과를 볼 수 있으며, 발모 왁스(Epilating Wax)를 이용하여 일시적인 제모를 통하여 미용상 혐오감을 줄일 수 있다. 전류를 이용한 영구적 제모를 할 수 있으며 장시간 소요되는 단점이 있지만 안전한 방법이다.

8) 조모증(Hirsutism)

조모증은 모발이 비정상적으로 과도하게 성장하는 것을 의미한다. 안드로겐 호르몬과 관계 없이 부위에 비정상적으로 과도하게 성장하는 경우로 인종에 따라 차이가 많으며, 여성이나 아동이 남성과 같은 분포의 모발 성장을 보이는 경우를 조모증이라 한다. 라틴계, 유태인, 웨일즈 지방의 여성들은 아시아계 여성보다 모발이 많으며, 갈색 모발은 금발 모발의 여성보다 안면과 가슴에 모발이 더 많은 경향이 있다. 따라서 인종적 특징에 따라 개인의 조모증 여부를 판단할 수 있다.

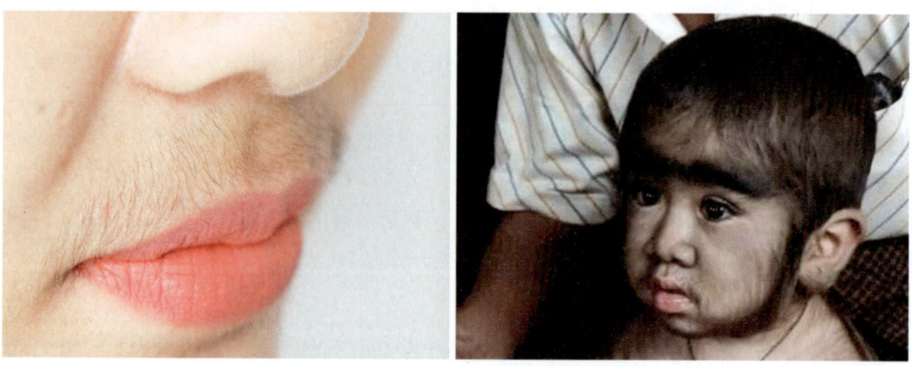

그림 2-36 조모증(Hirsutism)

(1) 조모증의 종류

① 원인불명의 조모증(Idiopathic Hirsutism)

특별한 외적 요인이나 분명한 내분비 인자와 관계 없이 생긴 조모증으로 유전적인 성향을 갖는다.

② 외인성 조모증(Iatrogenlc Hirsutism)

약물로 인한 다모증이며 다모증을 일으킬 수 있는 약물로는 혈관을 확장하여 혈압 상승을 억제시키는 미녹시딜(Minoxidil), 항발작제인 다일랜틴(Dilantin), 부신 피질에서 분비되는 스테로이드 성질을 가진 호르몬인 코르티코스테로이드(Corticosteroids), 정소에서 생성되는 남성 호르몬인 테스토스테론 등이 있다. 여성의 경우 테스토스테론의 용량보다 테스토스테론에 의한 감수성에 좌우된다.

③ 유전성 조모증(Genetic Hirsutism)

선천성 기형과 함께 조모증이 나타나며 상염색체 우성이 유전되어 전신에 많은 솜털이 나고 치아 기형과 치육섬유종(Gingival Fibromatosis)이 동반되는 선천성 취모 다모증(Congenital hemiplegia.), 심한 다모증, 안면 청색증, 대리석 모양의 피부, 정신박약증 등이 있다.

④ 국소성 조모증(Localized Hirsutism)

국소성 조모증은 여러 색소성 모반, 만성 염증, 만성 외상, 국한성 점액 수종 등에서 볼 수 있다.

9) 무모증(Atrichia Pubis)

태어날 때부터 모발이 없거나 충분하지 못한 발모 상태를 선천성 무모증이라 한다. 전신성 무모증은 사춘기에 음모나 겨드랑이털이 나지 않는 경우이며, 정상인에 비해 충분하게 나지 않는 경우를 빈모증(Hypotrichosis of Pubis)이라 한다. 유전적 요인에 의해 안드로겐 호르몬 분비가 저하되어 발생한다.

10) 탈모증(Alopecia)

(1) 선천성 탈모증(Congenital Alopecia)

여성에게 많이 나타나며 유전적인 요인이 가장 크다. 출생 후 2~3개월 안에 발모가 되는 경우가 많으며, 피부의 발생장애로 인하여 땀샘이 없어 땀이 나오지 않고 조갑과 모든 기능이 결손되는 경우가 있다.

(2) 후천성 탈모증

① 남성형 탈모(Male Patten Alopecia)

평균적으로 20~30대에 시작되며 일반적으로 대머리라고 하는 남성 탈모이다.

안드로겐으로 인해 발생되며 탈모의 95% 이상을 차지한다. 남성 호르몬의 안드로겐(Androgen)과 테스토스테론(Testosterone)의 과잉 분비는 모낭의 변성과 위축을 가져오고 모발이 재생되는 것을 방해한다. 이것으로 인해 모발주기 중 성장기를 단축하고 휴지기 상태를 증가시켜 모발을 연모가 되도록 하여 대머리 상태가 된다.

② 여성형 탈모(Female Patten Alopecia)

체내 여성 호르몬의 균형이 깨지면서 안드로겐의 기능이 활발해져 탈모증세가 나타나는 것이 특징이다. 여성형 탈모는 남성형 탈모와 다르게 모발이 점차 가늘어지고 숱이 적어지며 경모가 연모화 상태에서 멈추는 것이 특징으로 완전한 대머리가 되지 않는 것으로 보인다.

그러나 여성형 탈모증이 심하면 여성에게도 M자형 탈모를 동반하기도 하는데 이러한 여성들의 혈액 내 안드로겐 수치가 정상인보다 높게 나왔다는 연구결과가 보고되었다. 또한, 나이가 들어감에 따라 점차 탈모가 일어나고 폐경기 이후, 중년 이후 가속화되는 경향이 있다.

③ 원형 탈모(Alopeica Areata)

대표적인 신경성 탈모증상으로 갑자기 두발이 원형 또는 타원형으로 빠지는 것으로 유전적인 요인과 정신적 스트레스 등 자가면역성 탈모 질환이다. 두피 이외에도 수염, 눈썹, 속눈썹, 음모, 겨드랑이 등에 나타나며, 증상이 심해 크게 확대되기도 하고 자연 치유되기도 하며 다시 증상이 나타나기도 한다.

두발 전체에 탈모가 일어나는 전두 탈모증, 한 개의 탈모반을 단발형 또는 여러 개의 탈모반을 다발형이라 한다.

Chapter 3

상담학 순서

1. 고객상담(Customer Counseling)

1. 고객상담(Customer Counseling)

전문적인 지식과 다양한 정보를 갖춘 상담자가 고객의 니즈(Needs)에 맞는 이상적인 서비스 제공을 위해 고객이 효율적이고 합리적인 의사결정을 할 수 있도록 도와주는 관리의 과정이다. 고객과의 상담을 통해 고객의 방문 목적과 두피, 모발의 문제 원인을 파악하고, 해결 방법 및 관리 계획을 수립하여 관리 방법을 설명하고 고객카드(Customer Card)를 작성한다. 고객상담(Customer Counseling)은 고객의 만족도를 높이고, 발생할 수 있는 문제점을 최소화시키는 고객서비스의 중요한 핵심 경쟁력으로 모든 관리의 시작과 마무리에 꼭 필요한 단계이다.

2. 고객상담(Customer Counseling)의 목적

1) 상담자의 상담 목적

① 고객의 방문 동기와 관리 목적 및 요구사항을 확인한다.

② 두피와 모발의 상태를 파악하고, 관련된 질병 및 식생활 등을 파악하여 고객카드(Customer Card)를 작성한다.

③ 필요한 서비스 제공을 위해 정보를 전달한다.

④ 밝은 미소와 친절한 상담으로 고객과 소통하여 신뢰감을 형성한다.

⑤ 고객의 만족도를 높이고, 고객의 불만을 예방하는 긍정적인 효과를 기대할 수 있다.

2) 고객의 상담 목적

① 요구 사항을 전달하고, 전문가와의 상담을 통해 두피 및 모발의 문제 원인을 파악할 수 있다.

② 관리에 대한 전반적인 과정을 이해하고, 신뢰하며 관리를 받을 수 있다.

③ 서비스의 질과 전문성을 판단할 수 있다.

④ 원하는 결과를 얻기 위한 관리를 선택하는 데 도움을 받을 수 있다.

⑤ 관리 후 예상되는 오차 범위를 줄일 수 있다.

2. 고객상담 기법

1. 용모 및 복장(Attire)

1) 복장(Attire)과 액세서리(Accessory)

그림 3-1 올바른 복장과 올바르지 못한 복장

① 구김이 가거나 오염이 되지 않은 깨끗한 작업복을 착용한다.

② 맨발이나 슬리퍼, 화려한 양말, 스타킹을 신지 않는다.

③ 짧은 바지나 짧은 치마를 입지 않는다.

④ 귀에 부착되는 작은 크기의 귀걸이 외에 단정해 보이지 않는 귀걸이와 지나치게 화려한 목걸이, 팔찌 등은 착용하지 않는다.

2) 화장(Make-up)과 손톱(Nail)

① 위화감을 주는 짙은 화장은 하지 않는다.

② 남자는 수염을 깨끗하게 정리하고 여자는 밝고 생기가 있어 보이도록 자연스러운 화장을 한다.

③ 손톱은 짧게 관리하고 손톱 밑의 청결 상태를 수시로 점검한다.

④ 강한 컬러의 네일 폴리시(Nail Polish)는 피하고 화려한 손톱 장식은 삼간다.

3) 두발(Hair)

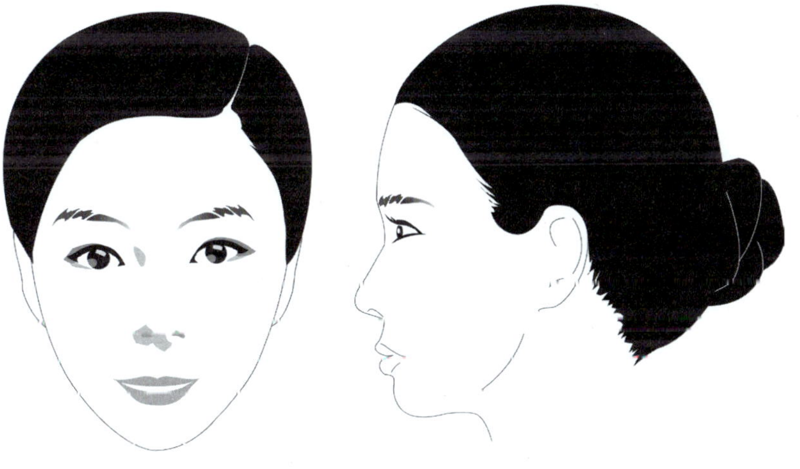

그림 3-2 단정한 두발

① 단정하고 깔끔한 상태를 유지한다.

② 긴 머리는 흘러내리지 않도록 묶고 고정한다.

③ 머리를 묶거나 고정할 때는 헤어 액세서리(Accessory)가 너무 크거나 화려하지 않은 것으로 사용한다.
④ 지저분해 보일 수 있는 과한 헤어스타일은 삼간다.
⑤ 눈에 띄게 요란한 컬러의 염색은 하지 않는다.
⑥ 얼굴의 일부분이나 눈을 가리지 않도록 한다.

4) 냄새

① 상담자는 고객과 밀접한 위치에서 응대하므로 자극적인 향수는 삼간다.
② 입 냄새, 땀 냄새 등 불쾌한 냄새가 나지 않도록 한다.
③ 흡연자의 경우 흡연을 자제한다.

2. 태도와 요령

1) 경청(Listening)

경청은 '귀를 기울여 듣는다.'라는 의미로 고객상담(Customer Counseling) 시 고객의 말을 듣기만 하는 것이 아니라 세심한 관찰력과 적극적인 태도로 경청하며, 공감하고 피드백(Feedback)을 주는 것이 중요하다.
① 고객을 바라보면서 이야기를 귀 담아 듣는다.
② 의도된 내용을 파악하고 중요한 내용을 메모하면서 듣는다.
③ 대답을 하면서 맞장구를 치며 듣는다.
④ 진심을 다해 고객의 감정에 초점을 맞춰 이해하며 듣는다.
⑤ 고객의 이야기를 재진술하며 듣는다.
⑥ 질문은 고객의 이야기가 끝나 갈 시점에 한다.

2) 대화법(Conversation method)

대화란 이야기를 주고받으며 의사소통 하는 것으로 고객상담 시 단정한 용모와 복장으로 부드러운 화법을 사용하여 상냥하고 진실된 태도로 고객을 대하며, 신속하고 유연한 응대를 한다. 고객의 만족을 끌어내고 고객이 최대한 많은 이야기를 할 수 있는 편안하고 신뢰감을 주는 대화 분위기를 조성하는 것이 중요하다. 과도한 대화법으로 고객에게 부담을 주지 않도록 한다.

① 고객이 이해하는데 어려움이 없도록 전문용어 사용을 자제한다.

② 상담자가 원하는 대답을 듣기 위해 강요하거나 주장하는 행동은 삼간다.

③ 자극적인 단어의 사용은 고객에게 부정적인 인상을 심어 줄 수 있고, 강한 어조와 지나친 표현은 고객의 감정을 상하게 하는 요인이 될 수 있으므로 피한다.

④ 고객이 요구하는 것을 이행하지 못할 경우 가능한 방법을 안내하고, 동일한 내용을 전달하더라도 "~이 죄송합니다."보다 "~해 주셔서 감사합니다."와 같은 긍정적인 표현을 사용한다.

⑤ 의도치 않게 고객을 당황하게 만들었거나 다음 응대가 어려울 경우 고객에게 존중받는 느낌을 전달할 수 있도록 상담자는 배려와 미안한 마음을 실어 공손하게 양해를 구한다.

표 3-1 상황별 대화요령

상황	대화요령
부탁할 때	죄송하지만~
	번거로우시겠지만~
	어려우시겠지만~
	실례지만~
양해를 구할 때	불편하시겠지만~
	이해해주신다면~
	괜찮으시다면~
	바쁘시겠지만~
	가능하시다면~
	양해해주신다면~
거절할 때	유감스럽게도~
	공교롭게도~
	옳은 말씀이십니다만~

3) 호칭

표 3-2 올바른 호칭

○	×
저희 매장	우리 매장
이 상품	이것/이게
일행 분/따님	저 사람/저 여자/애들
댁/자택	집/사시는 곳
손님/고객님	아주머니/아저씨/이모/형/언니

4) 표정(Look)

표정은 기분이나 감정을 전달할 수 있는 또 다른 의사소통의 방법으로 고객 상담(Customer Counseling) 시 고객과 마주하고 대화할 때, 고객의 시선은 상담자의 얼굴에 집중된다. 이때 무표정이나 경직된 표정은 부정적인 영향을 주므로 고객의 눈을 마주 보며 밝은 표정으로 응대하고, 상황에 맞는 적절한 표정으로 고객의 감정에 공감을 표현한다.

5) 목소리(Voice)

고객은 상담자의 목소리로 서비스 질과 전문성을 판단할 수 있다. 밝고 다정한 목소리는 고객에게 친근감을 표현하여 고객의 기분을 좋게 하고 상담 분위기를 상승시킨다. 자신감 있는 목소리는 신뢰감을 줄 수 있고 반면에 낮은 음성과 어두운 목소리는 신뢰가 가지 않으며 위압감을 준다. 너무 큰 목소리는 고객에게 부담감을 주고, 작은 목소리는 집중력과 설득력이 떨어진다. 한숨이 섞인 말투와 목소리는 고객의 기분을 상하게 할 수 있으므로 주의한다.

3. 인사

인사란 만남과 헤어짐에 예를 표하는 것으로 호의와 존경을 나타내며 고객은 처음 만나는 직원의 표정과 인사로 첫인상을 판단하게 된다. 부드러운 미소로 고객의 눈을 보며 인사말과 함께 바른 자세로 고객에게 항상 먼저 인사하여 환영을 표하는 것은 고객 응대의 기본자세이다.

그림 3-3 올바른 인사

1) 인사법

① 밝고 부드러운 표정으로 어깨에 힘을 빼고 고개를 반듯하게 한다.

② 발뒤꿈치를 붙이고, 남자는 주먹을 가볍게 쥔 상태로 바지 옆선에 붙이고, 여자는 공수 자세(오른손이 위로)를 취한다.

③ 몸이 사선이 되도록 허리를 30°에서 45° 구부린다. 이때 허리를 90° 이상까지 굽히게 되면 과한 인사법으로 고객에게 불편함을 줄 수 있다.

④ 약 1초간 정지한 상태로 상황에 알맞은 인사말을 한다.

⑤ 인사말을 한 뒤 1초 정도 멈춘다. 상체를 일으키는 시간은 3초를 넘지 않도록 한다.

Check Point

개인적인 감정이나 기분에 따라 인사법이 달라지지 않도록 주의하며 고개만 까닥이거나 턱을 높이 쳐든 자세, 무표정한 인사, 눈을 마주치지 않고 무성의하게 하는 인사, 지나치게 공손하여 비굴해 보이는 인사는 고객에게 불쾌감을 주므로 피해야 한다. 재방문 고객에게는 반가움을 느낄 수 있도록 친근함을 나타내며 인사하되 정중한 태도를 유지하여 인사하도록 한다.

2) 인사의 종류

표 3-3 인사의 종류

1	목례		• 상체를 숙이지 않고 15° 각도로 고개를 숙여서 하는 가벼운 인사 • 고객과 2번 이상 마주친 경우 • 좁은 공간이나 복도에서 마주친 경우
2	보통례		• 30° 각도로 허리를 굽혀서 하는 가장 기본 인사 • 고객을 맞이할 경우 • 고객을 배웅할 경우 • 처음 고객이 방문한 경우
3	정중례		• 45° 각도로 허리를 굽혀서 하는 정중한 인사 • 감사를 표현할 경우 • 잘못에 대해 사과할 경우 • VIP고객을 맞이하는 경우

4. 전화 응대

전화 응대는 고객의 방문을 이끌어내는 고객 응대 서비스로 고객의 얼굴과 눈빛, 표정이 보이지 않고 음성만으로 의사소통을 하는 것이다. 고객의 요구를 신속하게 파악할 수 있으며, 전화 응대 시 고객은 빠른 시간 안에 샵에 대한 평가를 내리는 경향이 있으므로 무성의하게 답변하거나 빠르게 이야기한다면 고객의 신뢰를 얻지 못하고 불만 요소가 생길 수 있으므로 주의를 기울여야 한다. 고객이 원하는 정보는 친절하지만 간결하게 설명해야 하며 전화 응대 종료 후 문자 안내가 필요한 고객은 기록하여 빠짐없이 안내한다.

1) 전화 응대의 중요한 요소

① 친절하고 정중한 말투

② 경청과 메모

③ 신속한 응대

④ 정확한 정보전달

2) 전화 응대 요령

① 전화 응대 시 메모지와 예약 장부를 전화기 옆에 항상 비치한다.

② 밝은 목소리로 인사를 하고, 자신의 소속과 성명을 밝힌다.

③ 고객의 말을 적극적으로 경청하며 메모한다.

④ 내용이 잘 전달되었는지 확인한다.

⑤ 고객이 필요한 정보를 제공한다.

⑥ 용건은 육하원칙에 맞게 간결하고 명확하게 전달한다.

⑦ 다른 직원과 상의가 필요한 경우 주위의 소음을 최소화하고 신속하게 답변할 수 있도록 한다.

⑧ 긍정적인 인사로 마무리 하고, 고객이 종료한 것을 확인한 후 종료한다.

3) 전화 정보 기록

① 고객의 이름, 연락처를 고객의 동의하에 제공받고 기록한다.
② 고객이 방문을 원하는 시간과 날짜를 기록한다.
③ 고객이 요구하는 관리 서비스의 종류를 확인하고 기록한다.

전화 메모

▶ 발신자 : (고객이름) ▶ 시간 : 월 일 시 분

▶ 연락처 :

▶ 용건 : ㅁ전화요청 ㅁ다시 전화하신대요 ㅁ예약 ㅁ상담
ㅁ메모전해주세요

____

▶ 수신자 : (받은 사람)

그림 3-4 전화 메모지

5. 문자 응대

문자, 이메일(E-mail), SNS 등의 응대는 기록이 요구되는 경우에 사용되는 방법으로 전화 상담을 하기 전과 후에 문자 응대가 이어질 수 있으며 전화보다 문자를 선호하는 고객들이 늘어나는 추세로 자연스럽게 문자 응대가 많이 이루어지고 있다. 문자 응대는 정확성이 중요하며, 수정하기 어려운 단점이 있으므로 꼼꼼하고 신중하게 응대하여야 한다.

6. 불만고객 응대

고객의 입장에서 생각하는 마음 자세로 책임감을 가지고 정성스러운 응대를 한다.

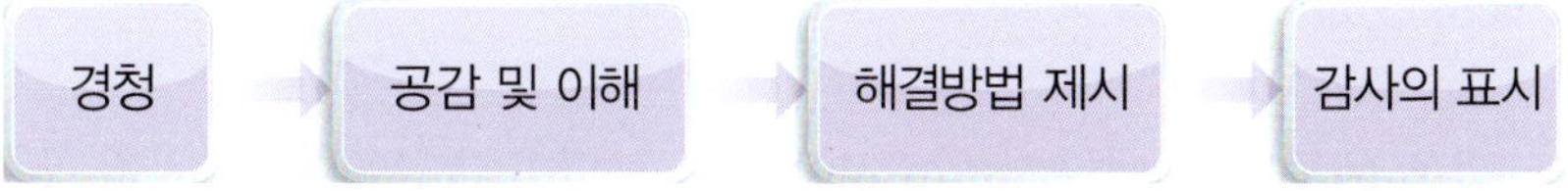

그림 3-5 불만고객 응대법

1) MTP법(Man, Time, Place)

① M(Man) : **사람**을 바꾼다.
사원에서 책임자로 바꾸어 응대한다.

② T(Time) : **시간**을 바꾼다.
생각할 시간을 가진다.
고객이 진정할 때까지 기다린다.
즉각적인 해결이 어려운 경우 시간을 늦춘다.

③ P(Place) : **장소**를 바꾼다.
매장에 다른 고객이 있는 경우 상담실 또는 조용한 장소로 안내한다.
서 있을 때는 편안한 의자로 안내하여 응대한다.

2) 불만고객 응대 절차

① 고객의 불편함에 대해 끝까지 경청하고 침착한 태도로 불만 내용의 구체적인 원인과 핵심을 정확하게 파악한다.

② 고객의 입장을 충분히 공감하고 있다는 것을 표현한다.

③ 최선의 방법을 모색하여 즉각적인 해결 방법을 제시하고 불만 해결을 위한 노력과 결과를 충분히 설명한다.

④ 고객에게 한번 더 공감을 표현하고 예의 바르고 정중한 자세로 잘못에 대해 인정한다.

⑤ 신뢰를 회복할 수 있는 기회를 준 것에 대한 감사를 표한다.

⑥ 밝은 표정을 유지하고 정중히 인사드리며 배웅한다.

3) 불만고객 관리의 중요성

불만고객은 빠르게 응대하지 않으면 더 큰 불만을 호소하는 계기가 되고, 고객 이탈을 초래하는 것은 수익과도 직결된 중요한 문제로 고객의 요구 사항을 귀 기울여 듣고 해결 방법을 제시하여 고객을 유지해야 한다. 불만사항과 불만고객 관리에 대한 중요성을 인식하고 체계적인 관리를 한다면, 다른 불만을 사전에 방지할 수 있으며 서비스 질 향상의 기회가 되어 고객의 신뢰를 회복하고 고객 만족도를 높일 수 있다.

4) 불만고객 응대 매뉴얼(Manual)

불만고객 응대 행동에 대한 표준을 정리한 매뉴얼(Manual)을 만들면 신속하고 유연한 응대로 서비스의 질을 향상시키고 불만고객을 줄일 수 있는 효과가 있다.

표 3-4 불만고객 응대 매뉴얼(Manual)

	불만고객 유형	응대 요령
1	화가 난 불만고객	정중히 사과하고 경청한 후 불만의 원인을 빠르게 파악한다. 고객을 자극하지 않도록 하고 최대한 신속한 조치를 한다.
2	무리한 요구를 하는 불만고객	경청하는 태도로 차분하게 응대한다. 애매한 표현은 삼가고 성의 있는 태도로 친절하게 설명하여 융통성 있는 적절한 보상을 한다.
3	말이 없는 불만고객	친절하고 적극적인 태도로 응대한다. 시기적절한 선택형 질문을 하여 고객의 불만 원인을 파악한다.
4	수다스러운 불만고객	적극적으로 경청하고 대화의 초점을 유도해 존중하는 태도로 응대하며 핵심을 요약해 고객에게 충분히 이해했다는 것을 인지시킨다. 불만에 대한 확실한 해결방안을 제시하고 친절한 응대를 하면 단골이 될 수 있다.
5	급한 성격의 불만고객	신속하고 민첩하게 불만사항을 파악하고 변명을 하지 않는다. 언제, 어떻게, 누가 조치를 취할 것인지 확실한 방안을 제시한다.
6	의심이 많은 불만고객	정중함을 잃지 않고 의연하게 응대한다. 객관적인 정보와 자료를 이용하여 꼼꼼하고 확신이 있는 태도로 응대한다.

7. 상담실의 환경

상담실 외부와 방음이 잘되는 고객의 사생활을 보장한 공간을 마련하고, 조용하고 편안한 음악을 선택하여 고객의 심리적인 안정감과 긴장을 완화시켜 상담의 만족도를 높인다. 또한, 머리카락과 먼지 등이 날리지 않도록 수시로 관리하며 은은하고 보편적인 향의 방향제를 비치한다. 쓰레기통은 뚜껑이 있는 것을 선택하여 수시로 비워준다.

그림 3-6 고객 상담실

8. 고객상담(Customer Counseling) 주의사항

"안 됩니다.", "잘 모르겠습니다.", "바쁩니다."와 같은 말은 하지 않는다. 고객 앞에서 하품을 하거나 요란하게 재채기를 하지 않도록 하며, 고객이 보이는 곳에서 음식물과 음료를 섭취하지 않으며 화장을 고치거나 거울을 보지 않는다. 또한, 고객에게 다른 고객이나 직원에 대한 불평이나 험담을 하지 않는다.

대기시간 관리 *Check Point*

- 고객에게 양해를 구하고, 관리가 끝날 시간을 가능한 정확하게 안내한다.
- 지루하지 않도록 잡지나 읽을거리를 비치한다.
- 차와 다과를 대접한다.
- 긴 시간 고객을 기다리게 할 경우에는 중간에 한 번 더 양해를 구한다.

3. 고객상담 절차

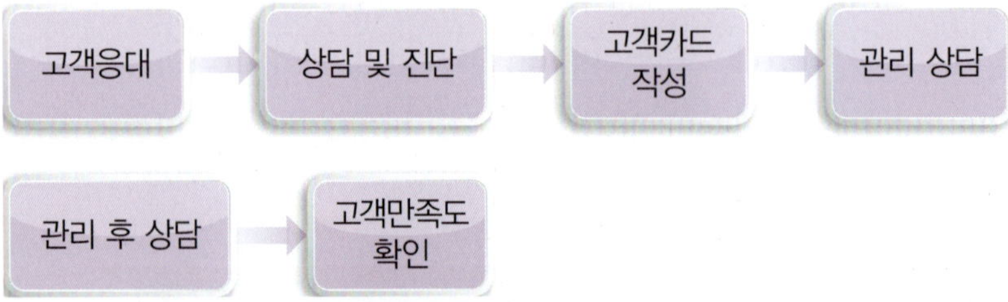

그림 3-7 고객상담 절차

1. 고객 응대

1) 준비

단정한 복장과 용모를 체크한다.

2) 인사

고객이 방문하면 밝은 미소와 친절한 말투로 반갑게 맞이한다.

3) 예약 확인

서비스의 대부분은 예약이 이루어져야 원활한 서비스 제공이 가능하므로 예약 사항을 확인한다.

① 당일 예약된 고객과 재방문한 고객은 관리 기록 등을 사전에 확인한다.
② 예약 고객은 정확한 이름과 예약 시간을 확인한다.
③ 예약을 하지 않고 방문한 고객은 서비스 제공을 위한 방법을 안내한다.

4) 제품 판매

제품의 판매 등이 함께 이루어지므로 제품 구매를 원하는 고객에게는 제품의 정보와 사용법에 대한 상세한 설명 등의 서비스를 제공한다.

대기시간 관리 *Check Point*

다른 업무를 수행 중 고객 방문 시 하던 업무를 잠시 중단하고 응대한다. 응대를 할 수 없을 경우 가능한 정확한 대기시간을 안내하고 정중하게 양해를 구한다.

2. 상담(Counseling) 및 진단(Diagnosis)

1) 상담(Counseling)

충분한 상담을 통해 두피 모발과 관련된 건강상태, 질병, 식생활, 직업, 알레르기 유무, 잘못된 관리 및 무분별한 제품 사용, 생활환경, 식습관, 수면 부족, 스트레스 정도 등의 문제점과 원인을 파악하여 고객카드(Customer Card)를 작성하고, 고객이 생각하는 고민과 불편함이 개선될 수 있도록 필요한 관리 제시와 실현 가능한 결과를 설명한다.

2) 진단(Diagnosis)

두피와 모발의 상태를 측정하고 진단하는 방법은 〈사진법(四診法)- 시진(視診), 문진(問診), 촉진(觸診)과 진단기기를 이용한 전문기술로 정밀한 두피의 문제점과 관리 전·후를 비교하는 진단기기 판독법〉이 있다. 한의학을 바탕으로 한 사진법(四診法)에서 문진(聞診)은 청각(聽覺)에 의한 청진(고객의 음성으로 진단하는 방법)으로 고객의 목소리, 호흡과 같은 소리로 진단하는 방법이며, 후각(嗅覺)에 의한 후(嗅)진(냄새로 진단하는 방법)은 냄새에 의하여 고객의 상태를 진단하는 것으로 두피 진단법에 포함되지 않는다.

① **시진법**(Anthroposcopy, 視診法) : 육안(肉眼)으로 관찰하여 진단하는 방법으로 탈모 여부와 진행 상태, 두피의 색상, 각질, 피지 분비량, 유 · 수분, 모발의 밀도, 민감한 정도 및 염증 여부를 눈으로 확인한다. 육안(肉眼) 검사 시 형광등 아래에서 실시하며 pH 측정기, 확대경, 우드램프 등을 통한 관찰을 병행하면 더 효과적이다.

② **문진법**(Questionnaire, 問診法) : 고객 진단지와 질문을 통해 내적 · 외적, 정신적 요인을 파악하고 가족병력, 질병, 식습관, 생활환경 등을 알아내고 문제점과 원인을 진단하는 방법으로 고객카드(Customer Card)를 작성하여 사후 관리와 홈케어(Home care)에 대한 자료로 활용한다.

③ **촉진법**(Palpation, 觸診法) : 고객의 두피와 모발을 손으로 누르거나 만져서 촉각(觸覺)으로 두피, 모발 상태를 확인하고 두 손가락으로 모발을 당겨서 탈모 증상을 관찰하여 진단하는 방법이다. 촉진을 통해 두피와 모발의 탄력도, 민감한 정도, 경직 상태, 유 · 수분 정도를 파악한다.

④ **진단기기 판독법** : 진단기를 사용하여 관찰하는 것으로 고객의 두피, 모발 상태를 측정하고 원인과 문제점을 파악하는 방법으로 현재 고객의 두피, 모발 상태를 모니터로 고객과 함께 확인하고, 고객이 관리의 필요성을 인식하는데 도움을 준다.

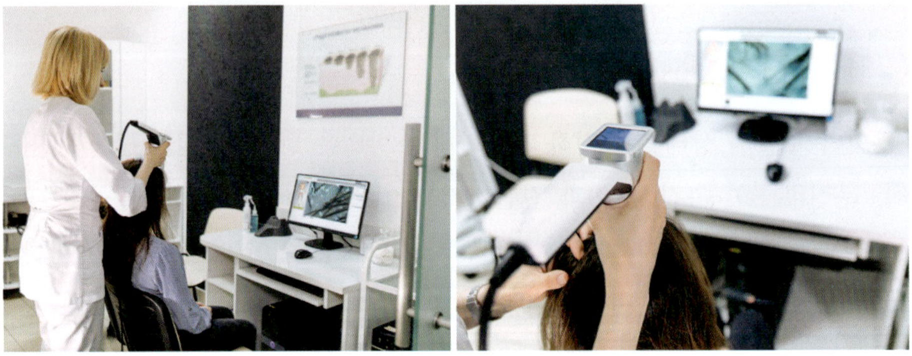

그림 3-8 진단기기 분석

3. 고객카드(Customer Card)

상담 및 진단을 통해 두피, 모발의 상태를 파악하고 문제의 원인을 분석하여, 고객의 정보와 진단 내용을 기록한다. 고객카드(Customer Card)는 두피, 모발의 변화 상태를 지속적으로 파악할 수 있으며, 관리 계획 수립을 용이하게 하여 서비스 제공을 원활하게 하고 고객 관리에 중요한 자료가 되므로 정확하고 세밀한 기록이 요구된다.

1) 구성 항목

① 상담 날짜
② 상담자명
③ 방문 동기
④ 고객 정보
⑤ 상담 내용
⑥ 두피 진단 결과
⑦ 관리 계획, 관리 내역, 제품 구매 내역
⑧ 다음 관리 방법, 다음 예상 관리 시기
⑨ 고객 요구 사항
⑩ 고객 불만 사항
⑪ 변경 사항

고객 카드 (Customer Card)					
상담자		등록일		방문경로	
이름		생년월일	년 월 일	성별	남/여
연락처		주소		직업	
방문 동기				두피관리 경력	□ 유 □ 무
약물 복용	□ 피임약 □ 빈혈 □ 갑상선 □ 피부과 □ 고혈압 □ 관절염 □ 다이어트 □ 우울증 □ 심장병 □ 콜레스테롤 □ 무좀약 □ 기타			탈모치료 경력	□ 유 □ 무
				병력	
두피 진단 결과	□ 중성 □ 건성 □ 지성 □ 복합성 □ 예민성 □ 비듬성 □ 지루성 □ 염증 □ 홍반 □ 탈모 □ 모발손상 □ 기타	주요 부위	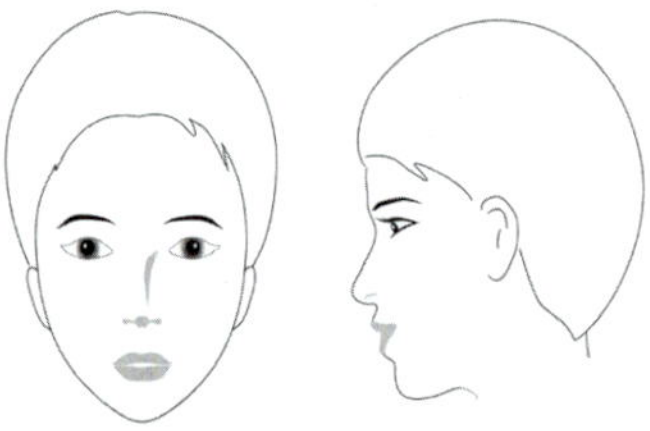		

임신/출산 여부 : 알레르기 여부 : 스트레스 □ 상 □ 중 □ 하 사용 중인 샴푸/제품 :	방문 가능 횟수 □ 월1회 □ 주1회 □ 주2회 □ 주3회 이상 □ 기타 두피 관리 선호 시간 ( )요일 시간(:)
수분 섭취량 : 식습관 : 흡연 여부 : 하루( ) 음주 : 주( )회	평균 수면 시간 : 평균 샴푸 횟수 : □ 아침 □ 저녁 평균 화학적 관리 횟수 : 평균 열처리(드라이/아이론) 횟수 :

그림 3-9 고객카드(Customer Card) 1

<table>
<tr><th colspan="2">고객 진단지</th></tr>
<tr><td>□ 두피가 건조하고 당기는 느낌이 난다.
□ 두피가 예민하여 붉다.
□ 두피가 뜨겁고 열이 많다.
□ 두피가 따갑고 화끈거린다.
□ 두피에 냄새가 난다.
□ 두피에 트러블이 생긴다.</td><td>□ 눈에 띄게 비듬이 생긴다.
□ 모발이 가늘고 힘이 없다.
□ 모발이 많이 빠진다.
□ 모발 숱이 점점 줄어든다.
□ 탈모가 발생한 적이 있다.
□ 헤어라인/가르마가 넓어진다.</td></tr>
<tr><td>□ 화학적 관리(펌/염색)를 주기적으로 받는다.
□ 두피에 각질이 많다.
□ 두피가 가렵다.
□ 최근 급격한 체중증가/체중감소가 있었다.
□ 모자를 자주 쓴다.
□ 머리를 자주 묶고 다닌다.</td><td>□ 피부 아토피가 있다.
□ 규칙적인 운동을 한다.
□ 평소 두피에 땀이 많이 난다.
□ 가족 중에 탈모가 있다.
□ 두피 질환(두부백선/두부건선 외)을 앓은 적이 있다.</td></tr>
<tr><td colspan="2">요청사항 :</td></tr>
</table>

그림 3-10 고객카드(Customer Card) 2

2) 고객카드(Customer Card) 작성요령

① 고객진단지를 작성하고, 상담과 진단을 통해 고객의 두피를 유형별로 중성, 지성, 건성, 복합성, 예민성, 지루성, 비듬성으로 나누어 두피 상태 및 문제, 탈모의 유형과 원인을 파악한다.

② 다른 질병으로 인한 약물 복용은 탈모를 유발할 가능성이 있고, 모발의 정상적인 성장을 방해할 수 있으므로 약물 복용 여부와 복용하는 약의 종류를 상담 시 확인하고 고객카드에 작성한다. 다이어트, 피임약 등 질병으로 인해 복용하는 약물이 아닌 경우 고객 스스로 약물을 복용하고 있다는 것을 인지하지 못할 수도 있으므로 정확하게 확인하고 기재한다.

③ 임신 가능성이 있는 여성과 임산부는 태아에게 나쁜 영향을 미칠 수 있고, 관리 시 사용되는 제품으로 인해 독성을 일으켜 부작용이나 후유증이 나타날 수 있으므로 매관리마다 임신 여부와 가능성을 확인하여 기재한다. 또한 임신과 출산은 탈모 등의 두피 문제에 직접적 · 간접적 영향을 줄 수 있으므로 반드시 확인해야 한다.

④ 관리 시 사용되는 제품에 알레르기(Allergy) 반응을 일으킬 수 있으므로 알레르기 여부를 확인한다.

⑤ 흡연 여부와 음주 횟수, 생활습관의 규칙 정도, 식습관, 피로누적상태 등은 두피의 상태에 영향을 미치는 요인이 되므로 확인하고 기재한다.

⑥ 두피, 모발 상태 및 특징과 증상에 맞는 세부사항을 부위별로 탈모 관리, 예방, 가려움 방지, 비듬 등으로 상세히 기록하여 다음 방문 시 다른 관리자가 고객카드를 보아도 정확한 내용을 인지할 수 있어야 하고, 다음 관리 시 고객과 원활한 소통이 이루어질 수 있어야 한다.

⑦ 관리 계획과 관리 시간, 다음 관리 시기, 제품 선정에 있어서 중요한 자료가 되므로 고객이 방문할 때 마다 날짜별로 체계적인 작성 및 관리를 한다.

⑧ 관리 전 진단기기로 판독한 사진을 고객카드와 같이 보관하여 더욱 정확한 개선 상태를 확인하고 분석과 관리가 용이하게 한다.

⑨ 변동된 내용이나 고객의 정보는 주기적으로 확인하여 수정한다.

3) 개인정보 제공 동의서

고객의 개인정보를 수집하는 것에 대한 동의를 얻을 때 개인정보 수집 범위와 사용 목적, 기관명과 고객의 인적사항, 서명이 포함된 개인정보 제공 동의서를 받아야 한다.

개인정보 수집 동의서

「개인정보보호법」 제15조 개인정보 이용 및 수집에 의거하여 고객님의 개인정보 수집에 대해 동의서를 받고 있습니다.

- 고객님의 개인정보를 목적 외의 용도로 이용하거나 제3자에게 제공하지 않습니다.
- 고객님의 개인정보는 고객님께서 열람, 정정, 삭제를 요구할 수 있습니다.

정보 수집 기관명 :

정보 수집 항목 :

□

□

□

정보 수집 이용 목적 :

□

□

□

정보 보유 및 이용 기간

개인정보 수집 동의자

성명	주민등록번호	동의 시명
	–	(서명)

그림 3-11 개인정보 수집 동의서

4) 고객카드(Customer Card) 작성 시 주의사항

고객 정보는 개인정보보호법을 기반으로 한 고객카드 작성이 이루어져야 한다. 고객의 이름, 주소, 전화번호, 성별, 주민등록번호 등 고객에 대한 모든 것이 개인정보에 해당된다. 고객카드 작성 시 포함되는 건강의 상태, 신체적인 특징, 관리 사진, 생활 습관 등의 여러 정보들도 다른 정보들과 결합하여 개인을 알아볼 수 있는 개인정보에 포함되므로 상담자와 관리자는 개인정보보호법에 대한 책임과 의무를 다해야 한다.

고객의 개인정보를 수집할 때는 고객의 동의를 받고, 목적에 필요한 최소한의 정보만을 수집하여 목적 외 용도로 사용해서는 안 되며, 고객에게 반드시 수집 항목, 보유기간, 이용 목적에 대해 안내하여야 한다. 개인정보보호법의 주요사항을 숙지하고 수집한 고객의 정보는 유출 및 분실, 훼손되지 않고 안전하게 관리될 수 있도록 주의한다.

개인정보보호법

- 이 법에서 사용하는 '개인정보'란 살아 있는 개인에 관한 정보로서 성명, 주민등록번호 및 영상 등을 통하여 개인을 알아볼 수 있는 정보를 말한다.(제2조)
- 개인정보 처리자는 개인정보의 처리 목적을 명확하게 하여야 하고, 그 목적에 필요한 범위에서 최소한의 개인정보만을 적법하고 정당하게 수집하여야 한다. 개인정보의 처리 목적에 필요한 범위에서 적합하게 개인정보를 처리하여야 하며, 그 목적 외의 용도로 활용하여서는 아니 된다. 개인정보처리자는 개인정보의 처리 방법 및 종류 등에 따라 정보주체의 권리가 침해받을 가능성과 그 위험 정도를 고려하여 개인정보를 안전하게 관리하여야 하고 정보주체의 사생활 침해를 최소화하는 방법으로 개인정보를 처리하여야 한다.(제3조)
- 정보주체는 개인정보 처리에 관한 정보를 제공받을 권리와 동의 여부, 동의 범위 들을 선택하고 결정할 권리가 있고 개인정보의 처리 정지, 정정 및 삭제를 요구할 권리가 있다.(제4조)
- 국가와 지방자치단체는 개인정보의 목적 외 수집, 오용, 남용 및 무분별한 감시, 추적 등에 따른 폐해를 방지하여 인간의 존엄과 개인의 사생활 보호를 도모하기 위한 시책을 강구하여야한다.(제5조)

4. 관리 상담

알맞은 관리 제시와 관리 프로그램을 선택하는 데 도움을 주는 과정으로 고객의 두피 및 모발의 문제와 실현 가능한 관리 방법을 접목시켜 설명한다. 고객에게 필요한 관리에 소요되는 시간과 관리 비용을 안내하고, 고객이 원하는 서비스를 편안하게 제공받을 수 있도록 한다. 고객카드(Customer Card)를 통해 이전의 관리 기록과 상태 변화를 파악하고 연계하여 관리를 제시할 수 있다.

1) 두피 유형별 필요한 관리 상담

두피의 분류			두피 유형별 관리 방법
1	중성 두피 (Normal Scalp)	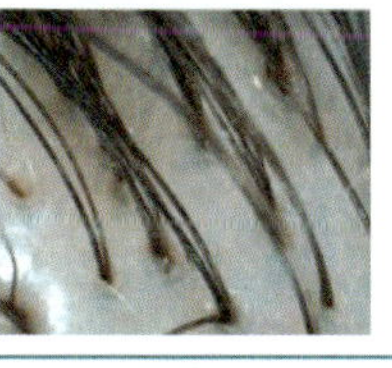	두피 건강과 안정화를 위한 적절한 유·수분 균형 유지와 영양 공급을 위한 관리
2	건성 두피 (Dry Scalp)	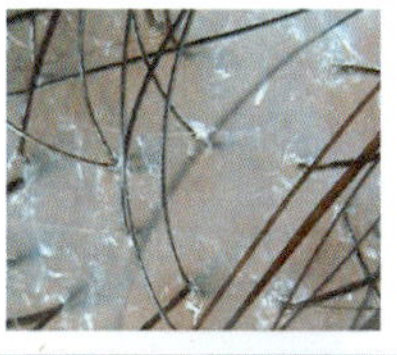	각질 제거와 막힌 모공 클렌징, 혈액순환 촉진과 유·수분 공급을 위한 관리
3	지성 두피 (Oily Scalp)		두피 세정으로 피지 노폐물 제거와 세균 번식 억제·저항력을 높이고 두피의 염증, 트러블 예방을 위한 관리
4	예민성 두피 (Sensitive Scalp)	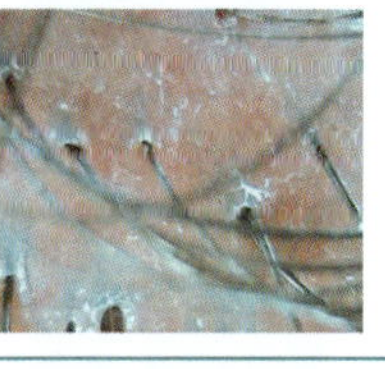	물리적·화학적 자극을 최소화고 힌 두피의 스트레스를 풀어주는 진정 재생과 두피 면역력 강화를 위한 관리
5	비듬성 두피 (Dandruff Scalp)		건성 비듬과 지성 비듬을 구분하여 두피를 청결하게 하고 비듬 생성을 방지하며 각질 세포의 재생을 도와 모발에 윤기를 주고 유·수분 공급을 위한 관리

6	지루성 두피 (Seborrheic Scalp)	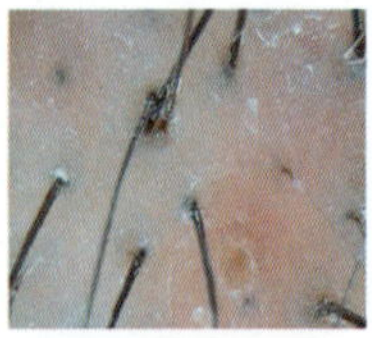	피지를 억제하고 염증을 방지하는 두피 회복과 손상된 두피 재생을 위한 관리
7	탈모 두피 (Alopecia Scalp)	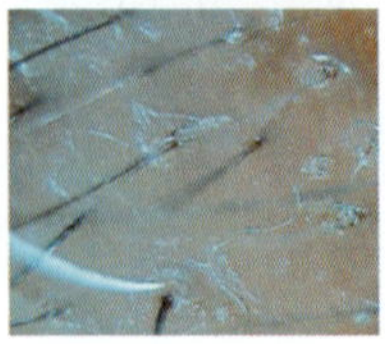	혈액순환을 원활하게 하고 모발 성장을 촉진함과 동시에 피로를 회복하여 스트레스 해소에 도움이 되는 탈모집중 관리

2) 사례 사진 응용

관리 사례 사진 자료들을 응용하여 관리를 제시하면 관리 후 발생할 수 있는 오차 범위를 줄일 수 있다. 인터넷에서 사진 자료를 수집할 때는 유형별로 구분해 쉽게 찾아 볼 수 있도록 하고, 이때 저작권에 문제가 되지 않는지 확인 후 사용한다.

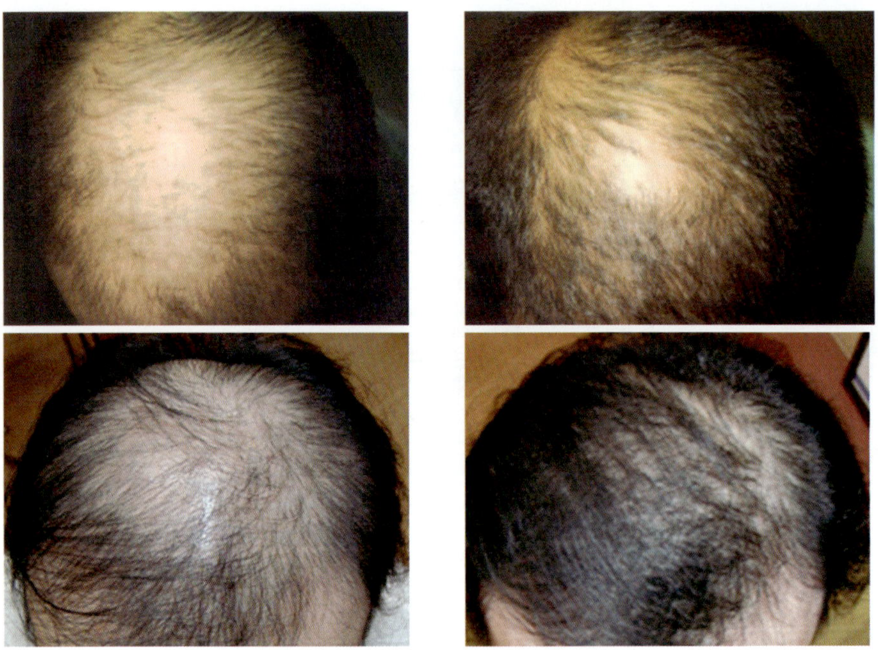

관리 전 관리 후

그림 3-12 관리 사례 사진 응용

5. 관리 후 상담

관리 후 상담은 관리가 끝난 직후 고객에게 관리에 대한 의견과 만족 여부를 확인하는 것으로 관리 후 진단기를 통한 두피 촬영으로 관리 전과 후의 상태를 비교하고, 유지 및 관리 계획과 고객의 두피 상태에 맞는 관리 후 알맞은 관리법에 대해 안내한다. 고객의 불만족 사항이 있을 시 즉시 수정하여 고객의 만족도를 높일 수 있도록 한다.

6. 고객 만족도 확인

1) 전화 확인

관리 후 두피, 모발 등의 상태에 변화가 있는지 확인하는 작업이 필요하다. 관리 다음 날 확인하는 것이 적절하며 관리 후 나타날 수 있는 일시적인 반응과 다음 예상 관리시기 등의 중요 사항을 안내한다.

2) 설문지

고객 만족도를 확인하는 것으로 고객에게 피드백(Feedback)을 받아 서비스의 질을 높인다. 설문조사는 관리 후 만족도와 고객요청 사항 등으로 구성하여 관리 만족도 향상을 위해 상담자 및 관리자의 서비스에 대한 만족도를 확인하고 고객 카드와 같이 보관한다.

설문조사는 고객의 재방문 시 서비스를 원활하게 하고 고객의 만족도를 향상시킨다.

<table>
<tr><th colspan="6">고객 만족 설문지</th></tr>
<tr><td colspan="2">방문 일자</td><td colspan="4"></td></tr>
<tr><td>이름</td><td></td><td>성별</td><td></td><td>연령대</td><td></td></tr>
<tr><td colspan="2">오늘 관리에 대해 만족하십니까?</td><td colspan="4">1. 아주 그렇다.
2. 그렇다.
3. 보통이다.
4. 아니다.
5. 전혀 아니다.</td></tr>
<tr><td colspan="2">관리 비용은 적당하다고 생각하십니까?</td><td colspan="4">1. 아주 그렇다.
2. 그렇다.
3. 보통이다.
4. 아니다.
5. 전혀 아니다.</td></tr>
<tr><td colspan="2">위생, 청결상태는 만족하십니까?</td><td colspan="4">1. 아주 그렇다.
2. 그렇다.
3. 보통이다.
4. 아니다.
5. 전혀 아니다.</td></tr>
<tr><td colspan="2">직원의 서비스 태도에 만족하십니까?</td><td colspan="4">1. 아주 그렇다.
2. 그렇다.
3. 보통이다.
4. 아니다.
5. 전혀 아니다.</td></tr>
<tr><td colspan="2">지인에게 소개시켜 드리겠습니까?</td><td colspan="4">1. 아주 그렇다.
2. 그렇다.
3. 보통이다.
4. 아니다.
5. 전혀 아니다.</td></tr>
<tr><td colspan="2">기타 요청 사항</td><td colspan="4"></td></tr>
</table>

소중한 의견 감사드립니다.
더 좋은 서비스와 관리 만족을 드리기 위해 최선을 다하겠습니다.

그림 3-13 고객 만족 설문지

Chapter 4

모발 영양학

1. 영양소의 정의

1. 영양소(Nutrient)

영양소란 인간의 성장과 생명 유지에 꼭 필요한 물질로서 에너지와 생체반응을 조절하는 인자들을 공급하여 인간의 건강과 성장을 촉진시키는 물질이다. 생명을 유지시키는 5대 영양소에는 단백질, 탄수화물, 비타민, 지질, 무기질이 있다. 체내에서 일어나는 여러 가지 기능들을 조절하고 정상적인 건강을 유지하는 데 필요한 성분으로는 비타민과 무기질을 비롯해서 효소 및 호르몬 등이 있다.

탄수화물, 단백질, 지방은 생활에 필요한 에너지원이고 인체의 구성 요소이며 많은 양을 섭취하므로 주 영양소 또는 3대 영양소라 부른다. 비타민, 무기질, 물은 에너지원으로 활용되지 않지만, 인체를 구성하거나 생리작용을 조절해주는 역할을 하므로 부 영양소라고 한다.

2. 모발 영양(Hair Nutrient)

모발과 두피의 건강을 위해서 인종, 성별 등의 차이가 있고 유전적 요인과 대기오염, 수질오염 등의 환경적 문제 외에 인체의 영양 관리가 매우 중요하다.

단백질을 포함한 음식물은 위장에서 아미노산으로 분해되어 체내 장벽에 흡수되며, 혈액 속에 운반된 영양분은 여러 기관들로 흡수된다. 모발을 위해서는 단백질뿐만 아니라 비타민과 미네랄도 섭취해야 한다. 비타민은 피부를 건강하게 해주며, 충분한 영양을 주기 위해서는 여러 종류의 아미노산이 포함된 단백질을 적당량 섭취해주는 것이 좋다.

2. 영양소의 종류 및 작용

1. 탄수화물(Carbohydrate)

인간이 먹는 식품 중 가장 많이 함유되어 있으며, 1g당 약 4kcal로 가장 핵심적인 기능은 에너지원으로 혈당을 조절하는 역할이다. 필수 영양소로서의 기능과 섬유소의 장기 내 작용 등 변비에 면역 작용을 하는 좋은 기능을 가지고 있다. 에너지 공급의 형태는 탄수화물에서 얻어지는 포도당이다. 지방, 단백질과 함께 에너지를 공급하는 3대 영양소 중에서도 가장 핵심 에너지이다. 소화를 촉진시키며 응용성이 높고 곡류, 과실류 속의 탄수화물은 녹말의 형태로 있지만 바나나, 사탕수수와 같은 것들은 당분의 형태로 구성되어 있다.

1) 단당류

포도당, 과당, 갈락토스

2) 이당류

자당, 유당, 맥아당

3) 다당류

녹말, 글리코겐, 셀룰로스

2. 단백질(Protein)

인체 구성을 위한 영양소로써 1g당 약 4kcal이며 특히 생명 유지에 핵심적인 역할을 한다. 골격을 제외한 거의 모든 조직 세포는 단백질로 구성되어 있다. 단백질은 분해되어 아미노산으로 흡수되고 혈액을 통해 빠르게 조직들에 운반되어 많은 작용을 한다. 또, 세포 내의 여러 화학반응의 촉매 역할과 항체를 형성하여 면역 기능을 하는 물질로 매우 중요한 유기물이다. 단백질은 탄수화물, 지방과는 달리 탄소(C), 수소(H), 산소(O), 질소(N)를 포함하고 있다. 신체 단백질의 기본 단위는 아미노산이며 단백질은 먼저 근육이나 내장기관, 간, 피부뿐 아니라 모발이나 손 · 발톱 등 모든 생체 기능에 포함된 영양소이다.

피부는 콜라겐과 엘라스틴으로, 피부 표면은 케라틴으로 구성되어 있다. 효소나 항체 및 호르몬과 같이 생명 유지에 없어서는 안 될 핵심적인 물질을 생성하는 성분이다. 대체로 육류에 포함된 동물성 단백질은 단백질 함유량이 많으며 필수 아미노산이 풍부한 좋은 단백질이 포함되어 있고 생선, 달걀, 치즈, 우유에도 단백질이 많이 함유되어 있다.

1) 식물성 단백질

곡류 단백질, 두류 단백질(견과류, 두부, 두유 등)

2) 동물성 단백질

육류 단백질, 달걀, 우유 단백질(소고기, 돼지고기, 닭고기, 어패류, 달걀, 우유, 치즈, 요구르트)

3. 지방(Fat)

지방은 체지방 조직 성분이고 에너지 값이 가장 높은 수치이며 지방은 1g당 약 9kcal로 탄수화물 1g에서 나오는 양의 4kcal보다 약 2.25배 많다. 세포막,

호르몬, 소화 분비액 등을 주로 가진 구성 성분이다. 지질에 위치한 콜레스테롤은 이러한 기능들을 조절하는 데 핵심적인 역할을 한다. 탄수화물보다 산소분자를 적게 포함하고 있기 때문에 같은 양에 더 많은 에너지를 생산 가능하다.

지방은 피부나 모발에 윤기를 주고 유연하게 하며 건조 현상을 방지하는 작용을 한다. 그리고 체내에서 지방산과 글리세린으로 분해되어 흡수된 후 지방조직을 보충하거나 에너지를 공급한다. 지방은 인체에서 체지방이 되어 외부와 절연체 역할을 이룬다. 특히, 체온을 유지시켜 주며, 체내의 장기 주위에 위치하여 충격 흡수를 도와주며 보호하는 역할을 한다. 지방질은 양은 적으나 칼로리를 보충해주는 식품으로 소화기에 주는 부담은 작다. 이러한 기능 외에도 체내 지용성 비타민을 운반하고, 향미 성분의 공급과 식욕을 돋게 하고 소화가 천천히 되도록 위에 오랫동안 머물게 하여 포만감을 주게 한다.

4. 비타민(Vitamin)

비타민은 건강을 유지하고 성장을 촉진시키기 위해 체내에서 영양소들이 제대로 활용될 수 있게 조효소의 역할을 하는 영양소로 회복 및 생리작용을 돕는 중요한 물질이다. 비타민은 에너지 급원 및 신체 조직을 구성하지 않으며 체내에서는 합성될 수 없으므로 외부에서 섭취해야 한다. 성장을 촉진시키며 생리적 대사에 보조적인 역할을 담당하고 각종 질병예방 및 치료 능력을 돕는다. 또 소화기관의 정상적인 실행을 도모하며 무기질 성분의 미용을 돕고 에너지를 생성하는 영양소의 대사를 촉진시킴과 동시에 신경의 안정과 바이러스에 대한 저항력을 증진시킨다.

모발 관리에는 단백질만 필요한 것이 아니라 비타민과 미네랄도 중요한 부분을 차지한다. 비타민은 피부 미용에 좋은 영향을 미치고 모발에는 탈모를 방지해주는 기능을 하기 때문에 모발 건강에는 비타민 A, D를 필요로 한다. 비타민은 단백질, 지질, 탄수화물과 같은 영양소와 함께 인체에서 필요한 것으로 비교적 소량으로 동물의 영양을 지배하고, 섭취가 부족하면 결핍증을 일으키는 유기 화합물이다.

1) 비타민의 종류

(1) 수용성 비타민

① 비타민 B_1(티아민, Thiamine)

항신경성 비타민으로 신경 안정에 효과가 있으며, 민감성 피부의 면역성을 향상시키고 두피 열로 인한 각질층 손상으로 비듬이 발생되는 증상을 예방해 준다. 결핍 시 각기병, 피로, 식욕 감소와 체중 감소, 수포 형성, 피부 발진 등을 일으킬 수 있다. 티아민은 곡류와 돼지고기에 다량 함유되어 있다.

② 비타민 B_2(리보플라빈, Riboflavin)

항피부염증성 비타민으로 눈, 피부, 손발톱, 두발의 세포 성장에 영양을 미치며, 결핍 시 탄수화물, 지방, 단백질 등의 대사가 저해되어 피부병, 구내염, 결막염 등의 다양한 질병을 일으킬 수 있다. 리보플라빈은 우유와 치즈, 달걀, 신선한 푸른 채소에 다량 함유되어 있다.

③ 비타민 B_6(피리독신, Pyridoxin)

단백질 대사, 헤모글로빈의 합성에 관여하는 비타민으로 결핍 시 입술과 혀에 염증이 생길 수 있으며, 피지의 과다 분비로 인해 지루성 두피와 지루성 탈모 증상을 유발할 가능성이 있다. 피리독신은 육류, 효모, 옥수수에 다량 함유되어 있다.

④ 비타민 B_{12}(시아노코발라민, Cyanocoballamin)

신경세포의 형성과 세포 분열에 관여하는 비타민으로 결핍 시 악성 빈혈을 일으키고 말초신경 장애를 일으킬 수 있다. 시아노코발라민은 동물성 단백질에 다량 함유되어 있다.

⑤ 비타민 C(아스코르브산, Ascorbic acid)

항산화 비타민으로 멜라닌 색소 형성을 억제하고 콜라겐 합성에 관여하며,

면역력 향상과 피로 회복, 피부의 미백 및 노화 방지에 효과적이다. 모발의 성장에도 영향을 주어 백모 증상을 방지해주는 기능을 한다. 결핍 시 상처의 회복 능력이 저하되고 괴혈병, 과민증, 우울증, 부종, 식욕부진 등을 일으킬 수 있다. 아스코르브산은 채소와 과일에 다량 함유되어 있다.

(2) 지용성 비타민

① 비타민 A(레티놀, Retinol)

세포의 성장과 시력 유지, 뼈와 치아 발달에 관여하는 비타민으로 모발의 중요한 성분인 케라틴의 생성을 촉진시킨다. 모발이 건조해지고 부스러지는 것을 방지해주는 기능을 하며, 건조성 두피나 비듬이 많은 두피에 효과적이다. 과다섭취 시 탈모를 유발할 수 있으며 결핍 시 시력저하, 안구건조증, 피부건조, 한선과 피지선 기능을 저하시킬 수 있다. 레티놀은 간유, 계란, 녹색 채소, 과일에 다량 함유되어 있다.

② 비타민 D(칼시페롤, Calciferol)

자외선 조사에 의해 생성되는 비타민으로 뼈의 형성과 칼슘, 인의 장내 흡수를 도와주는 역할을 하며, 두피의 혈액순환에 효과적이다. 결핍 시 구루병, 골다공증을 유발할 수 있다. 칼시페롤은 계란 노른자, 간유, 버터 등에 다량 함유되어 있다.

③ 비타민 E(토코페롤, Tocopherol)

항산화 작용이 뛰어난 비타민으로 노화를 방지하는 비타민으로 알려져 있으며, 말초혈관의 기능을 촉진하여 혈액순환을 돕고 모발 성장과 두피의 건강에 영향을 미친다. 호르몬 생성과 세포 재생에 효과적이며, 결핍 시 불임, 노화, 근육 약화, 혈액순환 장애, 신경계 손상 등을 유발할 수 있다. 토코페롤은 식물성 기름, 콩류, 계란 노른자 등에 다량 함유되어 있다.

④ 비타민 K(필로퀴논, Phylloquinone)

혈액 응고 반응에 관여하는 비타민으로 정상적인 혈액 응고 과정에 있어서 꼭 필요한 두 성분인 프로트롬빈(prothrombin)과 프로콘베르틴의 합성에 있어 매우 중요한 부분을 차지한다. 결핍 시 비정상적인 출혈이 생길 수 있으며, 뼈의 손실을 일으킬 수 있다. 필로퀴논은 녹색 채소, 콩류에 다량 함유되어 있다.

5. 무기질(Minerals)

무기질은 많은 양을 필요로 하지 않지만 인체를 정상적으로 구성하고 체내의 정상적인 대사 작용을 하도록 하는 중요한 영양소이다. 특히, 모발 영양과 관계 깊은 무기질에는 요오드(I), 철(Fe), 칼슘(Ca), 아연(Zn) 등이 있다.

1) 무기질의 종류

① 칼슘(Ca) : 인체에서 가장 풍부한 미네랄이며 칼슘의 99%는 뼈와 치아에 구성되어 있다. 중요한 기능으로는 신경 전달, 혈액 응고, 근육 활성화, 세포막 유지 등이 있다. 칼슘 불화물은 콜라겐과 연결조직을 강화하고 탄력을 좋게 하며 탈모 증상 치료 시 이산화 실리콘과 함께 사용된다.

② 요오드(I) : 체내에서 요오드 화물로 변하며 갑상선에서 나오는 티록신의 일부이다. 요오드 결핍은 갑상선 기능 저하증을 일으킬 수 있으며 확산성 탈모와 건조한 모발의 원인이 된다.

③ 철(Fe) : 적혈구 속의 헤모글로빈의 일부이며, 에너지 생성에 있어 꼭 필요한 성분이고 체내의 모든 철은 단백질과 결합한다. 콜라겐 합성과 노아드레날린 같은 신경 전달 물질의 합성에 필요하다.

④ 아연(Zn) : 모든 조직에서 철을 제외한 다른 미량 원소들보다 많은 양이 존재한다. 인슐린의 일부이며 아연의 결핍은 피지의 생성과 유전적인 탈모를 촉진시킨다.

⑤ 유황(S) : 모발을 구성하는 주요 성분으로 유황을 포함하는 단백질의 섭취량이 부족하면 모발의 노화가 촉진되므로 동물성 단백질과 함께 꾸준히 섭취해야 한다.

표 4-1 무기질과 모발 작용

무기질	작용
요오드(I)	두피의 신진대사를 활발하게 해주며 모발의 성장을 돕는다.
철(Fe)	
칼슘(Ca)	
아연(An)	새치를 예방해주고 모발의 성장을 돕는다.

2) 독성 무기질의 종류와 모발에 미치는 영향

모든 미네랄들이 필수적인 것은 아니다. 납, 비소, 카드뮴, 수은과 같은 많은 성분들이 환경에 좋지 않은 영향을 미쳤으며, 이들은 많은 부작용을 가지고 있다. 모발 속의 미네랄 분석은 독성 미네랄 수치를 결정하는 좋은 방법이다. 어떠한 독성이든 높은 수치일 때 확산성 탈모와 건조하고 부서지는 모발을 유발할 수 있기 때문이다.

독성 미네랄들은 페니실라민과 같은 킬레이트 시약으로 체내에서 제거될 수 있고 황 아미노산, 메치오닌, 시스틴, 시스테인 등도 좋은 킬레이트 성분이다. 비타민 C를 규칙적으로 섭취해주는 것은 독성 미네랄의 흡수를 감소시켜 준다.

① **알루미늄**(Al) : 조리도구, 호일, 일부 제산제 등으로 사용되며 독성 증상으로는 식욕 저하, 에너지 부족, 근육 경련, 신경적인 변화 등이 있다.

② **비소**(arsenic) : 살충제나 살균제, 일부 의약품에 사용되며 독성 증상으로는 피부 톤이 어두워지거나 검은 점, 붉은 반점이 생기고 설사, 에너지 부족 등으로 나타난다.

③ **카드뮴**(Cd) : 담배, 살충제, 카드뮴을 첨가한 수도에 흐르는 연수에 속해 있는 성분이다. 카드뮴의 수치가 높을 경우 신장 손상, 고혈압, 체중감소 등이 나타난다.

④ **납**(Pb) : 납의 주원료는 석유, 납 파이프, 염모제 등이 있으며 쓰레기장에서

근무하는 사람들이 노출되기 쉽다. 심할 경우 두통, 기억력 저하, 복부 불편함 등이 나타난다.

⑤ 수은(Mecury) : 살균제, 농약 등에 포함되며 수은 중독 증상에는 감각 손상, 식욕 저하, 불면증, 어지럼증, 감정 장애 등이 나타난다.

6. 아미노산(Amino Acids)

아미노산이란 단백질을 이루는 화학적 구성요소이며 아미노산들이 적절한 비율로 알맞게 존재하지 않으면 단백질이 합성되지 않는다. 특정 단백질이 합성되기 위해서는 그 구성 아미노산이 모두 적절한 비율로 존재해야만 한다.

아미노산은 16% 정도의 질소를 포함하고 있다는 것에서 탄수화물이나 지방과 구분된다. 우리가 필요로 하는 아미노산의 약 80% 정도는 간에서 합성되며 나머지 20% 정도는 반드시 음식으로 섭취해야 한다. 아미노산으로 단백질을 합성하고, 단백질을 아미노산으로 분해하는 과정은 체내에서 계속해서 일어난다.

효소나 세포합성이 필요할 때 일정량만큼 아미노산을 활용하여 합성한다. 아미노산이 부족할 때에는 단백질 합성이 원활하게 이루어지지 않고 여러 장애를 유발한다. 부족 현상은 다양한 요소가 있다. 소화불량, 감염, 외상, 스트레스, 약물, 노화, 영양 불균형 등 아미노산의 결핍에 영향을 미친다. 과도한 단백질 섭취는 단백질 대사에 노폐물을 생성하여 간과 신장에 부담을 주게 된다.

7. 물(Water)

수분의 역할은 물질을 용해시켜 영양소의 흡수, 운반, 노폐물 배출과 체온 조절을 하는 기능이다. 체온은 열 생성과 열 발산의 작용으로 일정하게 유지되도록 한다. 수분은 체온조절에 있어 크게 기여하고 있다. 공기와 같이 생명과 생물이 살아가는 데 꼭 필요한 중요한 물질이다. 인체는 약 70%가 물로 구성되어 있고 인체 속의 혈액의 92%는 물로 이루어져 있다.

8. 섬유소(Fiber)

1) 수용성 섬유소

수용성 섬유소는 장내 미생물에 의해 소화될 수 있고 물과 결합해 겔을 형성하여 장 내부에서 당이나 콜레스테롤이 흡수하는 것을 억제하는 기능을 한다.

2) 불용성 섬유소

불용성 섬유소는 스펀지와 같은 거친 질감으로 장 내부에 자극을 주어 장운동을 촉진시켜 배변 활동을 돕는다.

PART Ⅱ

두피 · 모발 관리 실기

Chapter 5

재료 및 도구

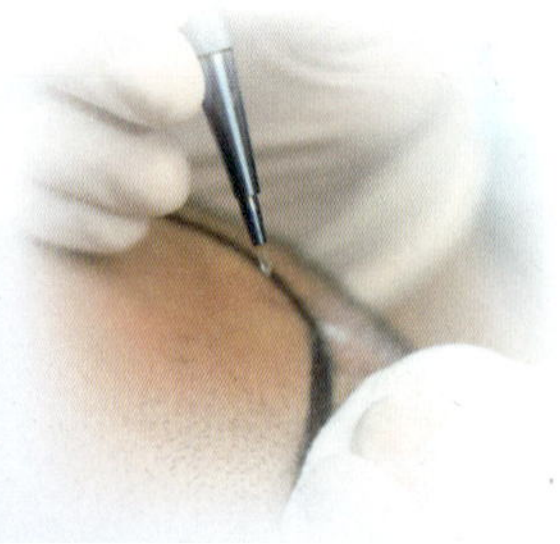

1. 재료 및 도구

	① 수건(Towel) • 어깨보와 물기 제거에 사용한다.
	② 쿠션 브러쉬(Cushion brush) • 두피 관리 최초 단계로 샴푸(Shampoo) 전 자연모 전체를 빗어 정돈하고, 모발 손상을 예방하기 위한 용도로 사용한다.

	③ 꼬리빗(Tail comb) • 자연모의 섹션 및 슬라이스를 뜰 때 사용한다.
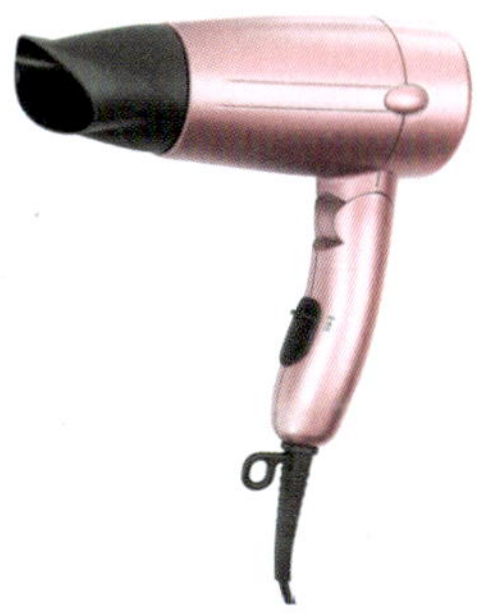	④ 드라이어(Drier) • 자연모의 수분을 건조시킬 때 사용한다.
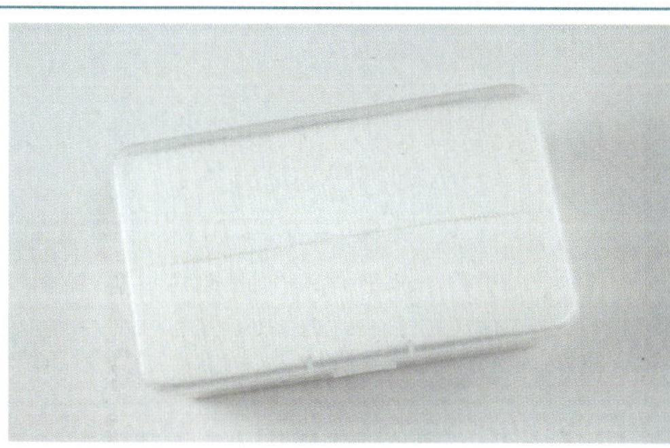	⑤ 솜(탈지면, Cotton) • 손 소독 시 소독제를 묻혀서 손 전체를 닦아낸다. • 스케일링(Scaling) 관리 시 우드스틱에 말아서 사용한다.
	⑥ 소독제(Antiseptic) • 시술 전·후 손 소독 및 도구 소독에 사용한다.

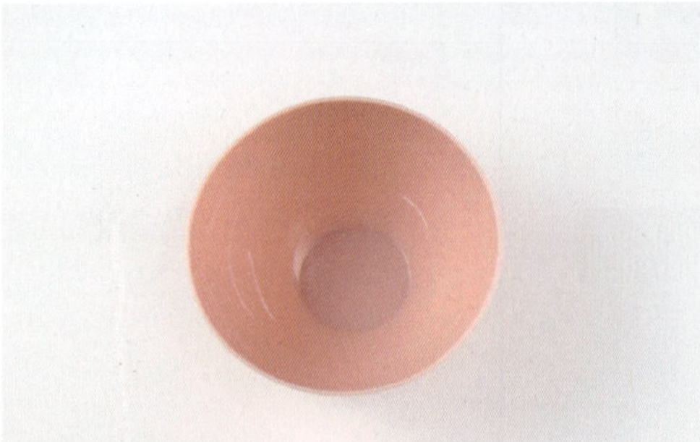	⑦ 볼(Bowl) • 스케일링에 사용한다.
	⑧ 우드스틱(Wood Stick) • 스케일링에 사용한다.
	⑨ 웨건(Wagon) • 사용 도구를 위치에 맞게 배열하여 작업의 편리성을 준다.
	⑩ 스케일링제(Scaling) • 스케일링에 사용한다.

	⑪ 샴푸(Shampoo) • 두피와 모발 세척에 사용한다.
	⑫ 컨디셔너(Conditioner) • 모발을 유연하고 촉촉하게 한다.
	⑬ 에센스(Essence) • 두피 마사지 마무리에 사용한다.

2. 두피, 모발 관리의 준비상태

1. 시술자(Designer)의 상태

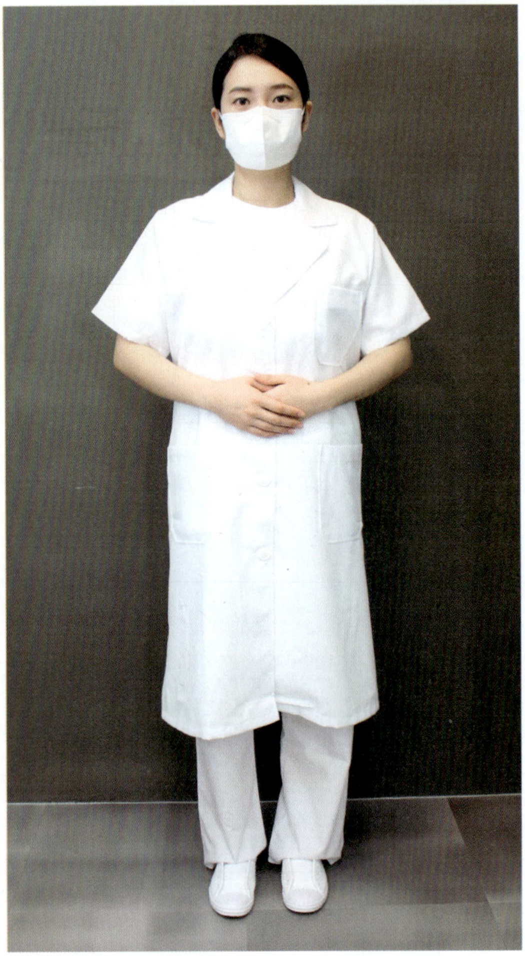

그림 5-1 복장 상태

① **헤어 고정용품** : 검은색만 허용(머리핀, 머리띠, 머리망 등)

② **액세서리(Accessory)** : 일체 착용금지

③ **마스크(Mask)** : 흰색만 허용

④ **위생복** : 흰색의 반팔 또는 긴팔 가운 착용

⑤ **상의**(Top) : 흰색의 라운드 네크라인의 반팔티셔츠

⑥ **하의**(Bottom) : 색상 소재 무관한 긴바지

⑦ **신발** : 매듭이 없는 흰색 운동화

2. 고객(Customer)의 상태

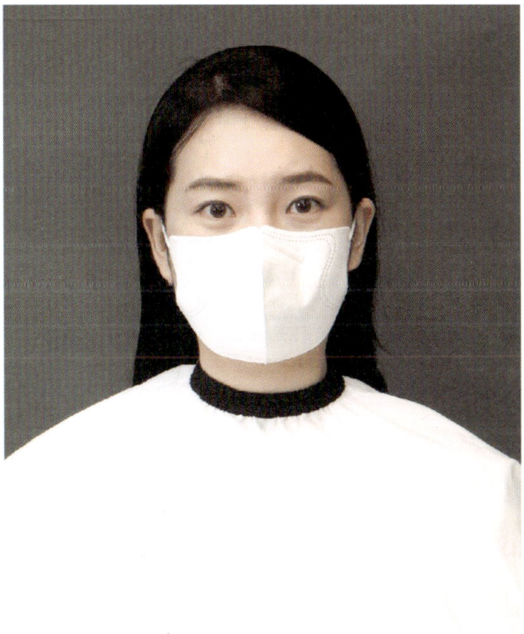

그림 5-2 고객의 상태

① **자연 모발** : 흑채 또는 스프레이 젤 등의 헤어 제품을 사용하지 않은 자연 모발 상태

② **브러싱**(Brushing) : 브러싱을 하여 노화된 모발 및 두피 노폐물을 제거한 상태

③ **액세서리**(Accessory) : 일체 착용금지

④ **어깨보**(커트보, Cut褓) : 가운 착용

Chapter 6

두피관리 실제 프로그램

1. 상담(Counseling) 및 고객카드(Customer Card) 작성

고객과 첫 대면 단계로 전용공간에서 1 : 1 상담이 이루어질 수 있도록 한다. 두피 및 모발과 관련된 건강 상태나 개인적인 생활 패턴의 생활습관, 식생활, 건강상태, 심리상태 등 여러 가지 내용 등을 고객 스스로 고객관리카드에 작성하게 하고 질문에 자세히 답변하도록 하여 문제점을 알아내기 위해 내 · 외적인 사항을 상세하게 분석하고 과학적 근거를 바탕으로 두피진단기를 통해 두피를 분석해 정확한 원인을 제시하고 문제점을 진단하여 고객에게 이해시킬 수 있도록 하는 것이 중요하다.

이때 개인 정보에 관한 항목들은 유출되지 않도록 주의하여 고객과 신뢰감이 형성될 수 있도록 하고 고객카드는 관리할 때마다 피드백을 기록하도록 한다. 상담은 상담 횟수가 많을수록, 기간이 길수록 좋으며 이는 정확한 원인을 파악하고 충분히 상담하여 고객 스스로 인지하지 못하는 증상이나 관리 태도를 파악할 수 있다.

상담은 문제를 해결하기 위한 과정으로 객관적인 지식과 분석을 통하여 지속적으로 상담하여 고객 스스로 문제의 행동을 조절하고 개선될 수 있도록 한다.

1. 고객카드(Customer Card) 작성법

1) 기본사항 작성

① 성명, 주소, 전화번호, 연령, 성별, 결혼유무, 이메일 등 기본 인적사항을 기입한다.

② 유전적인 소인으로 부계와 모계의 가족력이 탈모의 진행 등을 예측할 수 있으므로 정확하게 파악하여 기입한다.

③ 식생활, 수면시간, 근무지의 환경, 건강과 두피 및 모발의 생리현상에 중요한 영향을 미치는 작업환경과 업무의 특성을 정확하게 기입한다.

2) 특이사항 작성

① 과거와 현재의 건강 상태와 병력을 정확하게 파악하여 체크한다.

② 최근 1~2년 내의 식생활 습관 및 다이어트의 경험 등이 모발의 건강 상태와 관련이 있으므로 정확하게 체크한다.

③ 질병 및 약물의 복용 기간 및 호르몬과 관계되는 약물의 유무 및 복용 기간을 체크한다.

④ 두피 및 모발관리의 경험과 관리 및 치료방법은 현재 관리에서 참고하여 관리 프로그램을 설계하여야 하므로 정확하게 체크한다.

⑤ 스트레스 정도와 원인은 호르몬 분비와 두피의 상태에 영향을 미쳐 이상 증후의 원인을 파악할 수 있으며 스트레스 해소유무를 체크한다.

⑥ 운동은 인체의 혈액순환과 신진대사 및 근육 등 건강 상태에 영향을 미치므로 운동여부와 운동량과 규칙성 등을 체크한다.

⑦ 두피 및 탈모 이상은 유전적인 요인이 크게 작용한다.

⑧ 여성의 경우 생리 주기와 출산 여부를 파악하여 호르몬 변화를 파악할 수 있다.

⑨ 특정한 성분에 대한 민감성 여부, 알레르기 유무 등을 부작용 예방을 위하여 파악한다.

⑩ 두피 및 탈모관리를 위한 제품의 사용 유무는 관리 제품의 특징과 관리법 부작용 파악을 할 수 있다.

⑪ 헤어시술 주기는 헤어시술 시 두피 및 모발에 작용하여 탈모의 문제점을 파악할 수 있다.

표 6-1 두피관리 고객 차트

<table>
<tr><td rowspan="2">유전여부</td><td rowspan="2"></td><td rowspan="2">음주
습관</td><td colspan="2">예 ( )
아니오 ( )</td><td rowspan="2">담배
습관</td><td colspan="2">예 ( )
아니오 ( )</td></tr>
<tr><td colspan="2">(주 회, 월 회)</td><td colspan="2">(주 회, 월 회)</td></tr>
<tr><td>식생활</td><td></td><td>운동</td><td></td><td>다이어트</td><td></td><td>헤어시술</td><td></td></tr>
<tr><td>스트레스
정도</td><td></td><td>약물복용</td><td></td><td>수면상태</td><td></td><td>출산</td><td></td></tr>
<tr><td>샴푸습관</td><td colspan="2">샴푸시간대 :</td><td colspan="2">샴푸횟수 :</td><td>샴푸 및
린스
종류</td><td colspan="2"></td></tr>
<tr><td>두피상태
증상</td><td colspan="7"></td></tr>
<tr><td>탈모상태</td><td colspan="7"></td></tr>
<tr><td colspan="8">분석결과</td></tr>
<tr><td colspan="8"></td></tr>
<tr><td colspan="8">관리프로그램</td></tr>
<tr><td colspan="8"></td></tr>
<tr><td colspan="8">홈케어(상담원의 조언)</td></tr>
<tr><td colspan="8"></td></tr>
</table>

2. 두피 진단(Scalp Diagnosis)

두피와 모발 상태, 탈모 정도를 육안과 두피 진단기를 이용해 고객의 두피와 모발 상태를 정확하게 관찰하는 방법으로 고배율 카메라를 통해 측정하고 분석하여 두피의 문제점 및 탈모의 정도, 원인 등을 정확히 파악하여 체크할 수 있다.

두피진단은 시각효과를 활용하여 관리하는 방법으로 두피 및 모발의 문제점과 호전정도를 시각적으로 확인할 수 있으므로 개선 및 치료효과의 정확한 자료와 설득력 있는 정보를 고객에게 제공함으로써 신뢰감을 형성시킬 수 있어 신뢰감 있는 상담이 지속적으로 이루어질 수 있다.

즉, 두피 진단의 목적은 두피의 생리학적, 병리학적 원인을 정확하게 파악하고 문제성을 관리 · 치료하는데 도움을 주며, 이러한 진단 시스템 도입은 시각적인 효과성을 활용하여 체계적인 서비스를 제공함으로 신규 및 고정 고객에게 신뢰감을 형성시킬 수 있다.

또한, 고객을 확보하는 데 유리하며 개인의 적절한 관리방법, 관리기간, 유지효과를 제시함으로써 차별화된 마케팅 전략으로 전문성을 부각시킬 수 있어 매출증대를 가져올 수 있고, 두피 진단 시 가장 효과적인 진단은 샴푸 세정 후 3~6시간 이후로 피지 분비량이 정상으로 돌아오는 시기로 가장 정확하며 사용목적 및 부위에 따라 진단기의 배율을 구분해서 사용한다.

진단기 촬영 시 전두부, 두정부, 측두부, 후두부 순서로 촬영하며 두피와 모발의 상태를 관찰하여 고객진단 카드에 기록한다.

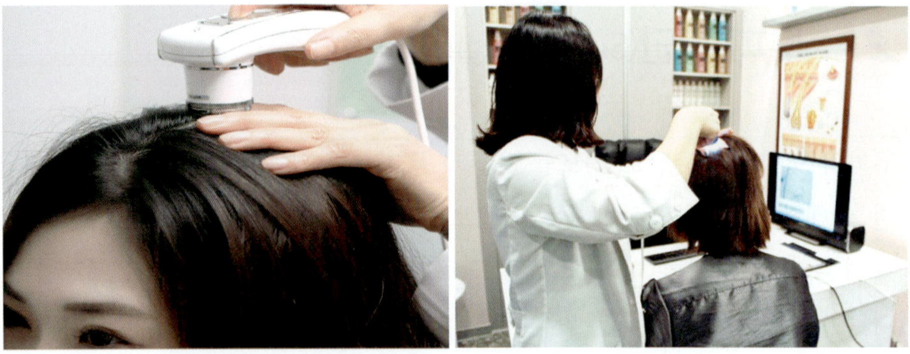

그림 6-1 두피 진단(Scalp Diagnosis)

표 6-2 두피 진단기

분류	렌즈 비율	측정 방법
1	1배	고객의 실물 사진 및 전체적인 탈모의 형태나 유형 진행 정도를 촬영하여 판단한다.
2	60배	일정한 면적과 모발의 밀집도 파악, 두피 상태를 측정한다.
3	200배	두피 및 모공의 상태, 모발의 굵기를 측정한다.
4	1000배	모발 상태, 모발 손상 정도, 모근 상태를 측정한다.
5	전자현미경	모낭충 및 모발 큐티클 상태를 측정한다.

3. 브러싱(Brushing) 및 두피 스케일링(Scalp Scaling)

1. 브러싱(Brushing)

두피관리 최초 단계로 샴푸 전 브러싱(Brushing)은 모발을 정돈하고 두피와 모발의 때를 제거하기 위한 목적 등으로 빗살이 굵고 끝이 둥근 우드 브러시를 사용하여 두피에서 시작하여 모발 끝으로 빗어서 모발 손상을 예방하기 위해 실시한다.

1) 브러싱(Brushing)의 목적 및 효과

① 샴푸 전 모발과 두피에 부착된 먼지와 노폐물, 비듬 등을 제거하고, 피지가 모밤에 적절하게 분포되어 모발 윤기 부여와 건조를 막는 효과를 주어 헝클어진 모발을 고르게 하여 샴푸 시술을 용이하게 한다.

② 두피를 가볍게 자극하여 근육과 신경을 자극하여 피지선과 혈액순환을 촉진시켜 영양을 공급하여 두피 기능을 원활하게 한다.

③ 노화를 유발하는 활성효소의 작용을 억제하여 탈모를 예방하는 효과를 준다.

2) 브러싱(Brushing)의 두상 포인트 및 방향

브러싱(Brushing) 순서는 두피의 탑(Top), 사이드(Side), 네이프(Nape), 크라운(Crown) 순서로 두피 아래에서 위쪽인 탑(Top)을 향해 브러시(Brush) 자체 빈원을 그리듯 부드럽게 회전시켜 두피에 가벼운 자극을 준다.

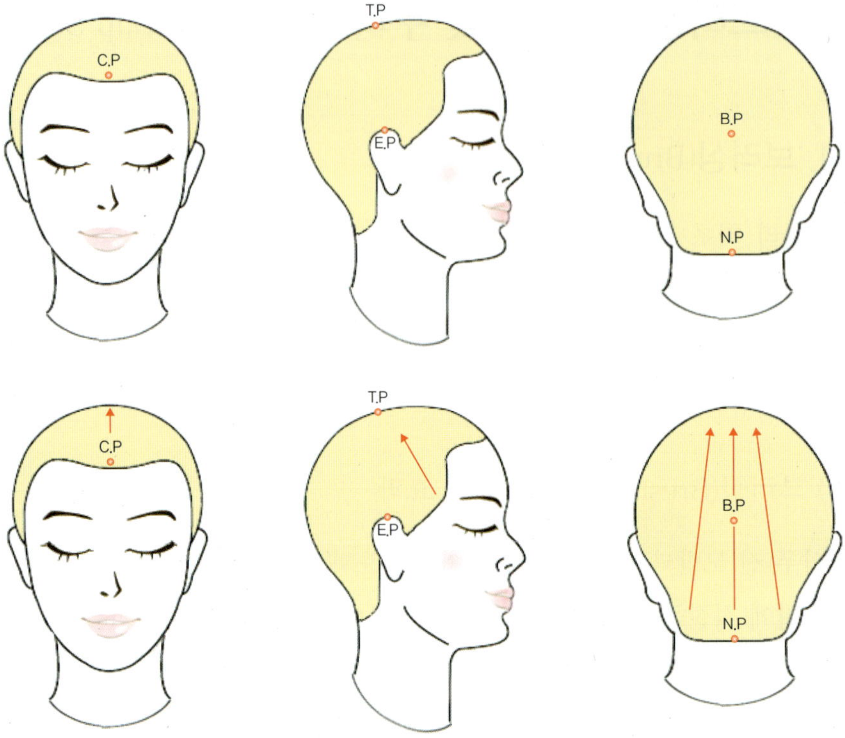

그림 6-2 두상 포인트 및 방향

① 브러시(Brush)의 빗살이 이마나 볼을 스치지 않도록 주의하여 빗살을 C.P(Center Point)을 향해 브러싱(Brushing)한다.

② 쿠션 브러시(Cushion Brush)를 사용하여 두상의 상단 부분에서 하단 부분을 향해 모발을 브러싱(Brushing)한다.

③ 사이드(Side)에서 두상의 상단인 E.P(Ear Point)에서 T.P(Top Point)를 향해 브러싱(Brushing)한다.

④ 백 사이드(Back Side)에서 두상의 상단인 E.P(Ear Point)에서 T.P(Top Point)를 향해 브러싱(Brushing)한다.

⑤ 고객의 머리를 앞으로 살짝 숙이도록 하여 N.P(Nape Point)에서 두상의 T.P(Top Point)를 향해 브러싱(Brushing)한다.

⑥ 올 백(All Back)으로 브러싱(Brushing)한다. 이때 고개를 반듯하게 한다.

3) 브러싱(Brushing) 주의사항

브러싱(Brushing)은 모발의 이물질을 제거하기 위한 목적으로 실시하므로 모발이 건조한 상태인 샴푸 전에 실시하도록 하며, 이물질 제거의 목적으로 빗질은 위에서 아래 방향으로 한 후 두피 자극을 통해 혈액 흐름의 촉진을 위해서 헴 라인(Hem Line)을 따라 탑 포인트(Top Point) 쪽으로 5분 내외로 빗질을 한다.

빗은 정전기가 일어나지 않는 천연재료의 우드 빗으로 사용하며 빗살은 두피에 자극을 주지 않도록 너무 뾰족하지 않고 부드럽게 마무리된 빗을 사용하여야 한다.

4) 브러싱(Brushing) 방법

쿠션 브러시(Cushion Brush)를 이용하여 헴 라인(Hem Line)을 따라 탑 포인트(Top Point)를 향해 브러싱(Brushing)하며 짧은 길이와 중간 길이의 모발에 적용 가능하다.

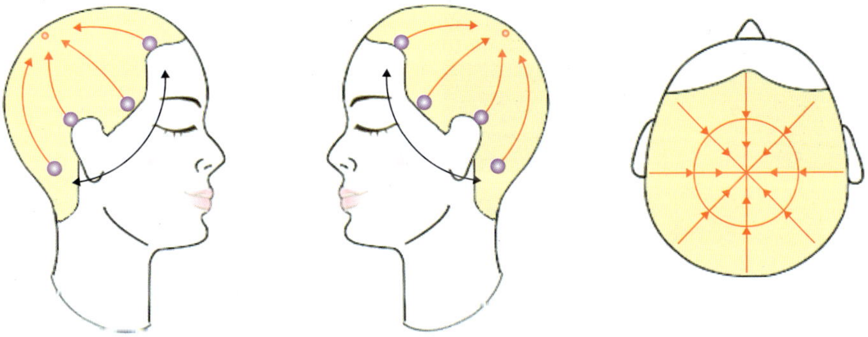

그림 6-3 원웨이 브러싱(Oneway Brushing)

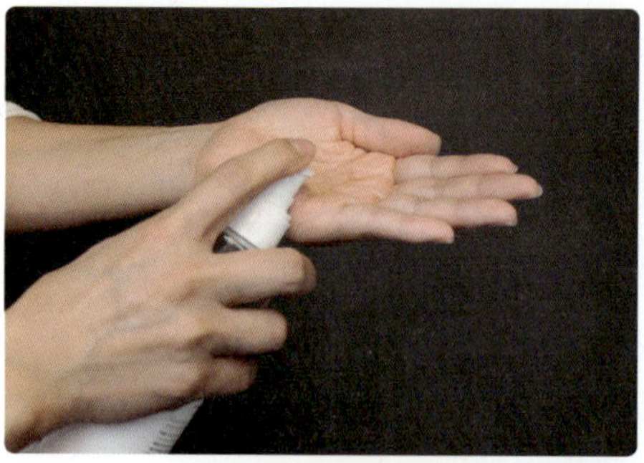

① 소독

- 70% 알코올(Alcohol)을 이용하여 손 소독을 실시한 후 고객의 어깨에 수건이나 어깨보 등을 감싸준다.
- 관리 시작 시 한번 더 손 소독을 실시한다.

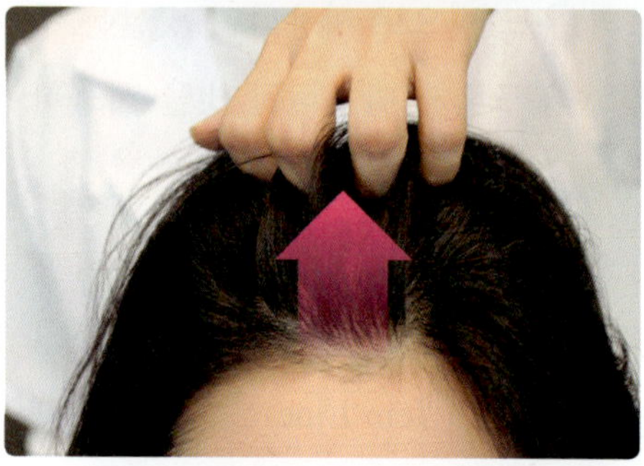

② 브러싱(Brushing) : C.P~T.P

- 정준선을 기준으로 C.P(Center Point)에서 T.P(Top Point)를 향해 브러시(Brush)의 빗살이 이마나 볼을 스치지 않도록 주의하여 손가락으로 먼저 빗질을 한다.

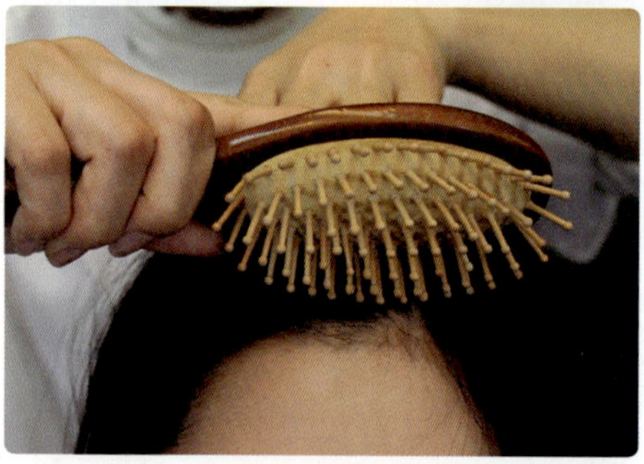

③ 브러싱(Brushing) : C.P~T.P

- 손가락이 C.P(Center Point)에서 T.P(Top Point)를 향해 갈 때 빗이 따라가는데 먼저 빗살 측면이 헴 라인(Hem Line)을 시작으로 빗을 회전할 수 있도록 한다.

④ 브러싱(Brushing) : Hem Line~T.P

- 우측 사이드(Side)를 헴 라인(Hem Line)에서 T.P(Top Point)를 향해 손으로 빗질 후 빗을 반원을 그리듯이 브러싱 (Brushing)한다.

⑤ 브러싱(Brushing) : E.P~T.P

- 사이드(Side)에서 두상의 싱딘인 E.P(Ear Point)에서 T.P(Top Point)를 향해 같은 방법으로 브러싱(Brushing) 한다.

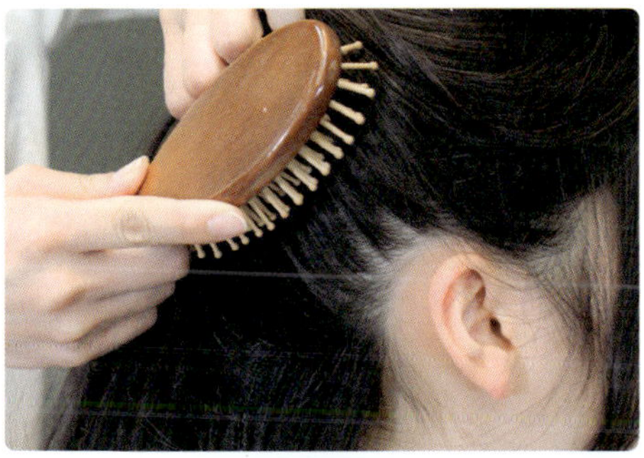

⑥ 브러싱(Brushing) : E.B.P~N.P

- E.B.P(Ear Back Point)에서 N.P(Nape Point)까지 등분을 나누어서 헴 라인(Hem Line)을 시작으로 T.P(Top Point)를 향해 손가락으로 빗질 후 빗살의 측면을 시작으로 반원을 그리듯이 T.P(Top Point)를 향해 빗질한다.

⑦ 브러싱(Brushing) : N.P~T.P

- 네이프 라인(Nape Line) N.P(Nape Point)에서 T.P(Top Point)를 향해 동일한 방법으로 손가락 빗질 후 빗살 측면을 시작으로 T.P(Top Point)를 향해 빗을 회전하듯이 브러싱(Brushing) 한다.

⑧ 브러싱(Brushing) : T.P~N.P

- 좌측 사이드(Side)를 헴 라인(Hem Line)에서 T.P(Top Point)를 향해 손으로 빗질 후 빗살 측면을 시작으로 반원을 그리듯이 T.P(Top Point)를 향해 좌측 N.P(Nape Point)까지 브러싱(Brushing)한다.

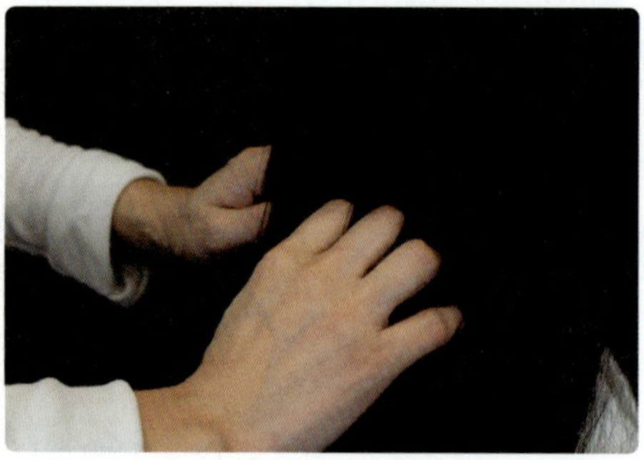

⑨ 마무리

• 올 백(All Back)으로 핸드 브러싱(Hand Brushing)하여 모발을 정돈한다. 이때 고개를 반듯하게 한다.

2. 두피 스케일링(Scalp Scaling)

스케일링을 통하여 두피의 진정, 노폐물, 노화 각질 등을 제거하여 두피의 원활한 분비기능을 되찾아주는 데 도움을 주는 단계이다.

1) 두피 스케일링(Scalp Scaling)의 목적 및 효과

두피의 이물질 제거를 위한 딥 클렌징(Deep Cleansing)의 단계로 두피 호흡과 배설의 작용을 원활하게 하여 모발이 건강하게 자랄 수 있도록 환경을 조절해 주는데 목적이 있다.

헤어 스타일링 제품이나 트리트먼트 등은 두피의 모공을 막아 두피의 기능을 저하시키고 두피 세포 각화주기에 변화를 주어 두피 신진대사를 저하시켜 두피 문제 발생과 모발 성장을 저하시키므로 샴푸로 제거되지 않은 두피의 노화 각질, 피지 산화물, 스타일링제의 찌꺼기, 먼지 등을 스케일링을 통하여 모공과 모공 주변을 깨끗하고 매끈하게 제거해 주어 청결하게 한다.

가벼운 자극으로 신진대사 기능을 정상화시키고 모근의 원활한 호흡작용과 혈액순환을 도와 영양공급과 두피의 분비기능을 정상화시켜 각화주기를 원활하게 하여 건강한 두피로 되돌려 모발이 잘 성장하도록 하는 효과가 있다.

2) 두피 스케일링(Scalp Scaling)의 두상 포인트 및 방향

표 6-3 두피 스케일링(Scaling) 순서

두피 스케일링 두상 포인트 및 방향		
1	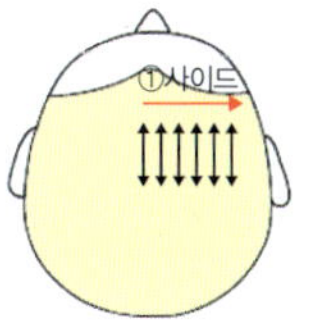	C.P(Center Point)를 중심으로 5등분 후 오른쪽 사이드(Side)헤어라인(Hairline)에서 뒤쪽으로 1~1.5cm 간격으로 슬라이스(Slice)후 스케일링(Scaling) 한다.
2	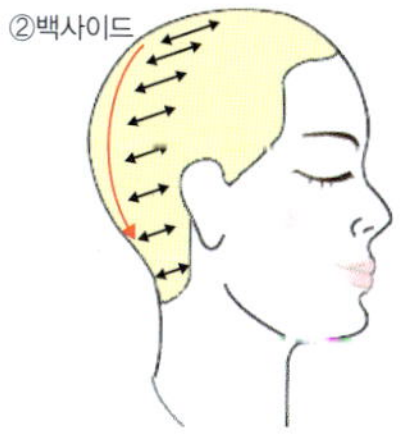	오른쪽 백사이드(Back-side)를 사이드(Side)와 동일하게 T.P(Top Point) 에서 N.P(Nape Point)까지 1~1.5cm 간격으로 슬라이스(Slice) 후 스케일링(Scaling) 한다.
3	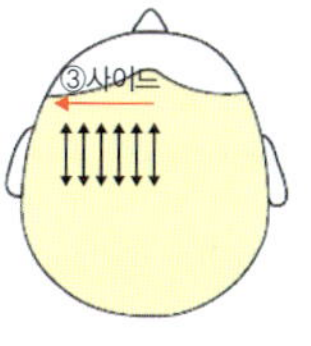	왼쪽 사이드(Side) 헤어라인(Hairline)의 뒤쪽으로 1~1.5cm 간격으로 슬라이스(Slice) 후 스케일링(Scaling) 한다.
4	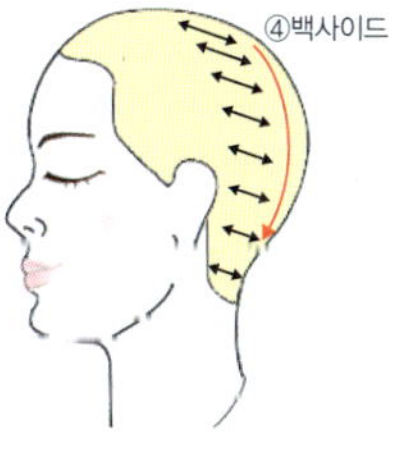	왼쪽 백사이드(Back-side)도 오른쪽과 동일하게 스케일링(Scaling) 한다.
5	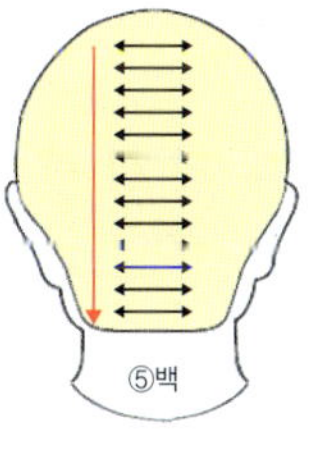	백(Back) 부분을 탑(Top)에서 네이프(Nape)까지 1~1.5cm 간격으로 슬라이스(Slice) 후 스케일링(Scaling) 한다.

3) 두피 스케일링(Scalp Scaling) 주의사항

두피 스케일링은 모발을 2cm 간격으로 섹션(Section)을 뜨고 두피 전체에 골고루 도포하며 두피에 강한 자극을 주는 시술이므로 지나치게 자주하면 두피가 민감해지는 원인이 될 수 있기 때문에 두피 유형에 따라 차이는 있으나 일반적으로 주 1회 정도가 적당하다.

4) 두피 스케일링(Scalp Scaling) 방법 : 스틱(Stick) 만들기

① 재료 준비
- 수건
- 빗
- 핀셋(Pincette)
- 탈지면(솜)
- 우드스틱(Woodstick)
- 스케일링제
- 볼

② 어깨보
- 고객의 어깨에 수건이나 어깨보 등을 감싸준다.

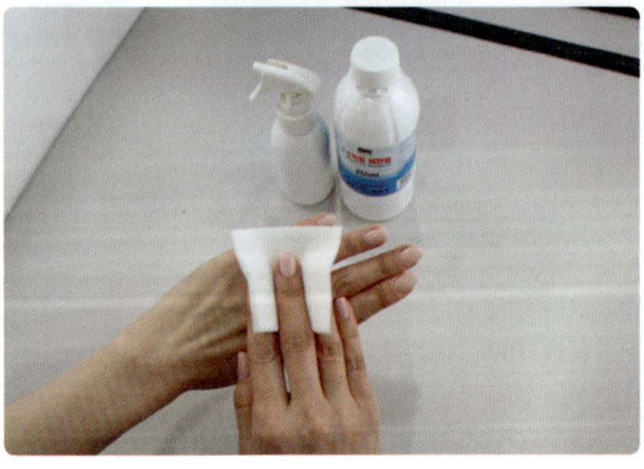

③ 소독
- 탈지면에 70% 알코올을 이용하여 손소독을 실시한 후 고객의 어깨에 수건이나 어깨보 등을 감싸준다.
- 손 소독을 실시한 후 우드스틱(Woodstick), 빗, 핀셋, 볼을 소독한다.
- 관리 시작 시 한 번 더 손 소독을 실시한다.

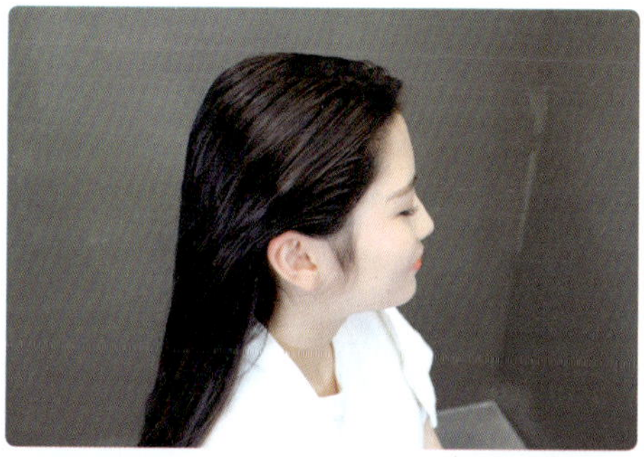

④ 브러싱 (Brushing)

- 브러싱으로 모발을 정돈한다.

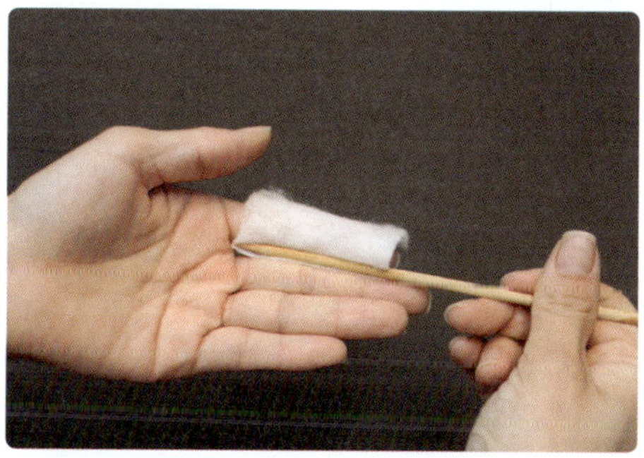

⑤ 탈지면 올리기

- 탈지면(솜)의 길이를 가로 7cm, 세로 10cm로 자른 후 물을 적신 후 끝을 탈지면(솜)을 검지와 중지 사이에 놓고 탈지면 끝에 우드스틱(Woodstick)을 올려눈다.

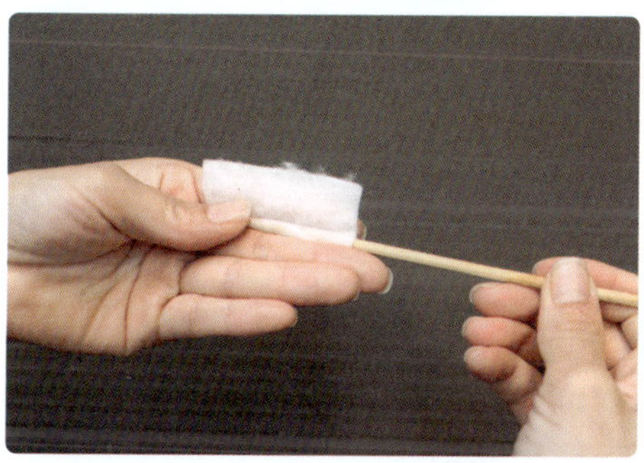

⑥ 탈지면 감기

- 탈지면(솜)의 상단 부분을 향해 우드스틱(Woodstick)을 감아 돌리는데 이때 감겨진 우드스틱을 엄지가 눌러주면서 단단하고 매끈하게 감을 수 있도록 한다.

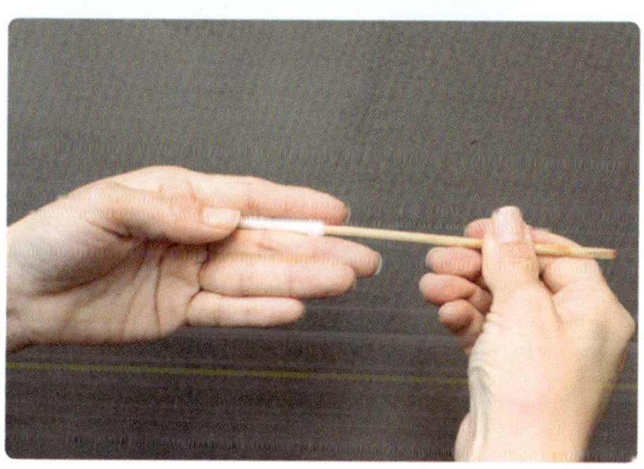

⑦ 텐션(Tension) 주기

- 우드스틱을 감았을 때 텐션 없이 감을 경우 스케일링(Scaling) 시 우드스틱에서 탈지면(솜)이 빠질 수 있으므로 감을 때 검지와 중지 엄지에 텐션을 주면서 감을 수 있도록 한다.

⑧ 4~5장 겹쳐주기

- 우드스틱에 얇은 상태의 탈지면(솜)을 4~5장 동일한 방법으로 감는다.

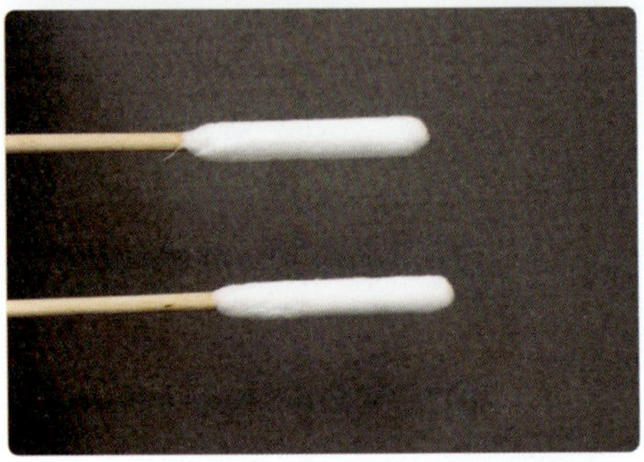

⑨ 완성 및 마무리

- 완성된 우드스틱을 전체적으로 균일하게 만들어서 수분을 제거할 수 있도록 한다.

3. 스케일링(Scaling) 시술 순서

① 스케일링 준비

- 수건
- 빗
- 핀셋(Pincette)
- 탈지면(솜)
- 우드스틱(Woodstick)
- 스케일링제
- 볼

② 어깨보

- 고객의 어깨에 수건이나 어깨보 등을 감싸준다.

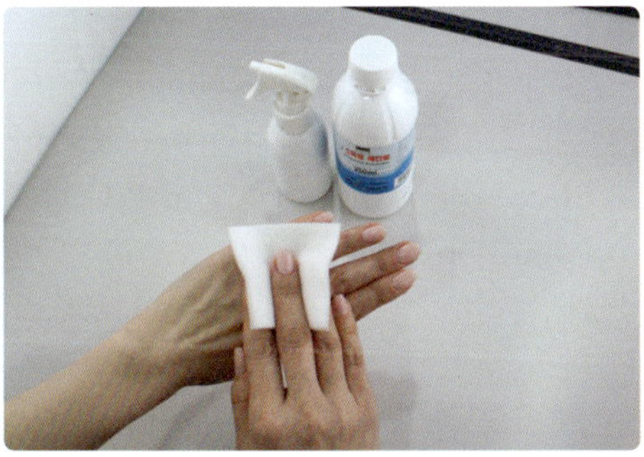

③ 소독

- 70% 알코올(Alcohol)을 이용하여 손 소독을 실시한 후 고객의 어깨에 수건이나 어깨보 등을 감싸준다.
- 손 소독을 실시한 후 우드스틱(Wood-stick), 빗, 핀셋, 볼을 소독한다.
- 관리 시작 시 한 번 더 손 소독을 실시한다.

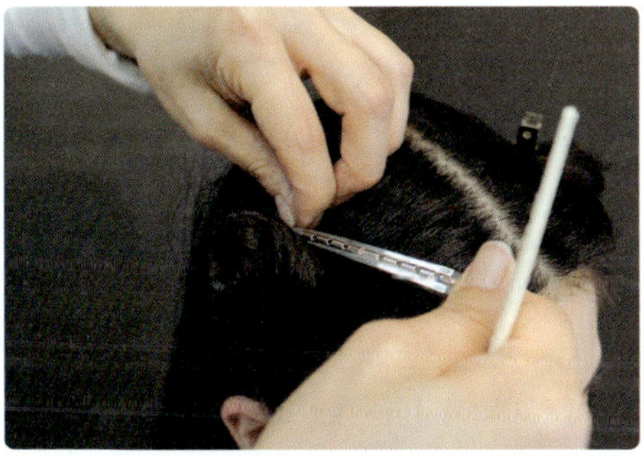

④ 블로킹(Blocking) : 5등분

- 손 소독 후 꼬리빗을 이용하여 C.P (Center Point)를 중심으로 5등분 후 블로킹하여 핀셋으로 고정한다.

⑤ 블로킹(Blocking)

- 모발의 조건에 따라 3등분, 4등분, 5등분으로 하며 진행순서를 전두부에서 측두부, 후두부 순으로 스케일링(Scaling) 한다.

⑥ 용액 바르기

- 스케일링제를 1인 사용량만 덜어서 사용하며 우드스틱에서 스케일링(Scal-ing) 용액을 묻혀 용액을 조절하여 사용한다.

⑦ 도포하기

- 볼에 있는 스케일링(Scaling) 용액에 우드스틱을 담근 후 용액을 조절하여 흐르지 않도록 한 후, C.P(Center Point) 정중선에 한손은 모발을 가볍게 눌러주고 스케일링 면봉인 우드스틱을 두피에 가로로 눕혀 스케일링제가 얼굴 쪽에 흐르지 않도록 주의하며 가볍게 도포한다.

⑧ 스케일링(Scaling) : C.P~T.P

- 스케일링 도포 후 C.P(Center Point)에서 T.P(Top Point)로 앞에서 뒤쪽을 향해 가볍게 이동하면서 문지른다. 이때 우드스틱(Woodstick)의 각도는 약 10~20°로 눕혀서 진행한다. 이때 스케일링(Scaling) 용액의 양이 너무 많아 흐르지 않도록 주의한다.

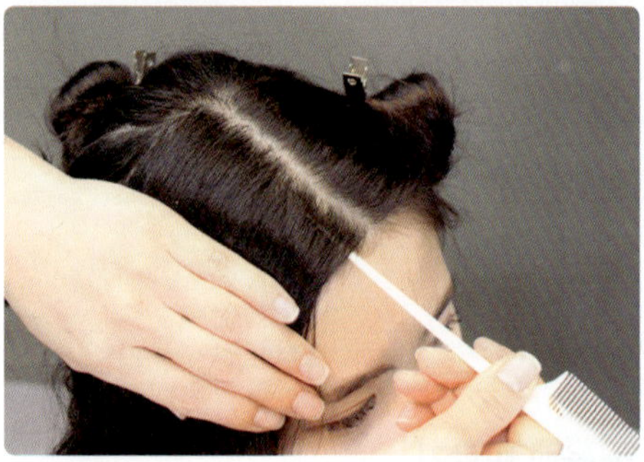

⑨ 슬라이스(Slice) : 측두부

- 오른쪽 측두부 사이드(Side)를 꼬리빗을 사용하여 1~1.5cm 간격으로 슬라이스한다.

⑩ 슬라이스(Slice)

- 모발 1~1.5cm 간격으로 슬라이스한 모발을 손가락 사이에 끼워 반대쪽으로 넘긴 후 핀셋(Pincette)으로 고정한다.

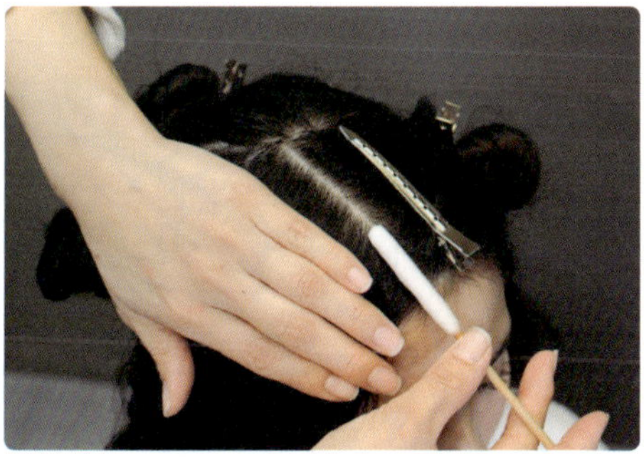

⑪ 스케일링(Scaling) : 헤어라인(Hairline)에서 뒤쪽

- 헤어라인(Hairline)에서 뒤쪽으로 우드스틱 면봉을 두피에 가로로 눕혀 두피를 문지르듯이 닦아낸다.

⑫ 스케일링(Scaling) : 페이스 라인

- 측두부 도포 후 페이스 라인(Facial Line)과 파팅선(Parting)을 우드스틱으로 스케일링한다.

⑬ 슬라이스(Slice) : 백사이드(Back-side)

- 오른쪽 백사이드를 사이드(Side)와 동일하게 탑(Top)에서 네이프(Nape)까지 1~1.5cm 간격으로 사선 슬라이스한다.

⑭ 후대각 슬라이스

- 후대각 슬라이스하여 우드스틱에 스케일링(Scaling) 제품을 묻혀 동일한 방법으로 스케일링한다.

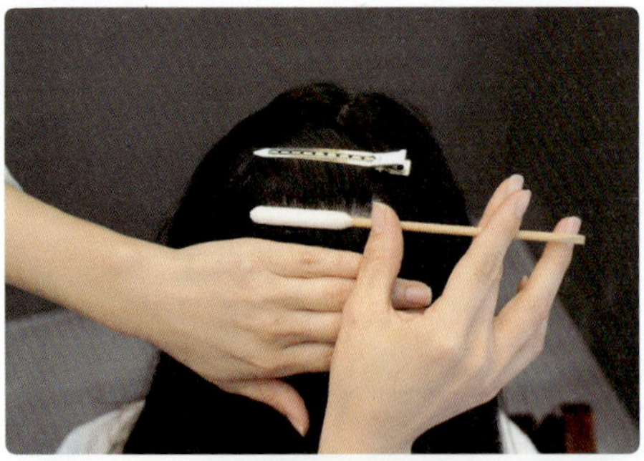

⑮ 스케일링(Scaling) : 백(Back)

- 백(Back)부분을 탑(Top)에서 네이프(Nape)까지 1~1.5cm 간격으로 슬라이스(Slice) 후 우드스틱에 스케일링(Scaling) 제품을 묻혀 동일한 방법으로 스케일링한다.

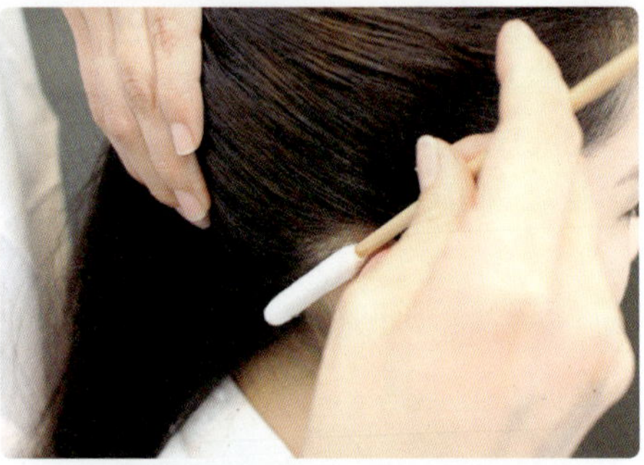

⑯ 스케일링(Scaling) : 백사이드(Back-side)

- 백사이드 부분 각 1~1.5cm 간격으로 슬라이스(Slice) 스케일링 도포 후 헴라인(Hem Line)에 스케일링한다.

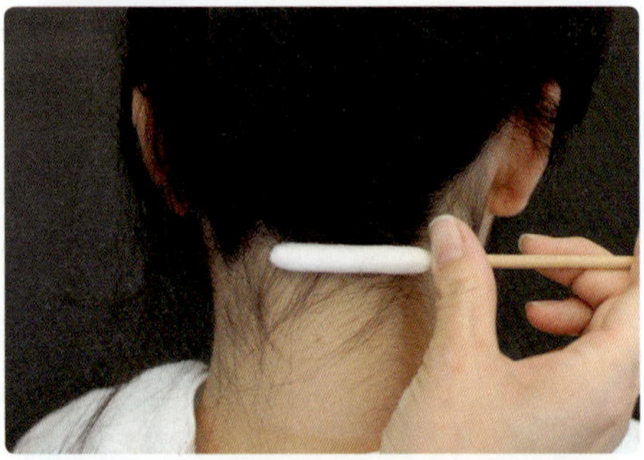

⑰ 스케일링(Scaling) : 백(Back)

- 백(Back) 부분 각 1~1.5cm 간격으로 슬라이스(Slice) 스케일링 도포 후 헴라인(Hem Line)에 스케일링한다.

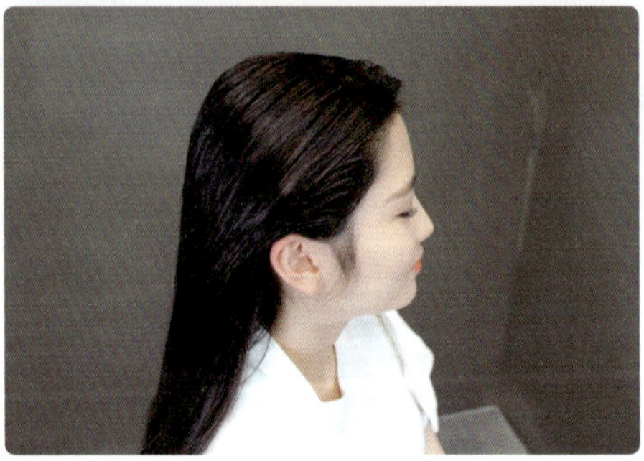

⑱ 마무리

- 스케일링 도포하여 완성한 모습

4. 헤어 스티머(Hair Steamer)

1. 헤어 스티머

헤어 스티머(Hair Steamer)는 두피와 모발에 수분을 공급하고 모공을 열어 두피의 혈액순환을 도와주는 기기이다.

1) 헤어 스티머(Hair Steamer)의 목적 및 효과

따뜻한 수증기를 이용하여 두피의 각질을 불려 두피에서 탈락되기 쉽도록 해주는 기기로, 스티머(Steamer)의 역할은 스케일링(Scaling)제의 유효한 성분이 두피에 흡수되어 노폐물과 이물질들을 부드럽게 연화시키고 부풀려 제거시키는 것을 용이하게 하며, 따뜻한 열과 수분 공급으로 혈액순환을 촉진시켜 다음 단계의 치료효과를 향상시킨다.

그림 6-4 헤어 스티머(Hair Steamer)

2) 두피유형별 헤어 스티머 작용시간

표 6-4　헤어 스티머(Hair Steamer) 작용시간

두피유형	작용시간
정상 두피	10분
예민성 두피	7~8분
건성 두피	7분
지성 두피	10~15분
비듬성 두피	15분

3) 헤어 스티머 주의사항

헤어 스티머(Hair Steamer)는 두피와 모발에 수분을 공급하므로 분무증기가 균일하게 널리 퍼질 수 있으며 증기의 조절이 가능한 것이 좋으며 헤어 스티머 사용 시 증기가 충분히 나온 후 사용하고 두피유형에 맞도록 온도와 시간을 설정하여 사용한다. 두피가 민감하거나 지루성 피부염에는 열을 가하는 것이 좋지 않으므로 정확한 시간조절 및 온도조절이 필요하다,

4) 헤어 스티머(Hair Steamer) 사용 방법

① 헤어밴드(Hair-Band) : 고객의 헤어라인(Hair line)에 헤어밴드를 착용시킨다.

② 스티머 캡(Steamer Cap) : 스티머 캡을 머리에 착용시킨다.

③ 시간 조절 : 두피상태에 따라 스티머(Steamer) 시간을 조절한다.

5. 샴푸(Shampoo)와 린스(Rinse)

1. 샴푸(Shampoo)

1) 샴푸의 정의

샴푸(Shampoo)는 힌두어인 'Champoo'에서 비롯되었으며, 사전적 의미로는 '비누, 샴푸제를 사용하여 모발과 두피를 세정하다, 머리를 감다.'를 뜻하며 고객에게 이루어지는 첫 번째 서비스이자, 헤어스타일을 만들기 위한 가장 기본이 되는 작용이다. 그러므로 모발과 두피의 상태에 맞추어 성분이 좋은 제품을 사용하여 샴푸의 효과와 가치를 극대화시켜야 한다.

2) 샴푸의 목적

두피와 모발은 외부로부터의 먼지, 매연, 세균, 헤어 스프레이(Hair spray), 오일(Oil) 등의 모발 제품들과 피부의 생리 작용에 의해 분비되는 땀과 피지 때문에 불결해지기 쉽다.

따라서 이러한 이물질을 제때 제거하지 않으면 모발의 정상적인 생리 기능에 악영향을 미쳐 탈모의 원인이 되거나 비듬 등의 각종 질병의 원인이 된다. 이러한 각종 질병을 예방하고 생리 기능을 원활하게 하며 모발 시술의 기본이 되며 건강한 모근으로 유지하는 방법인 샴푸를 행한다.

샴푸(Shampoo)에는 두 가지 목적이 있다. 첫째, 모발의 이물질을 씻어내는 것이다. 둘째, 두피에 적당한 자극을 주어 모발의 성장을 촉진시키는 것이다. 두부의 이물질에는 땀샘이나 피지선으로부터의 분비물에 의한 내부로부터의 이물질과 모발 제품이나 대기 중의 먼지 같은 외부로부터의 이물질이 있다.

이러한 이물질들이 쌓이게 되면 세균이 번식하고 피지와 유기물의 분해가 촉진되어 그 대사에 의해 불쾌한 냄새와 가려운 증상이 나타난다.

더 심해지면 모공이 막히며 모유두의 기능이 저하되어 모발의 정상적인 성장이 이루어지지 않게 된다. 그 결과 탈모 증상이 일어나기도 한다. 샴푸는 두피와 모발을 청결히 하며 두부의 좋은 컨디션을 유지하기 위한 필수적 요소이다.

샴푸는 스타일링의 기본단계로서 매우 중요하다. 특히, 물리적 · 화학적으로 사용되는 복합적인 작업이므로 이에 맞는 시술 방법 및 제품들을 사용하여야 한다.

① 두피와 모발을 깨끗하게 세정한다.
② 적당한 자극으로 근육을 이완시켜 주며 혈액순환을 돕는다.
③ 헤어스타일을 디자인하기 위한 기본적인 준비과정이다.

3) 샴푸가 필요한 두피 및 모발의 상태

① 피지선에서 분비된 피지와 외부의 오염물질이 흡착되어 모발에 끈적함을 준다.
② 두피와 모발에 땀이 증발되어 남은 요산이 존재한다.
③ 두피의 표피로부터 탈락된 케라틴 조각들이 잔류한다.
④ 두피에 질병 감염 위험이 있는 박테리아, 기생충, 효모성균 등의 번식위험이 있다.
⑤ 헤어제품 사용에 의한 끈적임과 화학성 물질에 의한 자극을 받는다.

4) 샴푸의 역사

과거 우리나라 조상들은 나무나 풀을 태운 재를 물에 우려내어 만든 잿물로 옷이나 식기의 기름때를 씻어내는 데 사용하였다. 그러나 이 잿물은 알칼리성이 강하여 피부나 모발이 거칠어지기 때문에 쌀뜨물이나 곡물의 분말 또는 식물의 즙을 이용하여 머리를 감는 방법을 활용하여 샴푸를 하였다.

서양에서는 1930년 중반까지는 머리를 감는 데 있어 비누를 주로 사용하였으나 모발이 다소 거칠고 수분감 없는 질감이 표현되다 보니 만족감이 떨어져 비누보다 거품이 잘 형성되고 쉽게 헹궈지도록 코코넛 오일 등을 함유한 물비누가 사용되었고 이것이 샴푸의 시초가 되었다.

이후 1940년대에 계면활성제를 이용한 대중화 된 샴푸와 구연산을 이용한 린스가 본격적으로 상업화 되었으며, 1960년대에는 합성 세제의 발달과 함께 계면활성제의 발달로 샴푸 또한 본격적인 개발로 대중화가 시작되었다. 1990년대에 들어서는 양이온 계면활성제의 개발로 인해 다양한 종류의 제품들이 출시되기 시작함과 동시에 샴푸와 린스의 기능이 통합된 제품들이 많은 인기를 끌었다.

최근에는 트렌드에 맞추어 단순 목적인 세정에서 벗어나 천연샴푸, 한방샴푸, 두피 타입별 샴푸 등이 시중에 많이 자리 잡았고 미래에는 친환경적이고 사람의 두피에 가장 친밀한 성분들로 구성된 제품들이 더욱 발달되어 고객의 니즈에 맞춰 시중에 판매될 것이다.

5) 모발(毛髮) 및 두피(頭皮)의 이물질

(1) 이물질의 분류

모발이나 두피에 남아 있는 이물질은 체내에서 분비 · 배출되는 땀, 피지, 비듬 등과 외부 환경으로부터 쌓이게 되는 먼지, 매연 혹은 모발용 제품의 잔류물 등이 있다.

이물질에는 물에 녹는 수용성 이물질과 녹지 않는 비수용성 이물질로 나뉘는데 수용성 이물질은 땀과 피지의 수용성 물질, 세트 로션, 헤어스프레이의 수용성 수지, 헤어크림 중의 수용성 물질 및 알코올 성분 등이 있고, 비수용성의 이물질로는 피지의 일부, 비듬, 모발 부스러기 등의 케라틴 물질로 된 동 · 식물성, 광물성 등이 있는데 대부분이 물에 녹지 않는다. 그러나 알칼리제에 의해 용해되거나 산성에 녹는 물질도 있다.

① **땀** : 체온 조절을 위해 땀샘에서 분비되는 액체이다.

② **피지** : 피부에 있는 피지선에서 분비되는 지방 분비물이다.

③ **비듬** : 두피에서 쌀겨 모양으로 표피 탈락이 발생하여 각질이 나타나는 현상이다.

(2) 이물질의 상태

성질이 다른 이물질이 모발 및 두피에 어떠한 형태로 남게 되는 기본 결합력에 관해 생각해 보면 다음과 같이 나눌 수 있다.

① 모발 및 두피와 분자간의 흡착력에 의한 것

② 모발 및 두피와 이물질 분자간의 전기적 작용에 의한 것

③ 모발 및 두피와 이물질의 화학적 결합에 의한 것

④ 모발 중에 기계적으로 달라붙는 것

⑤ 모발 내에 이물질이 침투해 있는 것

(3) 이물질과 모발의 대전

건조된 모발은 마찰하면 (+)의 정전기를 일으키고 다른 섬유류와 비교해도 그 대전율은 높은 편이다. 이 같은 건조한 모발은 일반적으로 (+)전기가 생기기 쉬운 성질을 가지고 있다.

이에 대해 이물질의 입자는 아래와 같이 대전하고 있다.

① 비듬, 모발 부스러기 등의 케라틴 물질 (+)

② 매연이나 탄분 등의 탄소 (+)

③ 토사 등의 진애 (−)

④ 각종 섬유 부스러기 및 종이 분진 (−)

⑤ 백분, 안료 등의 분말 (−)

⑥ 유지류 [(−) 또는 성분에 (+)]

따라서 (+)전기를 대전하는 ①과 ②의 이물질은 모발이 (+) 전기에 대전하고 있으면 정전기 반응으로서 서로 반응하기 때문에 브러싱 또는 가볍게 터는 것만으로도 이물질은 잘 떨어진다. 예를 들면, 양털의 옷감에 재가 붙어도 잘 떨어진다. 그것과 반대로 (−)전기를 띠는 이물질은 모발 표면의 전기와 이어져 잘 떨어지지 않는다.

따라서 이러한 이물질을 잔류시키지 않기 위해서는 모발 표면을 대전하지 않도록 해야 한다. 그러기 위해서는 모발에 대전 방지제가 들어있는 제품을 사용하는 것이 좋다. 모발에 어느 정도의 수분을 함유시킨 모발 제품을 사용한다면 대전 현상은 일어나지 않는다. 중요한 것은 모발의 꾸준한 관리를 통하여 건조모가 되지 않도록 유지하는 것이다.

6) 샴푸제의 조건

모발 케라틴의 화학적 조성 및 성질과 샴푸제가 갖추어야 할 조건은 다음과 같다.

① 약알칼리에 의해서도 케라틴은 팽윤 및 연화 성질 때문에 비듬 등의 이물질은 제거가 가능하지만 강알칼리는 모발의 손상 원인이 된다. 이런 부분들을 고려한다면 강알칼리계 비누는 적합하지 못하다.

② 비누계의 샴푸제는 경수에선 세정력이 떨어질 뿐만 아니라 비누막을 만들어 모발의 질감을 뻣뻣하게 하거나 콜드 퍼머나 염색의 장애가 된다.

③ 미셀한계 농도가 낮은 것을 선택하는 것이 좋다.

④ 비루다를 계면활성제에 첨가한 샴푸제는 세정력이 우수하고 마사지 효과를 증진시킨다.

⑤ 기포력이 높은 샴푸제의 특성은 세정력과 직접관계는 없지만 이물질을 거품에 띄워 모발 표면과 분리해주는 역할을 한다.

⑥ 탈지력은 적당한 것이 좋고 너무 강하면 모발이나 피부의 질감을 나쁘게 하고 윤기가 나타나지 않는다.

이러한 조건을 만족시키기 위해서는 계면활성제의 성질, 작용을 비교해 볼 필요가 있다.

모발로부터 이물질을 제거하는 데에 음이온계의 샴푸제가 적합한 이유는 (−) 이온에 대전하고 있는 이물질과 서로 반발하기 때문이다. 음이온계의 종류로는 고급알코올계의 것이 가장 적합하지만 고가이기 때문에 시중에 판매되고 있는 LAS계(Linear ABS 또는 Soft ABS라 한다)에 비이온계를 혼합하거나 유지분을 배합하고 있는 것이 많다.

비이온계의 종류는 피부 자극도 없고 기포성도 강하지 않기 때문에 유아나 피부질환자용으로 사용하기에 적합하다.

양이온계는 살균작용이 있기 때문에 소독용으로 사용하는 용도 외에도 모발에 잘 흡착해 얇은 피막을 형성하여 모발의 질감을 부드럽게 해주는 효과를 위해 사용되기도 한다. 그리고 음이온계 샴푸를 사용한 후에 양이온계 린스를 사용하면 의미가 없다. 음이온의 (−)이온과 양이온의 (+)이온이 작용 과정 중에서 반응해 같이 활성력을 잃어 큰 분자가 되어 침전할 가능성이 있기 때문이다. 이 경우는 오히려 질감이 불량한 피막을 만들게 된다.

따라서 음이온계 샴푸제를 사용했을 때는 충분히 물로 헹궈낸 후 양이온 린스제를 사용하도록 한다. 그 점에서 비이온계나 양성 이온계를 샴푸제에 배합해도 좋다.

7) 샴푸제의 구성 성분

샴푸제의 구성은 샴푸의 특성과 효과에 맞추어 선별한 서로 다른 원료들을 적절하게 혼합시키는 목적이 있다. 샴푸의 질적 효능은 구성 성분들 사이의 조화롭게 균형 잡힌 관계에 있다,

(1) 계면활성제(Surfactant)

이물질 중에는 물에 쉽게 용해되는 것도 있지만 잘 용해되지 않는 물질이 더 많이 존재한다. 특히 체내에서 분비되는 피지, 비듬, 머리 부스러기 등의 이물질과 외부로부터의 유지류, 진액 등은 물에 잘 용해되지 않는다. 이러한 물질을 제거하기 위해 이물질과 물을 결합시키는 역할을 하는 것이 계면활성제이다.

계면활성제의 작용은 유화, 분산, 습윤, 가용화, 기포화 등으로 그 목적에 따라 여러 종류가 사용된다. 계면활성제는 분자 구조상 물에 녹기 쉬운 친수성과 기름에 녹기 쉬운 친유성이 동일 분자 내에 포함되어 있다.

이 두 종류의 원자단 힘의 세기에 따라 계면활성제로서의 성질이 변화한다. 친수성과 친유성을 지닌 계면활성제는 수용액 중에서 계면활성제 분자와의 화합을 일으켜 미셀(Micelle)을 형성한다. 미셀은 묽은 용액에서는 구상을 형성하여 미셀 내부에 유용성 물질이 가용화되어 진다. 또 농도가 높을 경우에는 층상으로 되어 친유기끼리의 사이에 유성 물질이 흡착이나 가용화가 되고 친수기 사이에는 수분이 존재한다.

샴푸제에 사용하는 계면활성제에는 지방산계 계면활성제, 석유 합성계 계면활성제, 고급알코올계 계면활성제, 아미노산 계면활성제, 양성 계면활성제 등이 있다. 가장 일반적인 것은 고급알코올계 계면활성제이다. 또, 계면활성제에는 물에 용해되었을 때의 이온화 상태에 따라 다음과 같이 분류할 수 있다.

① 음이온 계면활성제(Anionic Surfactant)

이 계면활성제는 비누와 샴푸에 주로 사용되며 물에 녹았을 때 계면활성이 작용하는 음이온의 전하를 띠는 것이다.

② 양이온 계면활성제(Cation Surfactant)

이 계면활성제는 린스제나 트리트먼트제에 사용되며 물에 녹았을 때 계면활성을 작용하는 양이온의 전하를 띠는 것이다. 이 계통의 계면활성제는 대전방지 효과가 높고 살균제로도 활용되고 있다.

③ 양성 계면활성제, 양면성 계면활성제(Amphoteric Surfactant)

이 계면활성제는 안정성이 높아 유아용 샴푸제 등에 주로 쓰이고 있으며, 음이온 계면활성제와 병행하면 음이온 계면활성제의 자극을 낮추는 효과가 있어 최근에는 샴푸제에 많이 사용되고 있다. 또, 대전방지 효과도 있어 린스제, 트리트먼트제로도 사용된다. 물에 녹았을 때 용액의 pH에 따라 (+)나 (−)이온화가 결정된다. 그리고 계면활성제는 고유의 등전점을 지니고 있어 알칼리 쪽에서는 음이온 계면활성제로 작용을 하고 산성 쪽일 때는 양이온 계면활성제로 작용을 하는 특징을 지니고 있다. 이 계통은 세정력이 적당하고 자극이 약한 특징을 가지고 있다.

④ 비이온 계면활성제(Nonionic Surfactant)

이 계면활성제는 기름과 물을 유화시키는 성질이 강하기 때문에 헤어크림이나 트리트먼트제 같은 크림의 유화제로서 많이 사용되고 있다. 물에 녹았을 때에 이온화되지 않는 것으로 고급알코올이나 친수성인 에칠렌옥사이드(Ethyleneoxide)를 결합시킨다. 결합시킬 에칠렌 옥사이드의 양에 따라 친유성 타입, 친수성 타입 등 많은 종류의 계면활성제를 생성할 수가 있다.

그 밖에 고급알코올과 지방산, 이스트화(Ester)에 의해서도 이 종류의 계면활성제를 얻을수 있다. 이들 계면활성제에는 세정, 유화, 분산, 습윤 같은 특징이 있다.

(2) 첨가제(Additive)

샴푸제는 모발이나 두피에 묻은 이물질을 세정하여 청결하게 하는 목적으로 사용되지만 원액은 두피를 보호하는 성분까지 제거해 버리므로 모발이 푸석거린다거나 윤기가 없어지는 등의 모발 손상 원인이 된다. 최근에는 샴푸 후의 모발에 컨디셔닝 효과를 기대하는 고객층이 늘어나 이를 충족시키기 위해 여러 가지 첨가제를 활용하는 추세이다.

① 증점제(Thickener)

샴푸제를 사용할 경우 물에 풀어서 사용하거나 손에 덜어서 사용하거나 직접 모발에 도포하는 등의 여러 가지 방법에 맞추어 점도의 조절을 할 수 있다. 또한, 샴푸제에 고급적인 느낌을 주기 위해 각종 증점제가 첨가되기도 한다.

② 증포제(Increase Bubbles)

단일 계면활성제만으로는 거품유지가 부족한 경우가 있는데 그것을 보완하기 위한 것이 기포제, 거품 안정제 및 증점제이다. 알칼놀아미드와 아민 옥사이드가 대표적으로 활용되는데 이 첨가물은 기포 증진과 함께 증점 효과가 있다.

③ 컨디셔닝제(Conditioning)

컨디셔닝제는 샴푸 후의 윤기, 질감, 빗질 등을 향상시키고 모발의 표면을 보호하며 손상회복의 목적으로도 사용된다. 컨디셔닝제의 첨가물에는 여러 가지의 종류가 있으나 흡착에 따른 분류는 다음과 같다.

- **화학적으로 흡착하는 성분** : 모발의 분자인 아미노산의 강한 친화성에 의해서 모발에 흡착되며 컨디셔닝의 효과를 주는 것이다. 즉 모발은 아미노산의 폴리펩티드인 케라틴의 집합체이기 때문에 강한 친화성을 가지는 것이다.
- **물리적으로 흡착하는 성분** : 세정된 모발에 흡착되어 피막을 형성함으로써 모발의 수분 증발을 방지하여 광택이나 촉촉한 질감을 준다. 이들 유성성분은 샴푸의 기포 생성을 방해하지 않고 안정하게 유화, 가용화되어야 하다. 계면활성제에 가용화되니 유성 성분은 모발의 상태에 따라 달라질 수 있다.
- **강하게 이온 흡착되는 성분** : 양이온 계면활성제로서의 기능을 가지며 모발과 강한이온 결합을 통하여 흡착막을 형성한다. 이 강한 흡착막에 의해 모발은 탄력이 향상되고 빗질이나 브러시 등에 의한 물리적 작용으로부터 모발을 보호할 뿐만 아니라 모발의 보습력 향상, 대전 방지 등의 기능을 한다.
- **유지류** : 샴푸 후에 발생하는 탈지 현상을 방지하기 위해 배합되지만 과도하게 사용하면 거품이 일지 않고 세정력도 떨어지게 된다. 사용되는 유지류는 올리브유, 피마자유와 같은 식물성 오일과 라노틴, 레시틴, 고급알코올, 고급지방산(스테아린산, 팔미틴 산 등), 실리콘 등 다양하다.
- **보습제** : 샴푸 후의 모발 선소를 개신하기 위해 보습효과가 있는 물질이 첨가된다. 건강 모발은 대략 10% 내외의 수분량을 보유하고 있는데 이 수분이 보유, 유지역할을 하는 성분이 바로 내추럴 모이스처 팩터(Natural Moisture Factor)이다. 이 성분이 샴푸로 인해 소실되는 수분을 보완, 유지할 수 있도록 한다.

- **특수 첨가제** : 이상의 종류 외에 모발 보호제 역할을 하는 메티오니, 티로신 등의 아미노산 PPT, 판테놀 등과 두피 보호를 위한 방부제, 살균제, 점성제, 방취제, 비듬방지제(엔티덴톨), 가려움 방지제(이티레스) 등이 배합되고 있다. 또 샴푸에 따라서 향료나 색소도 첨가하여 샴푸의 상품 가치를 높이고 고객의 기분을 만족시킨다.

④ 방부제(Preservative)

보존을 목적으로 방부하기 위하여 첨가하는 성분이 방부제이다. 일반적으로 식품 · 화장품 · 의약품의 변질을 막아주고 그것을 사용하거나 보존하는 동안에 그 순도를 유지하기 위해 첨가하는 것이다.

⑤ 살균제(Germicide)

살균제는 생활환경에서 세균이나 곰팡이와 같은 미생물을 죽이거나 증식을 억제시키는 생활 화학제품이나 농작물의 생장을 저해하는 미생물들을 방제하는 목적으로 사용되는 농약을 뜻한다.

⑥ 금속 반응 방지제(Metal reaction inhibitor)

물 또는 샴푸 원료 중 미량의 금속 이온이 샴푸의 효과를 방해할 수 있으므로 금속 반응 방지제를 첨가하여 산패를 막는다.

⑦ 향료(Odor)

화장품 · 식료품 등의 생활용품에 향기를 첨가하기 위해 사용하는 향기가 강한 유기물질로 상온에서 휘발성이 우수하다.

⑧ 색소(Pigment)

유색 화합물이라고도 하며 실질적으로는 염료와 안료이다. 물질의 입자가 가시광선 3,000 ~ 7,000 Å의 어떠한 파장을 선택적으로 투과 또는 반사하는가에 따라 그 색이 결정된다. 색소가 다른 물질에 결합 또는 흡착하기 쉬운 경우에는 염료라고 한다.

⑨ 기타

자외선 차단제, pH 안정제, 비듬 제거제, 산화방지제

8) 샴푸의 원리

(1) 샴푸의 세정작용(The cleaning effect of shampoo)

현재 사용되고 있는 세정제들은 기름을 용해하는 유지 성분과 물에 용해되는 흡습 성분의 입자를 포함하고 있다. 세정작용은 두 과정에 거쳐 이루어지는데 우선 더러운 유분기가 있는 불순물이 제거되고 이후 이 불순물들이 용해된다.

① 샴푸가 모발과 접촉하면 유지성분의 입자들이 더러운 기름때를 둘러싼다.

② 더러운 기름때는 샴푸의 유지성분 입자들에 의하여 쉽게 용해된다.

③ 용해된 기름때들은 샴푸의 흡습 성분 입자들에 의해 모발과 분리되어 물속에 용해된다.

④ 물로 깨끗하게 헹구면 물속에 용해된 기름때들은 완전히 떨어져 나가게 된다.

(2) 샴푸 세정작용

샴푸의 세정작용을 더욱 자세히 살펴보면 다음의 3단계 작용이 필요하다.

① 가용화(Solubilization)

이물질 중에서도 유지분이 많아 녹기 힘든 경우에는 비교적 다량의 계면활성제를 배합한다. 그렇게 하면 유지분자를 계면활성제의 분자가 친수기를 외측으로 해 감싸 이것을 용해한다. 이 역할을 가용화라고 한다. 이때 사용하는 활성제는 친수성이 높은 것을 선정해 사용한다. 가용화된 유지는 작은 입자가 되어 완전히 수중에 분산되고 용액은 반투명 상태가 된다.

② 미셀(Micelle)

미셀이란 분자의 집합체로서, 계면활성제의 농도가 매우 낮은 용액에서는 분자가 흩어져 존재하고 있지만 어느 정도 이상의 농도가 되면 미셀을 형성한다. 이 농도가 미셀한계농도이다. 이 미셀한계농도는 세정작용에서 큰 의미를 가지고 있는데, 즉 한계이상의 농도가 되지 않으면 세정제의 기능을 할 수 없다. 따라서 한계농도가 낮은 세제일수록 경제적인 세제이다.

샴푸제를 사용할 때도 이 농도 이하로는 샴푸제를 낭비할뿐으로 본래의 성능은 발휘되지 않게 된다.

③ 모발의 흡착

샴푸를 한 후에는 물을 사용해 모발에 부착해 있는 계면활성제를 충분히 씻어내 깨끗한 모발로 마무리해야 한다. 이때 일부의 계면활성제는 모발 표면에 흡착막을 만들어 잔류하는 경우가 있다. 본래 모발을 형성하는 케라틴은 양극성을 가진 것으로 계면활성제와의 친화력이 강하기 때문에 샴푸제가 모발에 흡착되기 쉽다. 이 같은 성질을 가장 강하게 나타내는 것은 양이온 활성제이고 비이온활성제가 제일 약하다.

모발과의 흡착의 장점으로는 모발표면에 엷은 피막을 형성하여 수분의 증발을 막아 모발을 유연화하는 효과이고(예 : 양이온 린스), 단점으로는 샴푸제가 모발에 흡착되어 세제 농도를 저하해 미셀한계농도 이하가 되어 세정능력을 잃을 수가 있다는 것이다.

④ 삼투압(Osmotic Pressure)

삼투현상을 통하여 물이 농도가 낮은 쪽에서 높은 쪽으로 이동할 때 생겨나는 압력을 말한다. 이러한 삼투압은 물이 반투과성 막을 통과하려는 힘에 의해서 발생하는 것으로 용액의 농도 차이와 그 절대온도에 비례한다.

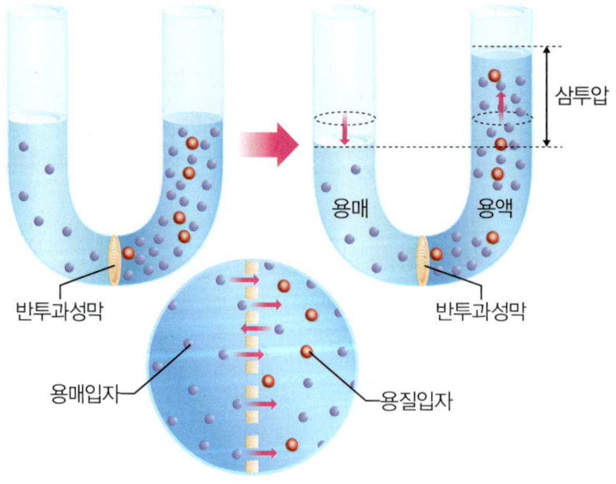

그림 6-5 삼투압의 원리

⑤ 여과(Filtration)

유동성이 있는 고체-액체혼합물을 다공성 여과재를 지나게 하여, 고체는 여과재의 표면이나 내부에 퇴적시키고, 액체는 투과시켜 양자를 분리시키는 작용이며 거르기라고도 한다.

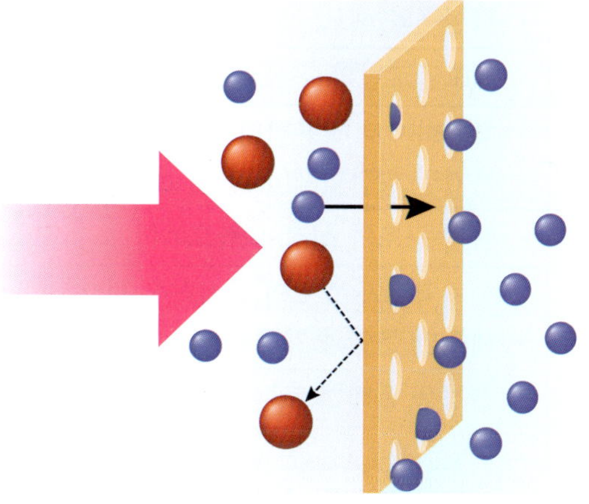

그림 6-6 여과의 원리

(3) 샴푸와 물

물은 크게 나누면 경수와 연수 두 종류로 나뉜다. 화학적으로 물은 수소와 산소로 구성되어 있으며 미네랄의 종류와 함유량에 따라 경수와 연수로 구분 짓는다. 생물체를 구성하는 원소들 중에서 탄소, 수소, 산소의 3원소를 제외한 원소를 미네랄(Mineral) 또는 무기염류(Inorganoic Salt)라고 한다.

미네랄은 단백질, 지방, 탄수화물, 비타민과 함께 5대 영양소의 하나로 체액이나 뼈, 치아 등의 성분으로 비타민이나 물과 마찬가지로 직접 에너지원은 아니지만 신체의 기능조절에 있어서 중요한 역할을 하므로 인간의 생존에 있어 필수적인 미량성분이다.

인체에는 40여 종의 미네랄이 존재하는데 미량의 미네랄은 건강과 생활에서 아주 중요한 기능을 하고 있다. 이렇게 미네랄이 지나치게 많이 함유된 물을 경수라고 한다. 경수는 칼슘이온이나 마그네슘이온 등의 미네랄이 140ppm 이상 함유되어 있는 물을 말하며, 연수란 칼슘, 마그네슘, Pb 등이 0.140ppm 이하 함유되어 있는 물을 말한다. 일반적으로 지하수 등은 경수인 경우가 많다.

표 6-5 세포 내의 대표적인 미네랄의 종류와 기능

물 질	기 호	기 능
칼슘	Ca	• 뼈와 치아의 구성 성분으로 체중의 약 2%를 차지한다.
구리	Cu	• 적혈구와 헤모글로빈 합성에 필요하다.
철	Fe	• 헤모글로빈의 구성 성분으로 산소 운반에 관여한다.
셀레늄	Se	• 항산화제로 작용한다. 노화억제 작용(과산화지질 억제) • 무기질 항산화제(mineral antioxidant)라고도 한다.
규소	Si	• 뼈의 구조와 성장에 필요하다.
아연	Zn	• 상처치유와 효소의 활성화에 필요하다. • 세포의 분열과 재생을 돕는다.
나트륨, 칼륨	Na,K	• 신경을 통해 흐르는 전기적 신호로 작용한다.
황	S	• 모발, 피부, 손톱, 발톱 등의 유지에 필요하다. • 피부와 모발을 윤택하게 하며 세균감염의 저항성을 기른다.
게르마늄	Ge	• 체내에 산소의 공급을 원활하게 하여 면역 기능을 증가시킨다. • 자연치유력을 높여준다.
요오드	I	• 해조류에 많이 함유되어 있다. • 결핍되면 갑상선의 기능저하가 일어난다.

비누 타입의 세정제를 사용하면 비누의 주성분인 지방산과 칼슘이나 마그네슘이온이 결합하여 불용성인 금속비누를 만든다. 그 결과 거품도 잘 형성되지 않고 세정력도 떨어지게 된다. 이것은 온천물에서 비누 거품이 잘 형성되지 않는 것으로도 알 수 있다.

지역에 따라서는 경수지역도 있으므로 비누 타입의 세정제를 사용할 때에는 끓이거나 이온교환지수법으로 연수화하여 사용해야 한다. 특히, 퍼머, 염색 등의 시술 시에도 경수의 사용은 피하는 것이 좋다. 그리고 양이온성 계면활성제가 함유된 살균제의 경우에 경수가 첨가되면 살균성의 효과가 떨어진다.

그러나 비누 이외의 세정제, 즉 고급알코올계의 계면활성제나 양성 계면활성제 등을 주로 사용하고 있는 샴푸는 경수의 영향을 받지 않으므로 거품도 충분하고 세정효과도 부족하지 않다. 일반적으로 사용하고 있는 샴푸는 거의 고급알코올계의 계면활성제를 주원료로 하는 것이므로 물에 대해서는 지장을 받지 않는다. 그러나 대체로 샴푸에 적합한 물은 연수이며 가장 적절한 온도는 약 38℃ 정도로 손목 안쪽에 물을 적셨을 때 약간 미지근한 느낌이 드는 정도가 바람직하다.

9) 샴푸의 pH

샴푸는 모발을 세정하여 깨끗하게 하고 청결하게 유지시켜 주기 위한 것이다. 모발과 두피의 청결과 건강을 유지하기 위해서 샴푸는 필수적이며 모발의 건강과 미적 부분에 중요한 작용을 한다. 모발은 미생물이 성장하는 데 적합한 곳이 되기 때문에 샴푸로 먼지, 이물질, 비듬, 과도한 피지 등을 제거해야 한다. 샴푸에는 야자유나 소기름에서 얻은 고급알코올에 친수성기를 결합한 소듐 라우릴 설페이트(SLS, Sodium Lauryl Sulfate)가 많이 사용되고, 피부에 대한 안전성과 물에 녹는 성질을 더욱 높인 소듐 라우릴 에테르 설페이트(SLES, Sodium Lauryl Ether Sulfate)도 널리 사용된다.

만일 샴푸 대신 비누로 머리를 감으면 비누와 중금속이 결합해 불용성 물질을 형성하고 이들이 모발에 끈끈하게 달라붙어 모발에 대한 질감이 거칠어진다. 또한 비누는 샴푸에 비해 세척력이 약하며 염색이나 탈색 후 또는 습진 등이 피부염이 있는 사람은 금기로 되어 있다. 또한 모발은 알칼리에 팽윤되어 거칠어지는 성질이 있다. 따라서 비누를 사용하면 모발이 손상될 가능성이 있다.

샴푸는 산성이나 중성으로 되어 있으므로 비누에서 나타나는 현상, 즉 모발이 팽윤되거나 거칠어질 염려가 없다. 비누가 알칼리성을 나타내는 것은 약산인 지방산과 강염기인 수산화나트륨으로 이루어진 염으로 되어 있기 때문이다.

그러나 샴푸의 계면활성제는 강산과 강염기로 이루어져 있어 결과적으로 수용액의 액성은 중성부근을 나타낸다. 현재 우리나라에서 시판되고 있는 샴푸는 대부분 pH 6~7 사이로 샴푸의 pH는 약산성에서부터 중성의 범위에 들어 있다.

pH가 모발에 미치는 영향은 먼저 모발의 인장강도에서 알 수 있다. 인장강도란 모발의 파손이 생기는 부하 가중이란 것이다. 이것에 의하면 pH 4~7의 범위에서는 거의 일정한 높은 값을 나타내지만 pH 4 이하, 즉 강산성 영역에서는 pH가 내려감에 따라 인장강도도 낮아지고 있다. 또, pH가 8 이상인 알칼리 영역에서도 모발이 팽윤하기 때문에 인장강도가 낮아진다. 이와 같이 산성이 강하거나 반대로 알칼리성이 강해도 모발에 영향을 준다. 따라서, 샴푸의 pH는 모발에 너무 영향을 주지 않는 pH 4~7의 약산성에서부터 중성샴푸가 가장 적합하다.

10) 샴푸의 종류와 특성

샴푸는 목적에 따라 분류할 수 있다. 두피나 모발의 더러움을 제거하는 목적으로 행하는 플레인 샴푸(Plain Shampoo), 아름다운 모발과 두피의 건강을 유지할 목적으로 행하는 트리트먼트 샴푸(Treatment Shampoo), 특수한 목적을 가진 스페샬 샴푸와 드라이 샴푸가 있다. 특히, 트리트먼트 샴푸에는 목적에 따라 다양한 종류의 샴푸가 있으며, 또한 샴푸제의 성분에 따라 비누샴푸, 고급알코올계 샴푸, 산성 샴푸 등으로 나눌 수도 있다.

(1) 플레인 샴푸(Plain Shampoo)

일반적인 샴푸로 중성세제나 비누 등으로 물을 사용하여 씻는 타입이다.

① 보통 샴푸(General Shampoo)

모발, 두피를 깨끗이 하는 것이 목적이지만 단순히 이물질이 떨어지면 좋다는 식의 샴푸제나 샴푸방법으로는 고객의 신뢰를 잃을 수 있기 때문에 올바른 샴푸를 할 필요가 있다. 샴푸 전에 가볍게 브러싱하여 두피에 있는 비듬이나 먼지를 1차적으로 제거한다. 이때 두피에 지나친 자극을 가하거나 상처가 나지 않도록 주의한다.

그 다음 미온수로 가볍게 씻어 모발의 정전기 발생을 방지하여 이물질의 흡착력을 약하게 함과 동시에 샴푸제의 침투성 및 기포성을 높여준다. 1회의 샴푸가 끝나도 이물질의 잔류가 있기 때문에 2회 째에는 처음의 절반 정도의 샴푸제를 사용해 충분히 마사지해 고객에게 만족감을 주도록 샴푸한다.

이때 미온수로 샴푸제의 거품이 남지 않도록 충분히 헹군다. 수건 드라이 전에 린스를 한다. 샴푸제가 알칼리성인 경우는 산성 린스를 하지만 중성의 경우는 크림 린스를 하는 것이 일반적이다. 샴푸 직후에 퍼머넌트 웨이브와 염색과 같은 시술을 할 경우에는 크림 린스나 산성 린스는 사용하지 말고 시술이 끝난 후 트리트먼트를 충분히 하도록 한다.

타월로 충분히 닦은 후에 정발료를 문혀 세트한다. 세트 시 드라이어를 사용할 때 물을 흡수한 모발은 저온(60~80℃)에서 케라틴의 변성을 일으키기 쉽기 때문에 주의할 필요가 있다. 이상은 일반 건강모에 대한 샴푸이지만 모발이 건성모나 염색모, 탈색모 등인 경우는 트리트먼트 샴푸를 한다.

② 프리샴푸(Pre Shampoo)

이것은 퍼머넌트 웨이브, 염색, 탈색 직전에 하거나 헤어 트리트먼트하기 직전에 하는 샴푸이다. 이 목적은 사용 약제의 모발에 균일하고 신속하게 작용하도록 하기 위한 것으로 여기에는 석유계의 삼푸제가 좋다. 이때 두피에 해가 없도록 스켈프(Scalp) 트리트먼트를 미리 해둔다.

③ 애프터 삼푸(After Shampoo)

염색, 탈색 등을 시술한 후에 실시하는 샴푸로, 모발에 약제를 사용해 화학반응이 나타난 뒤이므로 모발을 최대한 마찰시키지 말고 흡착되어 있는 약제를 헹궈내도록 한다. 이때 사용하는 샴푸제는 산성 샴푸가 적당하다. 알칼리나 중성 샴푸제는 웨이브를 약하게 하거나 염료를 다시 유출시킬 가능성이 있다.

(2) 트리트먼트 샴푸(Treatment Shampoo)

모발이나 두피를 건강하게 유지할 목적으로 행하는 것으로 다음과 같은 종류가 있다.

표 6-6 트리트먼트 샴푸의 종류와 목적

종 류	목 적
소프트 터치 샴푸(soft touch shampoo)	모발의 유연작용 샴푸
댄드러프 샴푸(dandruff shampoo)	비듬 제거용 샴푸
이치리스 샴푸(itchless shampoo)	가려움 멈춤용 샴푸
브라이언트 샴푸(brilliant shampoo)	모발 광택용 샴푸
드라이 프리벤티브 샴푸(dry preventive shampoo)	모발건조 방지용 샴푸
져미사이드 샴푸(germicide shampoo)	소독살균용 샴푸
리컨디셔닝 샴푸(reconditioning shampoo)	손상회복용 샴푸
뉴트리티브 샴푸(newtritive shampoo)	영양보급용 샴푸
디오드랜트 샴푸(deodrant shampoo)	악취제거용 샴푸

(3) 스페샬 샴푸(Special Shampoo)

① 컬러 샴푸(Color Shampoo)

염색용 샴푸로서 모발에는 아무런 영향을 주지 않고 샴푸만으로 일시적인 색상을 착색시키는 샴푸이다. 식물성 염료인 헤나(Henna)를 주성분으로 하는 제품이 많은데 이것은 어두운 색상의 모발에 붉은 계열의 색을 표현하기 위하여 사용된다.

② 블리치 샴푸(Bleach Shampoo)

탈색용 샴푸로서 모발 색을 전체적으로 밝게 하고 싶을 때 사용한다. 보통 샴푸액에 일정비율의 탈색제를 섞어 사용하기도 하고 과산화수소를 3% 정도의 비율로 섞어 사용하거나 식물성 염색제의 일종인 카모마일(Camomil)을 섞어 사용하기도 한다.

③ 칼라 픽스 샴푸(Color Fix Shampoo)

염색된 모발의 색상을 오래 유지하기 위한 컬러용 샴푸이다.

(4) 드라이 샴푸(Dry Shampoo)

① 분말 샴푸(Powder Shampoo)

주로 산성 백토에 카울린, 탄산마그네슘, 붕사 등을 섞어서 사용하는데 이는 지방성 물질을 흡수하는 기계적인 세정작용을 한다. 빗으로 모발을 나눠지게 하여 분말을 뿌리고 두부 전체에 작용할 수 있도록 마사지를 해가며 약 20~30분 후 브러싱에 의해 분말을 제거한 다음 헤어토닉을 묻힌 탈지면 등으로 남아 있는 분말을 걷어낸다.

② 에그분말 샴푸(Egg Powder Shampoo)

달걀의 흰자만을 사용하는데 흰자를 저어 거품을 낸 후 팩의 요령으로 모발에 도포하여 완전히 건조한 다음 브러싱하여 분말을 제거한다.

③ 리퀴드 드라이 샴푸(Liquid Dry Shampoo)

벤젠이나 알코올 등의 휘발성 용제를 사용하여 헤어 피스, 위그 등을 세정한다. 솜에 용액을 묻혀 모발을 깨끗이 닦아내거나 가발 등을 용액에 12시간 담궈 뒀다가 꺼내어서 타월로 닦은 후 건조시킨다.

④ 토닉 샴푸(Tonic Shampoo)

헤어토닉을 사용하여 두피나 모발의 유형에 맞는 제품을 사용하여 두피와 모발을 세정하는 방법이다.

(5) 샴푸제의 성분에 따른 분류

① 비누 샴푸(Soap Shampoo)

비누는 일반적으로 동물성의 유지를 수산화나트륨이나 수산화칼륨 등의 알칼리로 중화시켜 얻는다. 비누의 세정성은 작용이 온화하고 거품도 좋고 세정 후의 모발 질감도 좋게 하기 때문에 합성세제에 약한 사람이 사용한다.

비누를 물에 녹인 액은 알카리성으로 모발을 팽윤시키는 작용이 있지만 실제로 샴푸 소요시간은 짧고 알칼리도 적으므로 알칼리에 의한 모발의 손상이 거의 없다.

그러나 경수를 사용했을 때에는 물속에 포함된 칼슘이나 마그네슘 같은 금속이온과 결합하여 불용성인 금속비누를 형성하므로 유의해야 한다.

경수를 사용하면 거품이 잘 나지 않고 세정력이 낮을 뿐 아니라 불용성인 금속비누가 모발에 흡착하여 질감이나 윤기를 없애버리며 탈모의 원인이 되기도 한다. 또 퍼머넌트 웨이브나 헤어컬러링을 할 때 약액의 침투를 방해하게 되므로 충분히 씻어낼 필요가 있다.

② **고급알코올계 샴푸**(Higher Alcohol Shampoo)

샴푸제에는 여러 가지 세정제가 사용되고 있으나 가장 많이 사용되고 있는 것이 고급알코올계의 세정제이다. 이 계통의 세정제에는 천연유지를 원료로 하는 것과 석유로부터 합성되는 것이 있다.

천연유지로는 야자유 등이 사용되는데 이 두 원료의 세정력, 기포성, 용해성 등 기본적 효과의 차이는 거의 없다.

③ **산성 샴푸**(Acid Shampoo)

산성 샴푸는 구연산, 린산, 연산 등에 의해 pH 5~6 정도의 약산성으로 조정되어 있다. 이 산성 샴푸는 헤어컬러링이나 퍼머넌트 웨이브를 시술한 모발에 맞춰져있다. 즉, 헤어컬러링이나 퍼머넌트 웨이브의 시술 횟수가 많아지게 되면 모발의 pH가 약간이라도 알칼리성으로 기울어지게 된다.

산성 샴푸의 pH는 모발의 등전점 부근에 위치해 있기 때문에 모발의 팽윤이 적게 이루어지게 하므로 헤어 컬러링에는 가장 알맞다.

④ **항비듬성 샴푸**(Scented Dandruff Shampoo)

약용 샴푸제라고도 한다. 제품으로는 지성 두피제와 건성 두피제로 판매되고 있다. 두피에 골고루 제품을 도포하여 5분 이상 방치 후 두피 마사지를 하고 샴푸를 한다. 항비듬성 샴푸는 살균제 징크피리티온이 함유되어 있어 1주 2회 정도로 사용해 주면 비듬의 원인이 되는 미생물을 살균하는 효과를 볼 수 있다.

⑤ 비듬제거용 샴푸(Dandruff Removal Shampoo)

비듬제거용 샴푸는 두피의 노화된 각질과 피지의 분해 산화물이 혼합된 이물질로써 비듬을 제거하는데 사용되며 성분으로는 유화셀리노와 같은 특유한 유황화합물을 배합한 것으로 노화각질을 용해시키는 기능을 한다.

⑥ 베이비 샴푸(Baby Shampoo)

어린이 전용 샴푸로서 탈지력이 약하고 피부나 눈에 대한 자극이 낮은 활성제를 사용하고 있다. 일반적으로 저자극성 샴푸이다.

⑦ 논스트리핑 샴푸(Non Stripping Shampoo)

pH가 낮은 산성의 샴푸로서 모발에 대한 자극이 거의 없어 영구적 염색 또는 탈색한 모발에 색상이 제거되지 않으면서 깨끗하게 두발을 샴푸한다.

⑧ 컨디셔닝 샴푸(Conditioning Shampoo)

소량의 동물성, 식물성, 광물성 성분을 첨가하고 모발의 장력과 다공성을 증진한다.

⑨ 허벌 샴푸(Herbal Shampoo)

고급알코올계 세제 사용, 7가지 식물 약초 엑기스를 함유하며 두피 생리적 기능을 조절하면서 소염, 진염, 탈취, 살균, 단백질 합성, 건조작용과 세정작용을 한다. 건강모, 유성모, 퍼머넌트 웨이브 후의 화학적 손상모, 염색모에 주로 사용한다.

⑩ 프로테인 샴푸(Protein Shampoo)

누에고치에서 추출한 것과 난황성분을 함유한 샴푸로서 모발에 영양분을 공급해주는 트리트먼트 샴푸이다. 손상모에 대해 마일드한 세정작용과 케라틴 보호 작용이 있다. 퍼머넌트 웨이브 후의 화학적 손상모, 염색모에 주로 사용한다.

⑪ 산성 균형 샴푸제(Acid Balanced Shampoo)

알칼리성을 사용한 모발에 산성을 유지해 줌으로써 모발 본래의 pH를 바뀌지 않도록 해준다.

11) 올바른 샴푸 방법

모발에 맞는 샴푸를 사용해도 기대했던 효과를 내지 못하거나 모발의 상태가 악화될 수 있다. 시술이 올바르게 된 샴푸는 다음과 같다.

① 모발이 자연 유분을 완전히 없애지 않는 범위에서 오염물질을 깨끗하게 씻어낸다.

② 미온수로 충분히 헹구어 준다.

③ 거품이 충분히 형성되며 두피와 모발의 마찰을 줄이고 세정 상태를 확인한다. 더러운 상태에 대한 샴푸의 비율이 충분히 올라가거나 더러움이 완전히 제거될 때에만 거품이 난다.

④ 부드럽고 윤기가 나며 빗질이 잘 되어야 한다.

(1) 두피 상태별 샴푸 방법

① 샴푸 준비

- 샴푸대의 청결은 무엇보다도 중요하다.
- 두피와 모발의 상태를 파악한다.
- 샴푸와 트리트먼트의 종류를 선정한다.

② 샴푸의 순서

- 고객을 깨끗한 가운으로 갈아 입힌 후 샴푸대로 안내한다.
- 고객이 샴푸 의자에 앉으면 어깨에 수건과 샴푸보를 두른다.
- 치마를 입은 경우를 고려해서 고객의 무릎 위에 담요나 수건을 덮어준다.
- 샴푸를 용이하게 하기 위하여 편안한 분위기를 조성한다.
- 귀걸이 등의 소지품을 잘 보관하여 둔다.
- 모발을 빠뜨리지 않기 위하여 목덜미 부분의 모발 전체를 들어서 손으로 목을 감싸면서 개수대에 담근다.
- 손목 안쪽으로 물의 온도를 체크한 다음 두피와 모발을 충분히 적신다. 얼굴에 물이 튀지 않도록 조심하면서 손을 이마에 대고 전두부, 측두부, 정수리, 목덜미, 모발 전체의 순으로 모발을 물에 적신다.

- 샴푸제를 도포한다.
- 샴푸제가 모발에 잘 퍼지도록 부드럽게 고루 섞어준다.
- 크림 타입의 경우에는 손바닥에 호두알 크기 정도를 덜어서 머리 전체에 골고루 바른다.
- 액상 타입의 경우에는 어플리케이터에 덜어서 이마와 페이스 라인부터 시작하여 모발에 직접 바른 다음 곧 유화시킨다.
- **거품 형성** : 이마 → 관자놀이 → 귀 뒤 → 목덜미, 머리 아래부분(왼쪽, 오른쪽) → 정수리와 머리 위 부분 → 가장자리의 순서로 두피의 여러 부분에 손끝으로 마사지하듯 거품을 내며 문지른다.
- **헹궈주기** : 목덜미 → 이마 → 양쪽 사이드 → 정수리 → 목덜미 → 모발 전체의 순서로 손바닥의 패인 부분으로 물을 모아 아래 부분 쪽으로 물을 뿌리고 규칙적으로 빠르게 다른 부분에 물을 뿌린다.
- 샴푸가 완전히 되려면 2번째 샴푸가 필요한데 첫 번째 샴푸와 똑같은 방법으로 유화, 거품형성, 헹굼의 작업을 반복한다.
- 마지막 헹굼은 모발에서 세척 성분이 완전히 빠져나갈 때까지 완벽히 해야 한다. 머리카락의 끝 부분부터 깨끗한 빗으로 빗어준다.
- 마지막 단계로 이마와 귓바퀴를 깨끗한 수건으로 부드럽게 닦아주고 모발 전체를 누르듯 물기를 닦아준다.
- 고객을 시술 장소로 안내한다.
- 샴푸 세트를 깨끗이 닦아 항상 청결한 상태를 유지시켜야 한다.

③ 정상 두피의 샴푸 방법

- 브러싱
- 플레인 린스(물로 헹군다)
- 헤어 샴푸(샴푸제 도포)
- 헤어 매니플레이션(Manipulation)
- 플레인 린스
- 컨디셔닝(린스제를 두발에 흡착시켜 영양공급)

- 헤어 마사지 후 지압
- 플레인 린스
- 타월 드라이

④ 건성 두피의 샴푸 방법

두피가 건조하여 비듬이 생기거나 알칼리성이 강한 샴푸제를 사용했거나 염색이나 퍼머넌트 웨이브 등으로 모발이 건조해졌을 때에는 헤어 오일, 영양 오일을 사용하여 스켈프 매니플레이션(Scalp Manipulation) 후 실시한다.

⑤ 지성 두피의 샴푸 방법

헤어 오일이나 헤어 토닉을 두피에 묻히고 두피 마사지를 한 다음 식물성 샴푸제로 샴푸하는 것이 좋다.

⑥ 환자의 샴푸 방법

물을 사용하여 샴푸를 할 수 없는 상태이므로 드라이 샴푸를 한다. 거즈를 브러시에 끼워 브러싱하면 두발에 묻어있는 이물질이 거즈에 흡수된다. 이 드라이 샴푸잉은 정상적인 샴푸를 할 수 없는 사람이나 동물, 가발 등에 주로 사용된다.

2. 린스(Rinse)

1) 린스의 정의

린스라는 말은 본래는 '씻다, 헹구다'라는 의미지만 보통은 샴푸 후에 사용하여 모발의 표면을 보호함과 동시에 탄력있고 윤기를 주며 촉촉한 모발로 정돈하기 좋게 하는 목적을 가진 것을 '린스'라 한다.

2) 린스의 목적

샴푸 시 모발에 남아있는 금속성 피막, 알칼리 성분을 제거하고 모발 표면 상태의 중요한 끝마무리 단계이다.

린스의 성분 중 칼슘이온은 수용성 부착물을 만들게 되므로 해리 반응이 계속 진행되어 모발 표면의 침전물을 없애게 된다.

이러한 반응은 서서히 진행되므로 모발에 최소 5분 정도는 접촉되어야 칼슘염이 제거되며 다른 금속 이온과도 결합하므로 펌이나 염색 전의 코팅 제거에도 도움이 되며 모발 본래의 윤기를 회복하게 도와준다. 또한, 양이온 계면활성제는 모발 케라틴과 이온 결합을 하여 강하게 흡착함으로 모발 표면에서 정전기 발생을 억제하는 역할을 한다.

비타민 B복합체 판테놀은 모발 내부에 침투하여 큐티클에 막을 형성하여 탄력을 주게 되고 레시틴은 난황과 대두의 유도체로 모발에 부착하여 보습성과 유연 효과를 준다.

3) 린스의 조건

① 모발을 부드럽고 탄력있게 하며 촉촉하게 할 수 있는 것

② 모발에 수분이나 유성분을 보충하여 자연스러운 윤기를 줄 수 있는 것

③ 정전기 발생을 방지하고 빗질이 잘 되도록 할 수 있는 것

④ 모발을 보호하는 것

⑤ 모발을 정돈하기 쉽고 스타일링하기 쉬운 것

⑥ 눈이나 두피에 자극이 없고 안정성이 높은 것

⑦ 연속 사용하더라도 끈적거리거나 굳지 않는 것

4) 린스의 구성 성분

① 콜라겐, 엘라스틴(Collagen, Elastin)

두 성분은 모발의 케라틴과 같은 단백질로 모발의 손상된 큐티클을 보완해준다. 또한, 수분 흡수제로 모발에 수분을 붙잡아 두는 기능을 갖고 있어 모발이 건조되어 보이지 않도록 만든다. 콜라겐과 엘라스틴은 모발 내부로 쉽게 침투되어 수분 공급, 영양 공급, 모발의 탄력성을 상승시켜 준다.

② 단백질(Protein)

린스에 주로 이용되는 단백질은 콩단백, 밀단백, 케라틴, 단백질을 구성하는 21개의 아미노산 중에서 특히 모발의 주성분인 시스틴(Cystine)과 히스티딘(Histidine), 세린(Serine), 글루타민산(Glutamic acid), 트립토판(Tryptophane), 프롤린(Proline)이 많이 사용된다. 단백질 성분은 모발 속으로 침투 및 수분공급과 함께 외부의 수분을 흡수하는 매개체로 작용하며 큐티클(Cuticle)을 보수하여 유연하게 만든다.

③ 보습제(Moisturizer)

글리콜류가 자주 사용되는데, 이 중 글리세린은 모발에 흡착하여 헹군 후에도 잔존해 보습 효과가 있으며 폴리프로필렌 글리콜(Polypropylene glycol), 올레일(Oleyl), 에테르(Ether), 모노부칠에테르(Monobutyl Ether) 등도 효과가 있다. 수용성 고분자 물질도 보습효과에 의해 모발 보호 작용이 있으며 점증제 혹은 유화분산제도 응용되고 있다.

④ 유성(Oil–based) 성분

린스가 유연한 감촉과 자연스런 광택을 주는 이유는 린스 내의 유성성분이 지방분을 보급하여 모발 표면에 피막을 만들기 때문이다. 이 피막이 모발의 수분증발을 막아주고 촉촉한 감을 주며 빗질할 때의 마찰로부터 모발을 보호하여 매끄러움과 광택을 준다.

합성 유성성분으로는 실리콘유인 알파올레핀(Alpha olefins), 올리고머(Oligomer) 등이 사용된다.

⑤ 펜타놀(Pentanol)

비타민 B복합체로부터 모발을 재생시키는 것으로 모발의 노화를 방지, 백모, 회색 모발을 검게 재생시킨다고 하여 흔히 모발 영양제라고도 불린다.

5) 린스의 원리

린스에 함유되어 있는 유분은 샴푸 시 과도하게 탈지된 모발의 유분을 공급한다. 보습성분으로 모발의 윤기와 광택을 공급한다. 샴푸 후 모발에 남아 있는 금속성 피막과 불용성 알칼리 성분을 제거하여 모발의 엉킴을 방지한다. 샴푸의 주성분인 음이온 계면활성제의 잔여물로 두피 가려움과 탈모의 원인이 되기도 하는데 린스는 양이온 계면활성제가 주성분이므로 음이온 계면활성제를 중화하여 정전기 발생을 막는다.

6) 린스의 pH

건강한 모발은 등전점이 pH 4.5~5.5 정도의 약산성으로 가장 안정되고 튼튼한 상태이다. 이러한 이유 때문에 린스제의 pH는 3~5 정도로 조정되어 있는 것이 많으며 양이온 계면활성제와 함께 유분도 흡착시켜 모발을 유성막으로 덮어 윤기를 주고 건조함을 방지하는 효과도 있다.

7) 린스의 종류와 특성

(1) 플레인 린스제(Plain Rinse)

린스제를 사용하지 않고 약간 미지근한 물로만 모발을 헹궈내는 방법이다. 플레인 린스는 샴푸 후 모발에 남겨진 물질을 씻어내는 것이다. 플레인 린스에 사용되는 물의 온도는 38~40℃의 연수가 적합한데 펌웨이빙 시 1액을 씻어내기 위한 중간 린스로도 활용된다.

(2) 산성 린스제(Acid Rinse)

산성 린스제는 그 전에 시금과 같은 샴푸제가 아니고 과거에 비누로 세정할 때에 사용한 물속의 칼슘이나 마그네슘 등이 비누와 결합하여 생성되는 불용성의 금속 비누가 모발에 남기 때문에 이것을 제거하기 위한 목적으로 사용되었다. 비누는 알칼리성이기 때문에 알칼리를 중화시켜 모발의 손상을 방지하는 목적도 있었다. 그렇지만 지금과 같은 여러 용도의 샴푸제가 보급됨에 따라 세발 후의 린스제로써는 사용되지 않게 되었고, 피머넌트 웨이브제 처리 후의 모발에 잔류된 알칼리 성분을 중화시키는 중화제로서 사용되고 있으며 중간산 린스라고 부른다.

퍼머넌트 웨이브 1제 처리 후 모발은 1제 속의 알칼리제에 의해서 팽윤된다. 그러나 2제는 산화작용은 있지만 알칼리를 중화시키는 역할은 거의 없으므로 잔류 알칼리 성분을 제거하지 않으면 모발을 손상시키는 원인이 된다. 또한, 제 1제 처리 후의 모발을 산성 린스제로 처리하면 알칼리를 중화시킴과 동시에 2제의 작용도 높일 수 있다. 이것은 2제가 주로 취소산나트륨(브롬산나트륨, Sodium bromate)을 사용하는 경우가 많기 때문에 산성 린스제로 처리하면 시스틴의 재결합을 쉽게 하고 모발의 손상도 적게 된다.

최근의 산성 린스제는 유기산 외에 양이온 계면활성제나 양이온 고분자 등을 가하여 알칼리의 중화 이외의 효과도 지니도록 한 것도 있다. 그러나 산성 린스제에는 표백작용이 있으므로 장시간의 사용을 피해야 한다.

표 6-7 산성 린스 종류에 따른 사용법

종류	사용법
레몬 린스	레몬 1개 즙을 약 0.5ℓ의 미지근한 물에 타서(5~6배 희석) 몇 번 두발을 헹궈낸다.
구연산 린스	구연산 1.5g을 약 0.5ℓ의 미지근한 물에 타서 사용한다.
비니거 린스	식초나 초산을 10배 정도 희석해서 사용한다.

(3) 오일 린스제, 크림 린스제(Oil Rinse, Cream Rinse)

샴푸제가 비누에서 합성세제인 샴푸제로 바뀜에 따라 린스제도 바뀌었다. 합성세제는 탈지력이 강하여 샴푸 시 필요 이상으로 모발에서 피지를 제거하여 건성이 되기 쉬운데, 오일 린스는 과도하게 손실된 피지분을 보충할 목적으로 양질의 동백기름이나 올리브유를 물에 풀어 헹구는 것에서 비롯되었다.

그러나 물과 기름은 본래 혼합되기 어려운 것이므로 모발에 균일하게 오일을 보급하는 것은 곤란하다. 그래서 이 타입의 오일 린스제는 많이 사용되고 있지 않다. 최근에 오일 린스제로 부르고 있는 것은 양이온 계면활성제나 유성 성분을 주성분으로 하고 있다.

크림 린스제도 성분적으로는 오일 린스제와 유사하다.

오일 린스제는 계면활성제에 의해서 유성 성분을 가용화시켜 투명 액체 형태로 만든 것이다. 어느 것이나 유성 성분이 가용화, 유화되어 있으므로 고르게 린스 효과를 얻을 수 있다. 샴푸 후의 모발에 유분을 보급하여 윤기와 유연성을 주고 촉촉한 느낌을 주므로 알맞은 습기를 보유한 모발로 마무리된다.

(4) 컨디셔닝 린스제(Conditioning Rinse)

현재의 린스제는 양이온 계면활성제를 주성분으로 한 대전방지 효과나 빗질을 잘되게 하는 목적 이외에 모발에 유분과 수분을 보충하여 헤어컨디셔너 효과까지 함께 지니도록 만든다. 또한, 단순히 샴푸 후에 린스제로 사용되는 것뿐 아니라 단독으로도 헤어 컨디셔너로서 모발의 보호를 위해서 사용되는 린스제도 있다.

컨디셔닝제로서 사용되는 유성 성분으로는 주로 고급알코올, 스쿠알렌(Squalene), 라놀린(Lanolin) 등이 있다. 이 밖에 모발을 촉촉하게 하기 위하여 보습제로서 글리세린(Glycerin), 프로필렌 글리콜(Propylene Glycol), 프로이돈 카르본산 나트륨, 폴리에칠렌 글리콜(Polyethylene glycol), 아미노산 등이 사용된다. 또 손상모의 회복제로서는 토코페롤(Tocopherol), 폴리펩티드(Polypeptide), 레시틴(Lecithin) 등이 있다.

유성 성분은 양이온 계면활성제와 함께 모발을 약산성인 유성막으로 덮어 정전기 발생을 방지하고 빗질이 잘 되도록 하며 건조를 방지해 준다. 보습제는 모발이 수분을 지니도록 하여 유연하고 촉촉하게 하는 질감을 준다. 폴리펩티드(Polypeptide)는 모발의 손상 정도가 클수록 잘 흡수되어 모발의 상태에 유연성, 윤기를 개선해 준다.

(5) 비듬제거 린스제(Dandruff Removal Rinse)

린스제에 비듬제거 효과가 있는 약제를 배합한 것이다. 비듬은 두피의 노화각질과 산화 분해물, 세균의 번식, 두피의 선소 등에 의해서 생기는 것으로 각질 용해제, 피지 분비를 억제하는 비타민류, 살균제, 세포활성작용이 있는 성분이나 두피의 건조를 막고 촉촉하게 하기 위한 습윤제 등이 배합되어 있다. 린스제에 이러한 비듬제거 유효성분을 배합하면 두피에 유효성분이 잔류하기 때문에 비듬억제 효과가 나타난다. 비듬제거 샴푸제와 병행하면 더욱 효과적이다.

(6) 약효성 린스제(Medicated Rinse)

두피나 모발의 질병 상태를 완화시키는데 도움을 주는 린스제로 약효성 샴푸와 병행하면 더욱 효과적이다. 약효성 린스제는 염화벤잘(Benzalchloride), 코늄(Hemlock), 라우릴 이소퀴리늄 브로마이드(Lauryl Isoquinolinium Bromide), 징크피리티온(Zincpyrithoine), 살리실락산(Salicylic acid) 등과 같이 살균 소독 작용이 있는 성분 등을 배합해서 만들어진 린스제이다.

약효성 린스제는 두피 및 모발에 직접 약제를 바른 후 적어도 1분 이상 두피 마사지를 한 다음 5분 이상 방치해야 한다.

경증의 비듬과 가벼운 두피 질환을 낫게 하는데 효과가 있는데, 주의사항은 의학적인 성분이 함유된 린스이기 때문에 필히 제조자의 사용 방법을 준수해야한다.

(7) 특수 린스제(Special Rinse)

① 컬러 린스제(Color Rinse)

모발에 일시적(다음 샴푸 때까지)인 컬러를 표현하는 린스제로써 컬러 샴푸와 그 성격이 유사하다.

② 컬러 픽스 린스제(Color Fix Rinse)

컬러 픽스 린스제는 염색모발 내 염색된 색소의 주위에 막을 형성시켜 색소의 분해를 방지하여 염모가 탈색되지 않도록 한다.

③ 썬 스크린 린스제(자외선 차단 린스, Sun screen Rinse)

자외선에 의한 모발의 변성을 방지하기 위하여 자외선 흡수제(안식향산, 세

칠산, 벤젠 등)가 첨가된 제품이다. 자외선 흡수제는 피부보다 모발에 더욱 친화력이 강하기 때문에 지속성은 있지만 1일 2회 정도 사용해야 한다.

(8) 올바른 린스 방법

미용실에서는 기술자가 매일 여러 가지 다양한 모발과 접하고 있고 모발에 관한 지식이나 경험이 있으므로 고객의 모발 상태나 성질에 맞는 린스제를 선택할 수 있다. 또 도포량에 있어서도 손님의 모발량에 맞추어 린스제를 측정하여 적당량을 사용하기 때문에 모발 전체가 균일하게 린스되며, 헹굴 때도 적당한 온도의 수압으로 충분히 씻어냄으로 두피에 잔류하지 않게 할 수 있다.

미용 기술자도 이와 같은 린스제를 사용할 때의 주의점을 고객에게 설명하는 것이 바람직하다. 퍼머넌트 웨이브를 한 후 두발의 상태나 성질에 따라 린스제나 방법을 선택한다.

퍼머넌트 웨이브를 한 모발이라도 윤기 있는 건강한 모발, 과도한 웨이브에 의한 손상모, 손질하기 어려운 심한 모발 등 여러 가지이다. 또 한 가닥의 모발일지라도 모간 부분은 여러 가지 작용을 받아 손상이 심하다. 따라서, 린스제를 도포하여 씻어내는 것 뿐만 아니라 그 모발의 상태에 따라 응용이 필요하다.

3. 샴푸와 린스 테크닉(Shampoo & Rinse Technic)

1) 샴푸(Shampoo) 준비 및 물 도포

① 재료 준비
- 샴푸(Shampoo)
- 수건(Towel)
- 헤어 드라이기(Hair Dryer)
- 에센스(Essence)

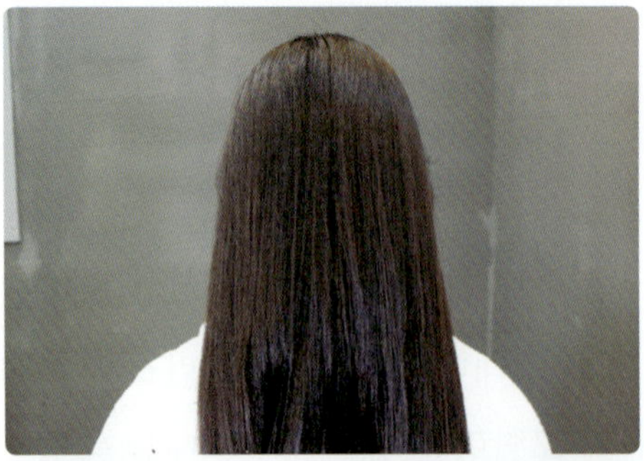

② 어깨보

- 고객의 의복이 물에 젖지 않도록 어깨 위에 수건이나 어깨보 등을 감싸준다.

③ 샴푸대 이동

- 고객을 샴푸(Shampoo)대에 안내한다.

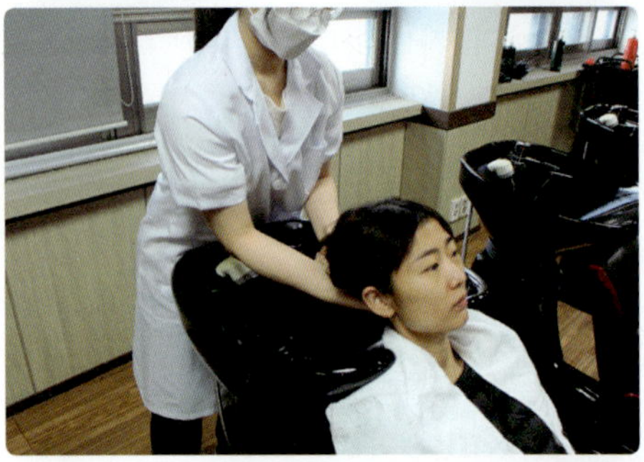

④ 샴푸대 자세잡기

- 샴푸(Shampoo)대에 눕히기 위해 한 손은 고객의 목덜미를 받치면서 자세가 불편한지 확인하며 샴푸(Shampoo)대를 조절하여 자세를 잡을 수 있도록 한다.

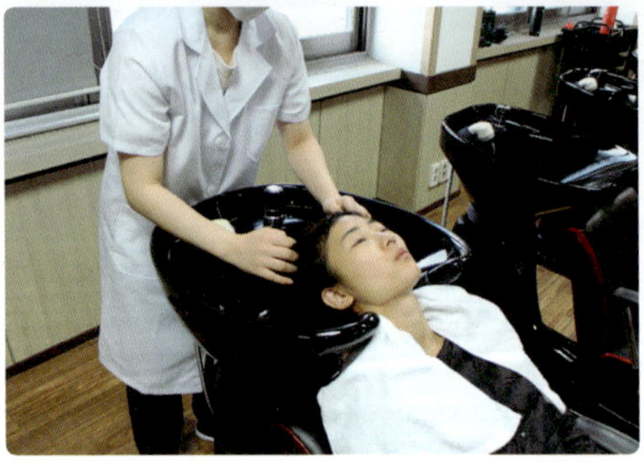

⑤ 샴푸 전 정리하기

- 네이프(Nape)에 있는 모발이 샴푸(Shampoo)대에 끼이지 않도록 하여 샴푸대와 목덜미에 모발이 없도록 잘 정리한다.

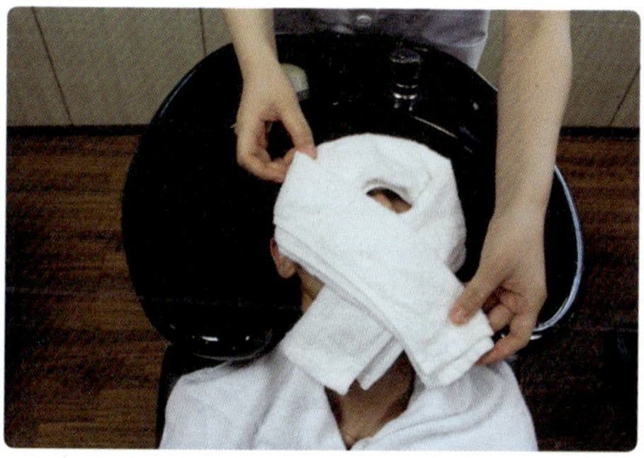

⑥ 얼굴 가리기

• 고객의 얼굴이나 눈이 불편하지 않도록 수건을 접어서 눈과 양 볼 부위로 코를 가리지 않도록 하여 삼각형 모양으로 얼굴을 가려준다.

⑦ 물 온도 확인하기

• 모발을 물에 적시기 전에 물 온도를 체크하는데 이때 시술자의 손목 안쪽이나 손등으로 맞춰 물이 흐르게 하여 물의 온도를 확인하고 고객의 두피 쪽에 살며시 물을 대어 주고 온도가 적당한지 고객에게 확인한다.

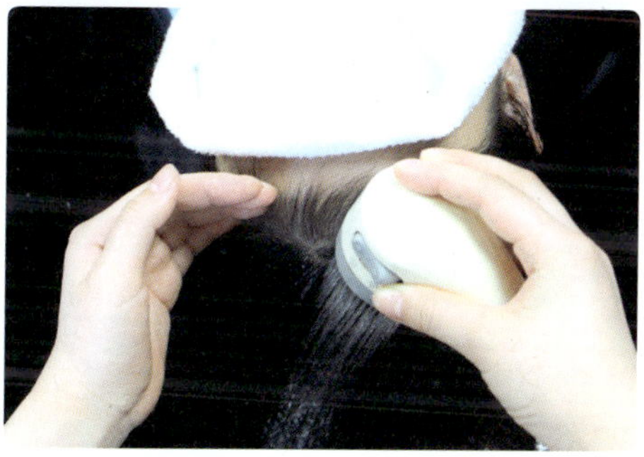

⑧ 물 적시기 1 : 모발~헤어라인(Hairline)

• 건조한 두발과 두피에 헤어라인(Hairline)을 시작으로 해서 물을 적시는데 전두부, 측두부, 후두부 순으로 물이 나오는 호스를 두피 가까이에 댄 후 헤어라인(Hairline)의 중앙 부위에서 두피를 향하도록 하여 두피와 모발에 물이 잘 적셔지도록 전체적으로 골고루 적신다.

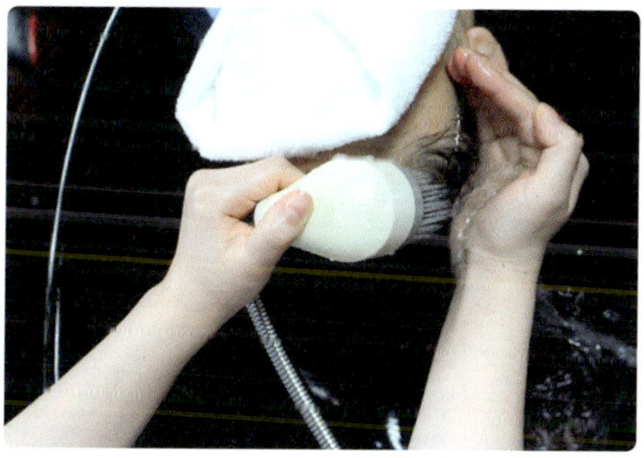

⑨ 물 적시기 2 : 네이프(Nape)

• 귀 부분은 물이 귀에 들어가지 않도록 귀를 가리도록 하여 귀 옆에서 물을 손바닥에 받아서 네이프 쪽을 향해 물이 흐르도록 한다.

⑩ 물 적시기 3 : 후두부

- 후두부 부분은 시술자의 손목과 손 등을 이용하여 한 손은 목을 들어 올려 손바닥으로 목덜미를 받쳐 준 후 샤워 헤드(Shower Head)를 두피에 가까이 댄다.

⑪ 주의하기

- 샤워헤드(Shower Head)가 들려서 물이 튕기지 않고 목 쪽으로 흘러 들어가지 않도록 주의하며 두피와 모발이 물에 충분히 적셔지도록 한다.

2) 샴푸 도포 후 거품내기

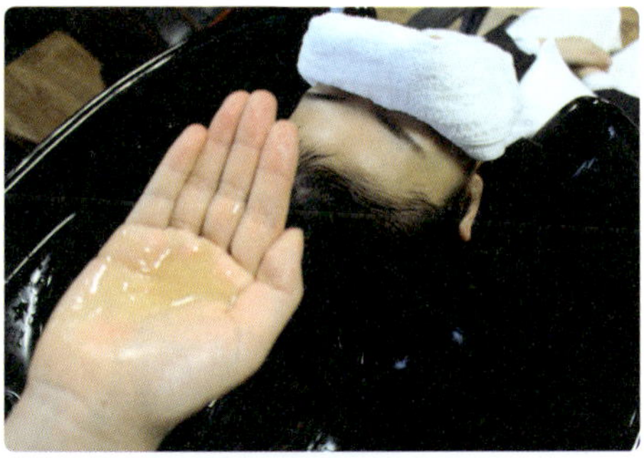

① 샴푸(Shampoo) 덜기

- 고객의 두피 유형에 맞는 샴푸(Shampoo)제를 선정하여 모발의 길이를 살펴 본 후 손바닥에 샴푸(Shampoo)제를 적당히 덜어준다.

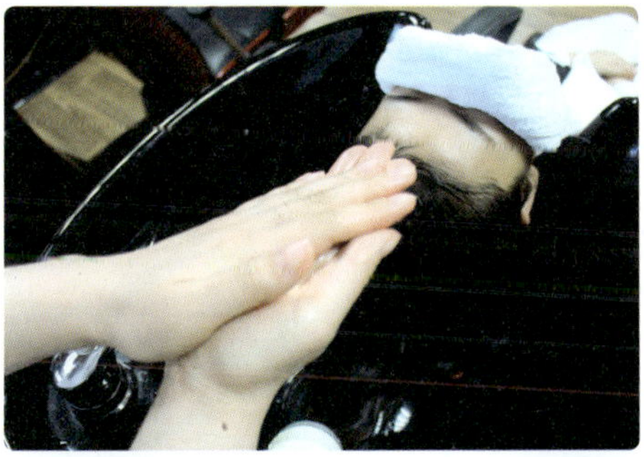

② 도포 전 거품 만들기

- 두피에 샴푸제를 직접 바르지 않고 손바닥에서 거품을 만든다.

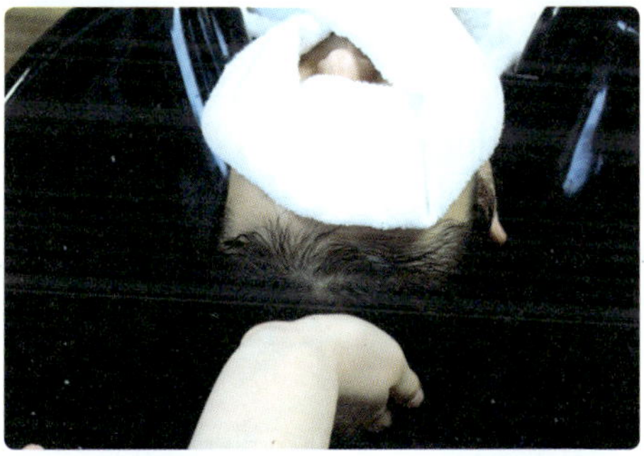

③ 도포하기 : 전두부

- 샴푸를 두피의 전두부 부분에 도포한다.

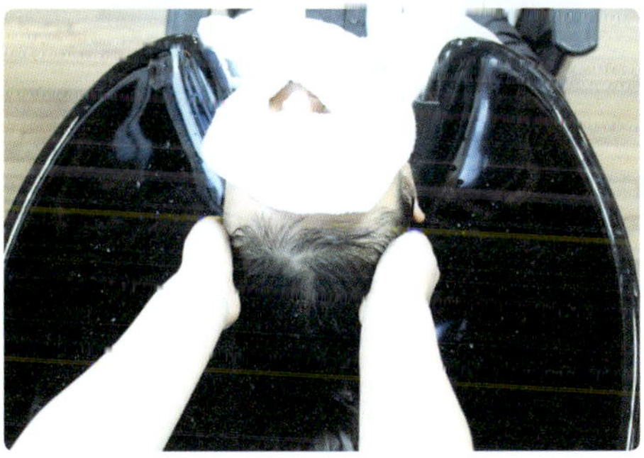

④ 도포하기 : 측두부

- 샴푸제를 두피의 측두부 부분에 도포한다.

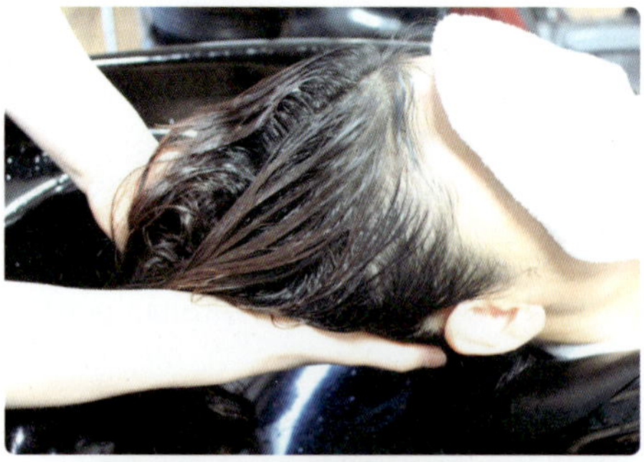

⑤ 도포하기 : 후두부

- 샴푸(Shampoo)를 두피의 후두부 부분에 도포한다.

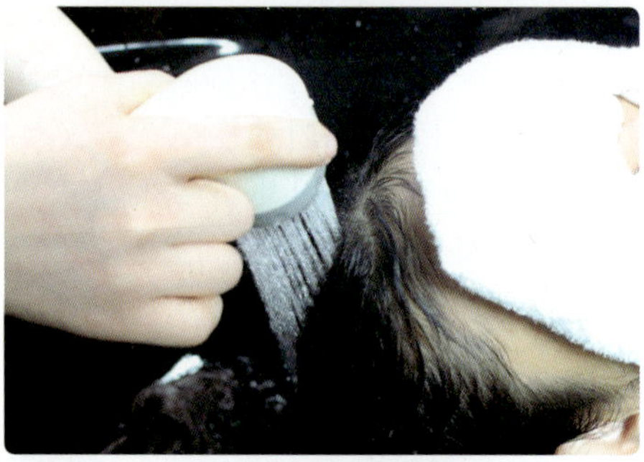

⑥ 물 적시기

- 샴푸제 도포 후 거품이 잘 생길 수 있도록 두피에 물을 살짝 적신다.

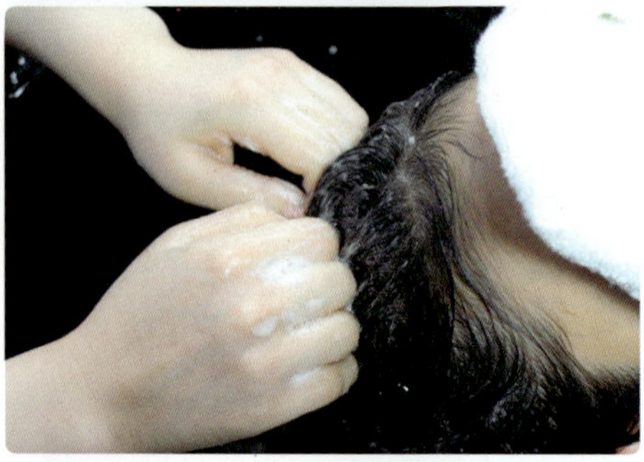

⑦ 거품 내기 : 전두부

- 샴푸 거품이 잘 생성될 수 있도록 전두부 부분을 시술자 손을 살짝 주먹을 쥔듯하여 손가락 마디로 굴리듯이 문지르면서 거품을 낸다.

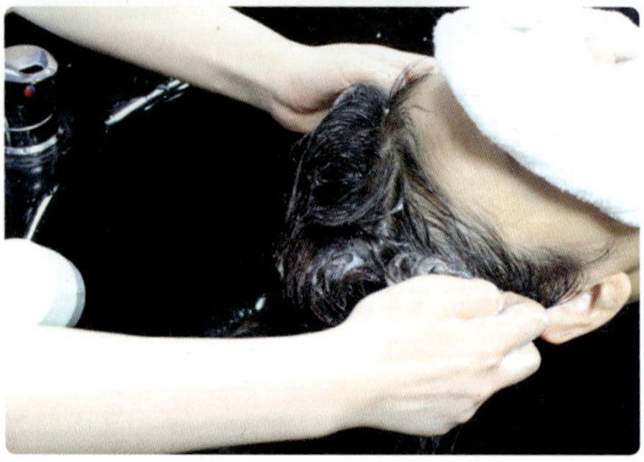

⑧ 거품 내기 : 측두부

- 샴푸 거품이 잘 생성될 수 있도록 측두부 부분을 시술자 손을 살짝 주먹을 쥔듯하여 손가락 마디로 굴리듯이 문지르면서 거품을 낸다.

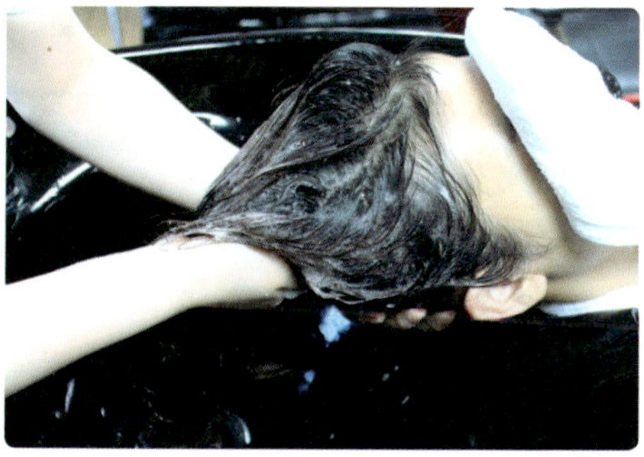

⑨ 거품 내기 : 후두부

- 샴푸(Shampoo) 거품이 잘 생성될 수 있도록 후두부 부분에 손가락을 넣어 목이 불편하지 않도록 하여 굴리듯이 문지른다.

3) 스캘프 머니플레이션(Shampoo Scalp Manipulation)

① 지그재그 마사지 : 전두부

- 전두부 헤어라인(Hairline) 앞쪽 C.P에서 T.P를 향해 양손을 깍지 끼우듯이 하여 3회 정도 지그재그 마사지한다.

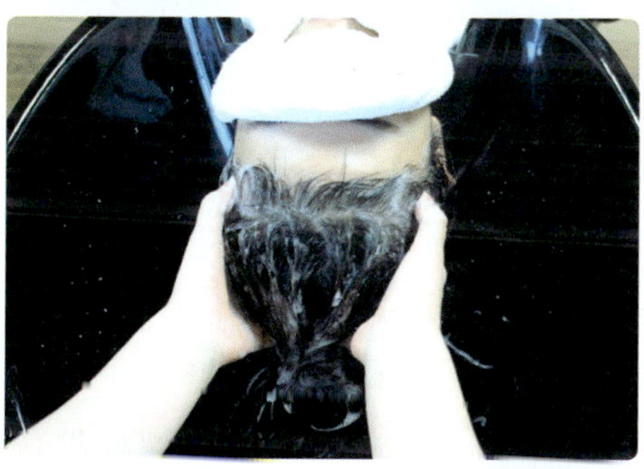

② 지그재그 마사지 : 측두부

- 측두부는 엄지손가락의 지두로 사이드 헤어라인에서 골든 포인트(Golden Point) 쪽으로 3회 정도 지그재그 마사지한다.

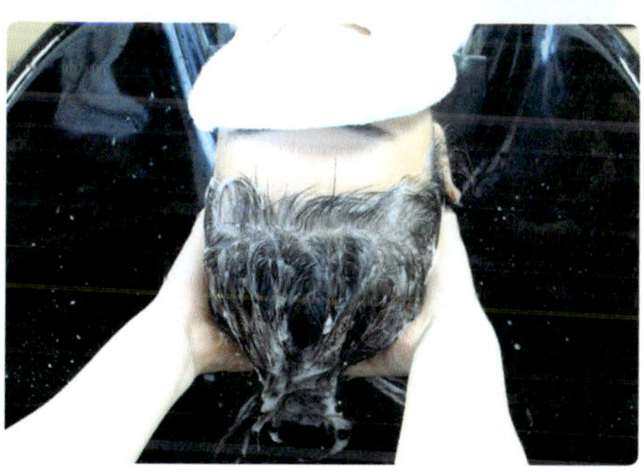

③ 지그재그 마사지 : 후두부

- 후두부 백 사이드(Back Side) 부분은 엄지손가락을 제외한 손가락의 지문을 이용하여 헤어라인에서 골든 포인트(Golden Point) 쪽으로 3회 정도 지그재그 마사지한다.

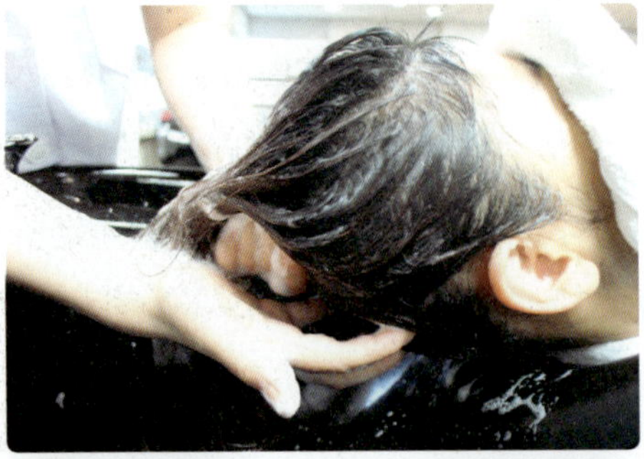

④ 지그재그 마사지 : 네이프 라인(Nape Line)

- 네이프 라인(Nape Line)은 왼손으로 두상을 지지하여 위로 살짝 들어 올린 후 후두부의 머리를 정리한 후 좌우로 지그재그로 림프 흐름을 고려하여 백(Back)쪽으로 지그재그 마사지한다.

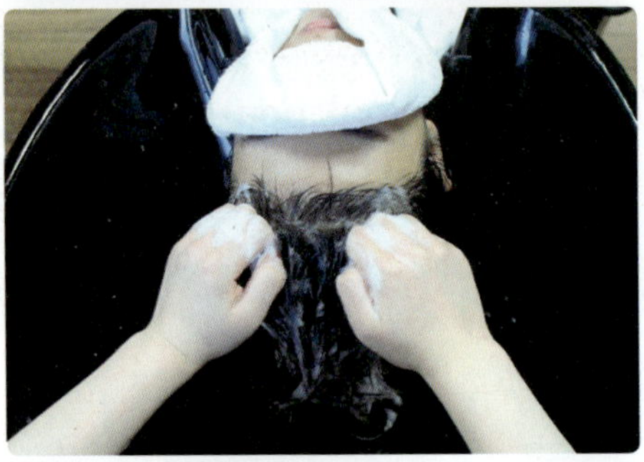

⑤ 두상 전체 긁어주기

- 손가락 관절을 이용하여 전두부, 측두부, 후두부 순으로 두상 전체를 긁어준다.

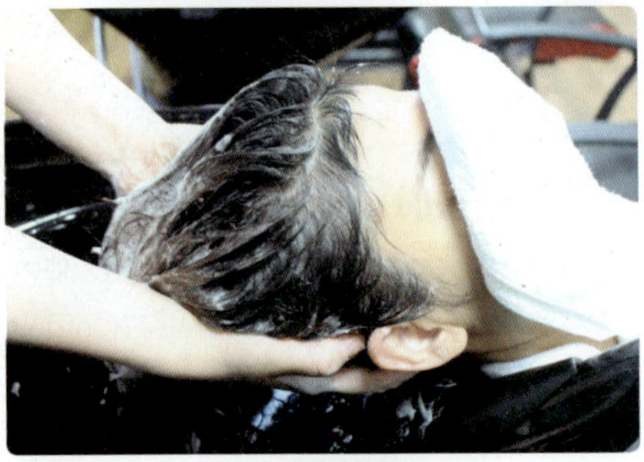

⑥ 긁어주기

- 후두부 부분은 네이프(Nape) 부분에서 백(Back) 부분 쪽으로 세로로 긁어준다.

⑦ 나선형으로 굴려주기

- 두상을 전체적으로 나선형을 그리듯이 시술자의 양 엄지손가락의 지문 부분으로 헤어라인(Hair Line) 부위를 굴려준다.

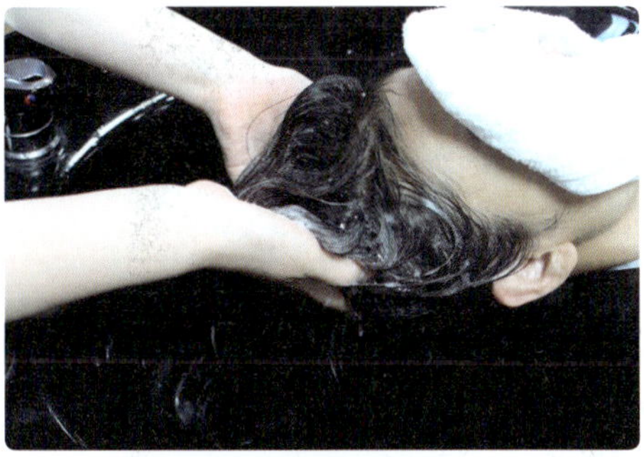

⑧ 두피 전체 굴려주기

- 시술자의 양 손가락 전체를 이용하여 두피 전체를 굴려준다.

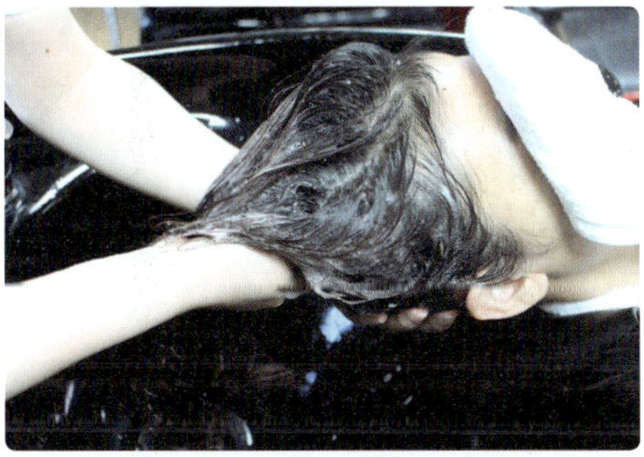

⑨ 긁어주기

- 네이프(Nape) 부분은 한 손은 모델의 목을 받쳐주고 한 손으로 네이프(Nape)를 가로로 긁어준다.

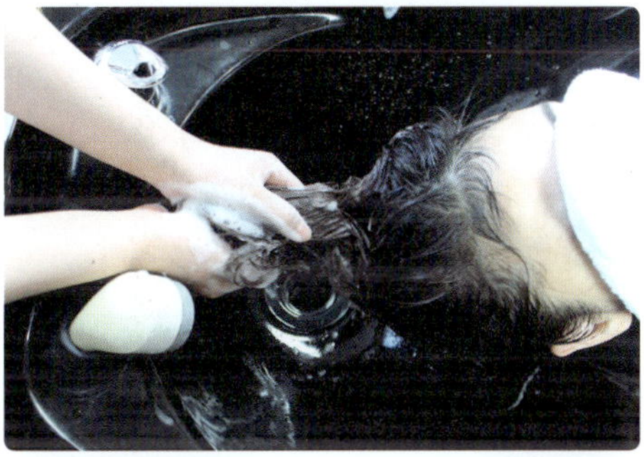

⑩ 거품 제거하기

- 모발을 전체적으로 조물조물하여 샴푸한 후 두상의 상단에서 모발 끝 부분을 향해 거품을 손으로 훑어 제거한다.

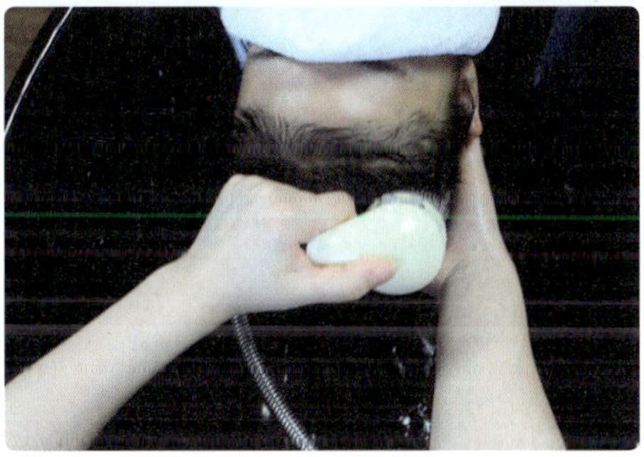

⑪ 헹구기 : 헤어라인(Hairline)

- 샴푸 테크닉(Shampoo Technic) 후 물 온도 확인 후 헤어라인 중앙에서 뒷부분으로 한 손은 호스를 한 손은 두피를 쓸면서 두피 사이사이 거품을 깨끗하게 헹궈낸다.

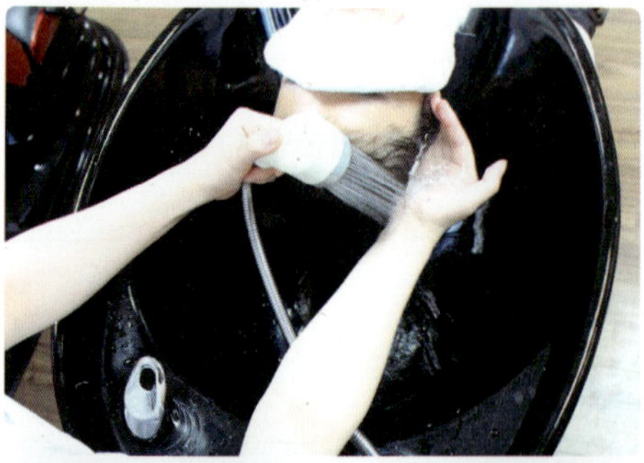

⑫ 헹구기 : 귀

- 귓속에 물이 들어가지 않도록 하여귀를 살짝 가리고 귀 위쪽의 샴푸제를 깨끗하게 씻어준다.

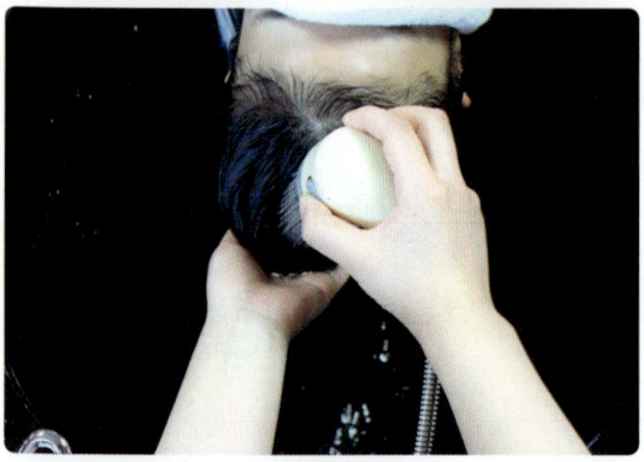

⑬ 헹구기 : 백(Bakc)

- 백(Bakc) 부분 헹굴 때 시술자 손에 물을 받은 후 네이프(Nape) 쪽으로 샴푸제를 쓸면서 깨끗하게 헹궈준다.

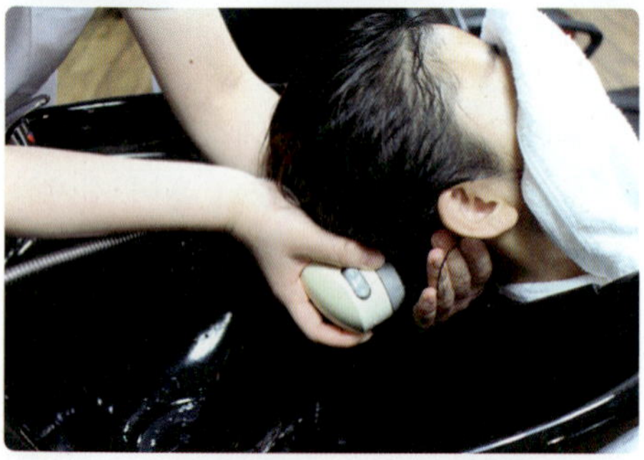

⑭ 헹구기 : 목 받치기

- 네이프(Nape) 부분은 한 손은 샤워 헤드를 잡고 한 손은 고객의 목을 받쳐준 후 물을 받아 두드리듯이 샴푸제를 쓸면서 깨끗하게 헹궈준다.

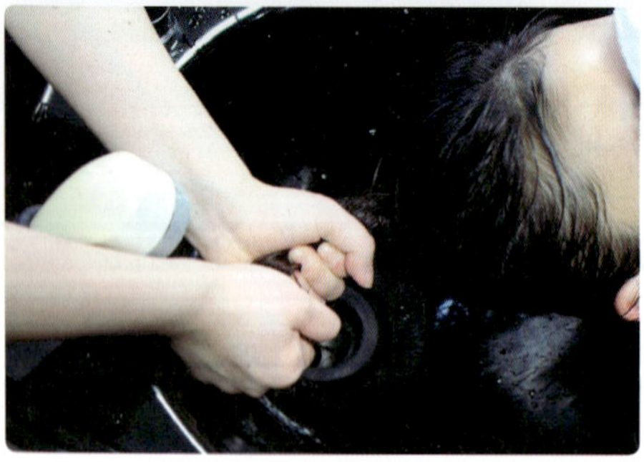

⑮ 물기 제거

- 헹굼이 끝난 후 모발의 물기를 손으로 짠다.

⑯ 컨디셔너(Conditioner)

• 모발의 수분을 꽉 짜준 후 컨디셔너를 손바닥에 덜어준다.

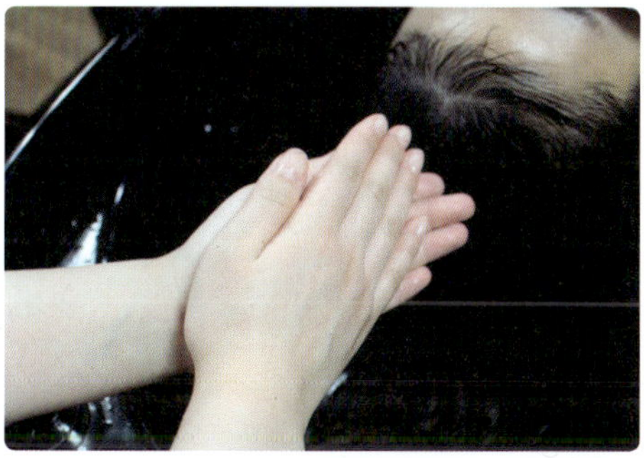

⑰ 도포 전 펴주기

• 손바닥에서 컨디셔너를 가볍게 비벼서 펴준다.

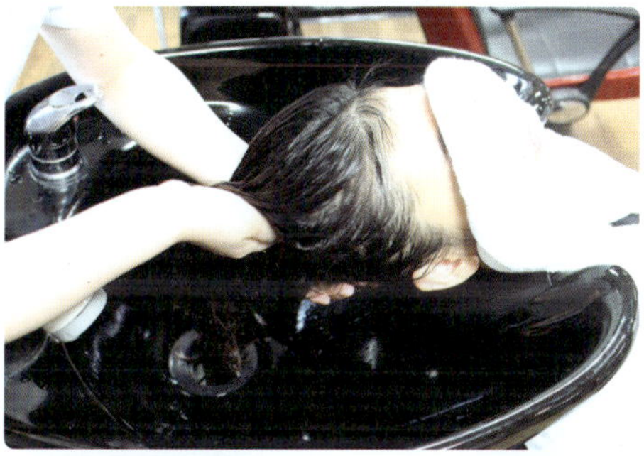

⑱ 도포하기

• 모발 끝 부분부터 가볍게 비비면서 두피에 닿지 않도록 하여 모발에 고르게 컨디셔너를 발라준다.

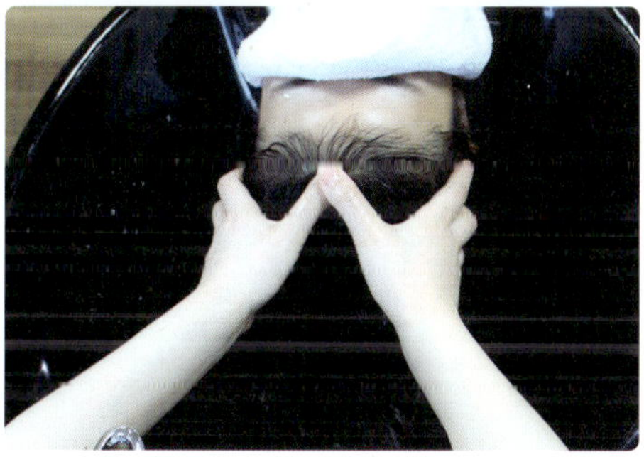

⑲ 혈점 : 신정

• 엄지손가락의 지문 부분을 이용해서 신정의 혈점을 지압하면서 천천히 뒤로 이동한다.

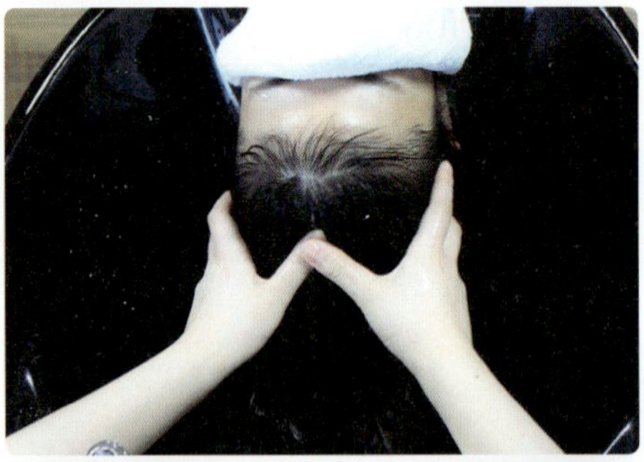

⑳ 백회 혈점으로 이동

- 엄지손가락의 지문 부분을 이용해서 신정에서부터 백회 쪽으로 천천히 지압하면서 뒤로 이동한다.

㉑ 혈점 : 백회

- 엄지손가락의 지문 부분을 이용해서 백회의 혈점을 지압하면서 천천히 뒤로 이동한다.

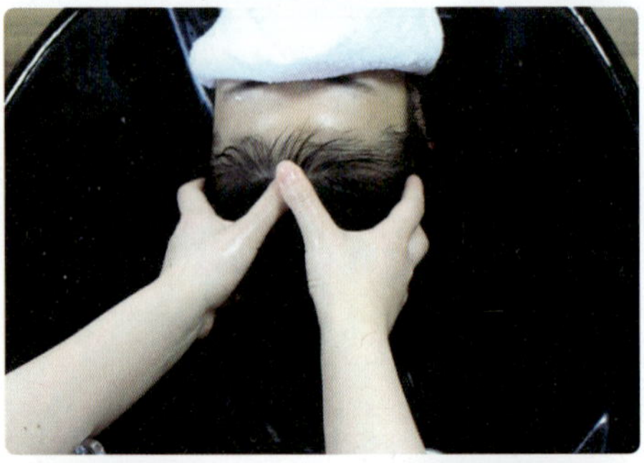

㉒ 페이스 라인(Face Line)

- 페이스 라인을 엄지손가락의 지문을 이용하여 신정의 혈점을 누른 후 관자놀이까지 원을 그리듯 혈점을 지압하면서 천천히 이동한다.

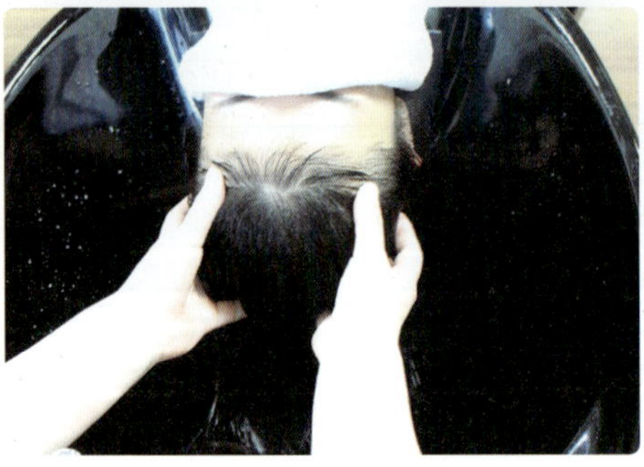

㉓ 혈점 : 두유

- 엄지손가락의 지문을 이용하여 두유의 혈점을 지압하여 귀쪽으로 원을 그리며 천천히 이동한다.

㉔ 귀 앞
- 엄지손가락의 지문을 이용하여 귀 앞 부분을 지압한다.

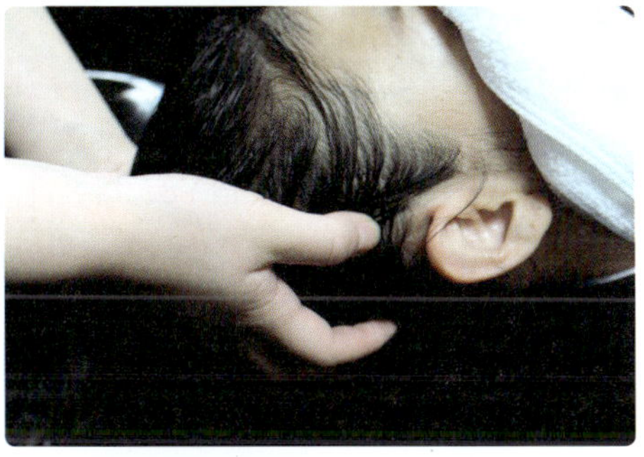

㉕ 귀 뒤로 이동
- 귀를 지압한 후 귀 주변을 따라 귀 뒤로 압을 누르면서 귀 뒤로 이동한다.

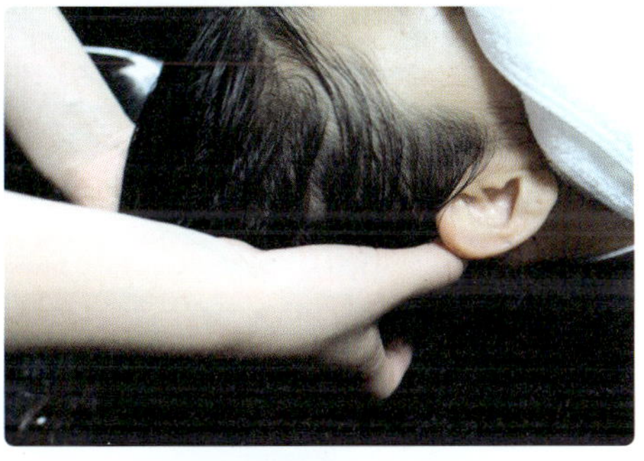

㉖ 귀 뒤
- 엄지손가락의 지문을 이용하여 귀 뒤 부분을 지압한다.

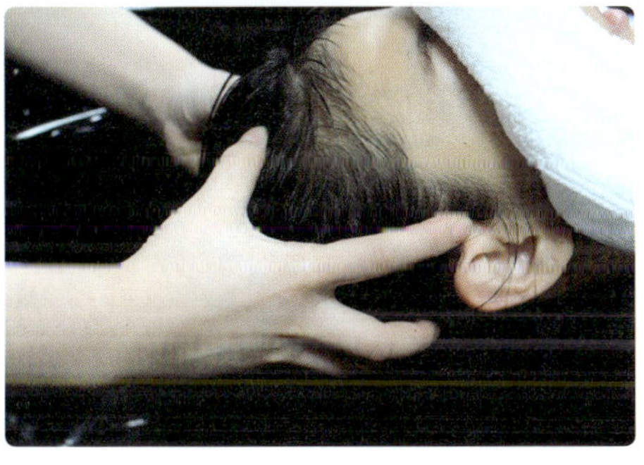

㉗ 굴리기 1
- 엄지손가락을 제외한 나머지 손가락을 측두부에 밀착하여 손가락을 굴리듯하여 백회쪽으로 압을 주면서 이동한다.

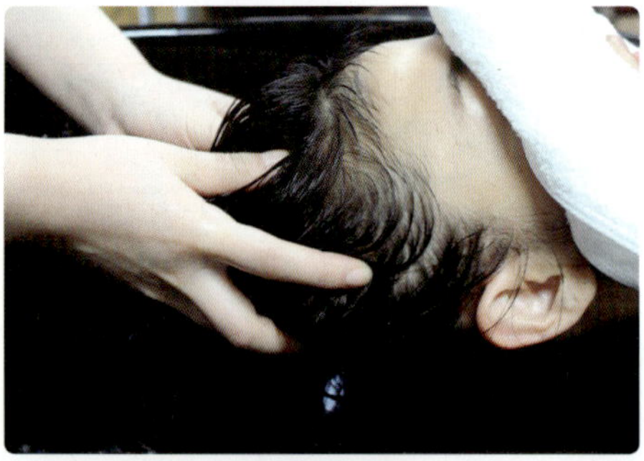

㉘ 굴리기 2

• 귀 윗부분에서 같은 방법으로 백회부위에 손가락을 굴리면서 압을 준다.

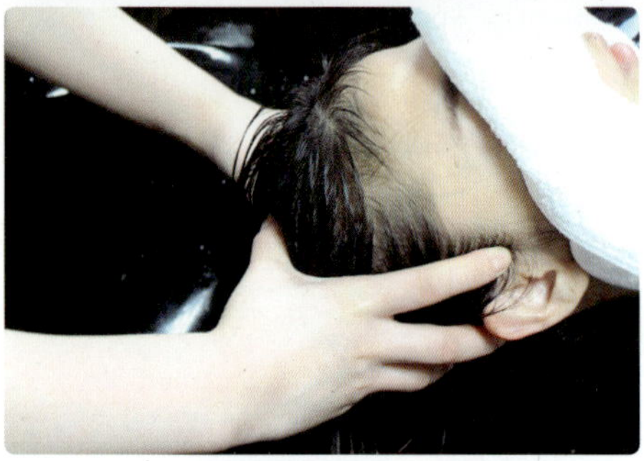

㉙ 리프트 업(Lift Up)

• 엄지손가락은 백회를 지지하고 나머지 손가락은 측두부에서 양손에 압을 주면서 끌어 올리듯이 리프트 업한다. 이때 모발이 당겨지지 않도록 주의하여 고객이 불편하지 않도록 한다.

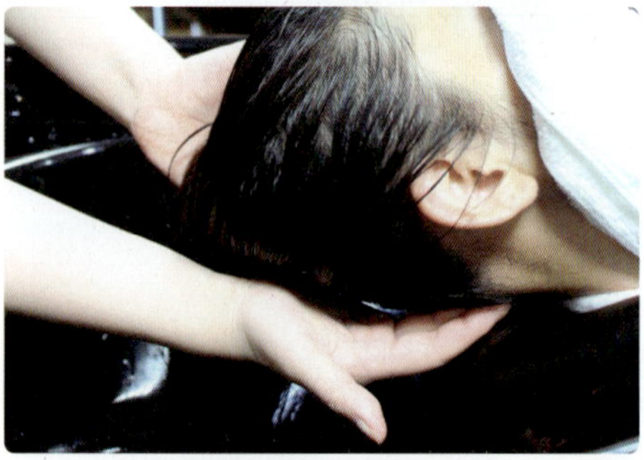

㉚ 아문혈

• 고객의 두상을 들어 올려 시술자의 네이프(Nape) 부분에 손가락이 오도록 손의 중지를 이용하여 아문혈을 지압한다.

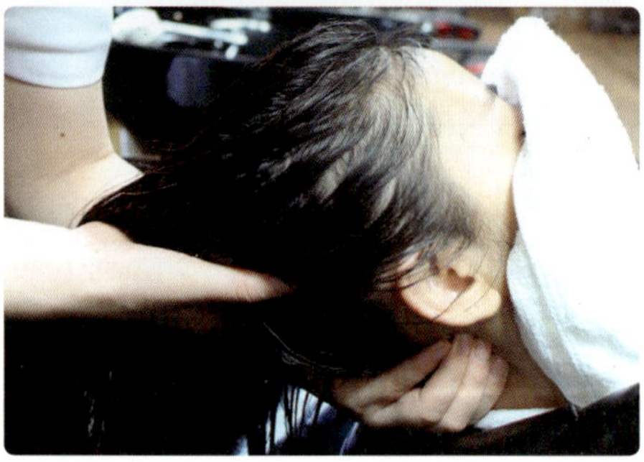

㉛ 목 주무르기 1

• 시술자의 한 손은 고객의 두상을 받치고 한 손은 목 부분을 주물러 준다.

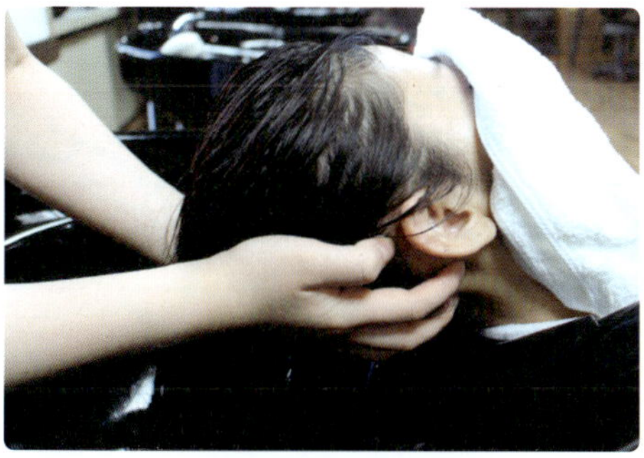

㉜ 목 주무르기 2

- 고객의 두상을 들어 올려 네이프(Nape) 부분에 시술자의 손가락이 오도록 하여 시술자의 양손 위에 두상을 얹은 후 검지, 중지, 약지, 소지를 지긋이 네이프 라인(Nape Line)에 압을 준다.

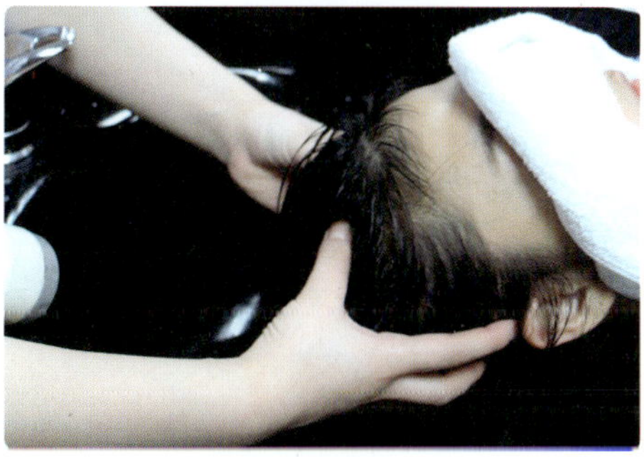

㉝ 원 그리기

- 네이프 라인에서 손가락에 원을 그리면서 탑(Top) 쪽으로 올라간다.

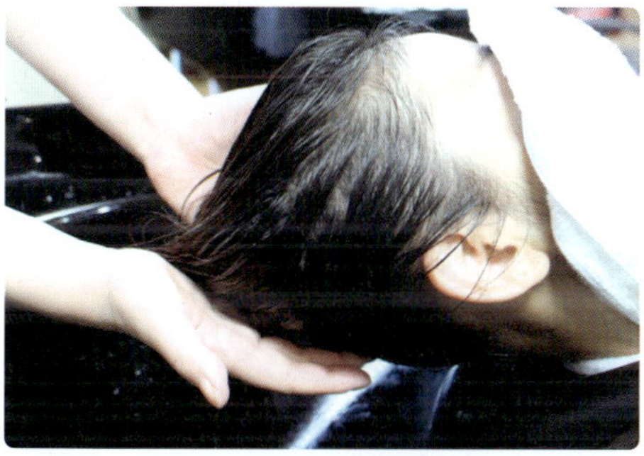

㉞ 쓸기

- 네이프(Nape) 부분에 두상을 감싸듯 시술자의 손바닥에 올린 후 손가락에 압을 주면서 탑(Top)쪽으로 쓸면서 한 손씩 뗀다.

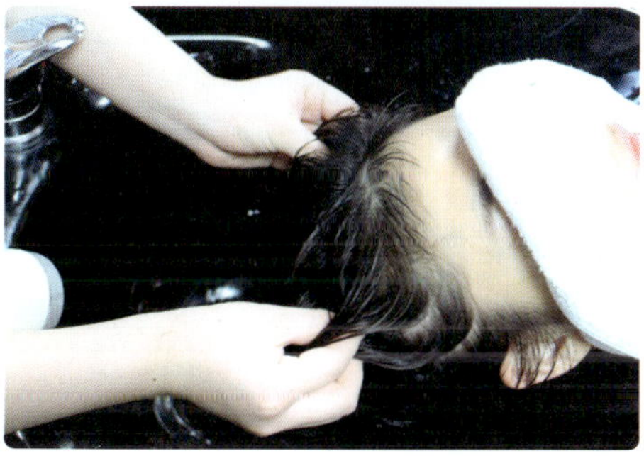

㉟ 튕기기

- 시술자의 손가락 지문으로 고객의 두피를 전체적으로 튕겨준다.

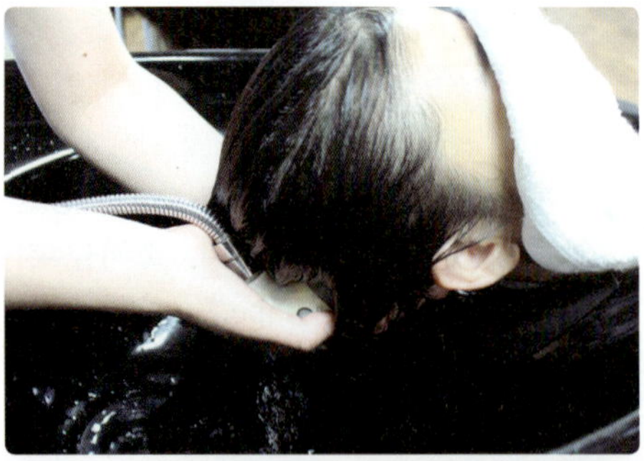

㊱ 헹구기

• 컨디셔너(Conditioner)가 남아있지 않도록 전체적으로 깨끗하게 헹궈준다.

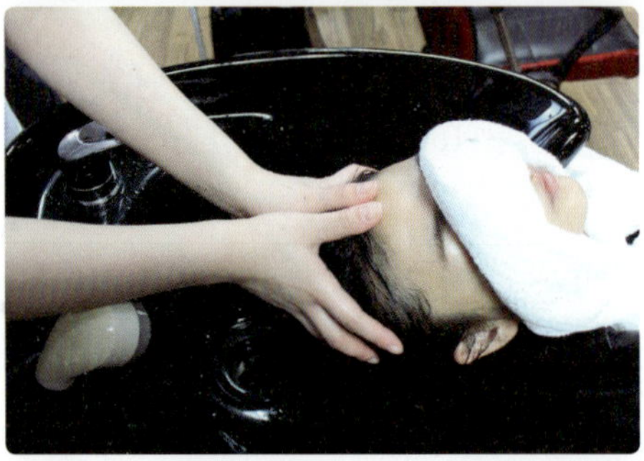

㊲ 헤어라인(Hairline) 닦기

• 손을 깨끗하게 씻은 후 손가락을 이용하여 헤어라인을 닦아준다.

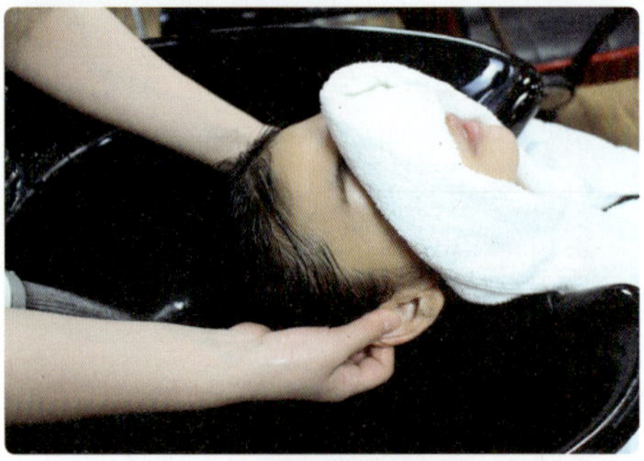

㊳ 귓불 닦기

• 손을 깨끗하게 씻은 후 손가락을 이용하여 귓볼을 닦아준다.

㊴ 목 닦기

• 시술자의 손으로 목덜미를 받치면서 고객의 목덜미를 닦아준다.

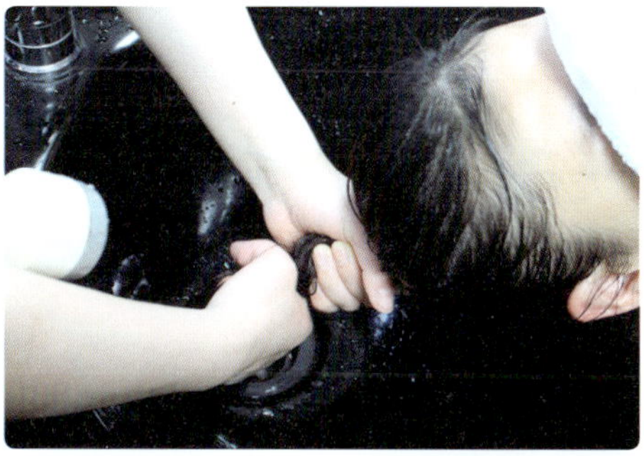

㊵ 물기 제거

• 두피를 전체적으로 모발 쪽으로 쓸어 준 후 모발의 물기를 제거해준다.

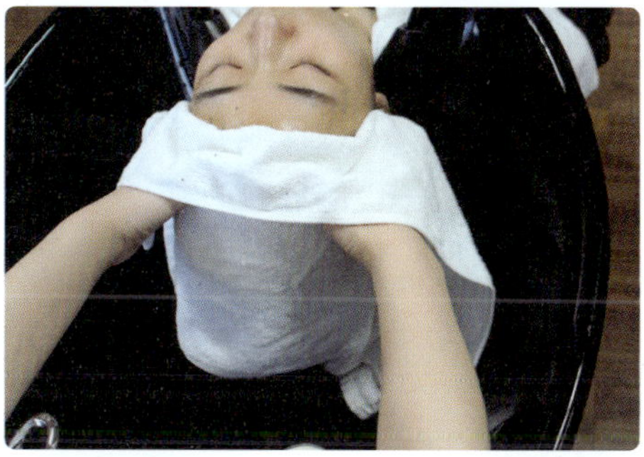

㊶ 수건 물기 제거 1

• 수건을 사용하여 페이스 라인(Face Line), 귓바퀴와 귀속 목 부분까지 깨끗하게 닦아준다.

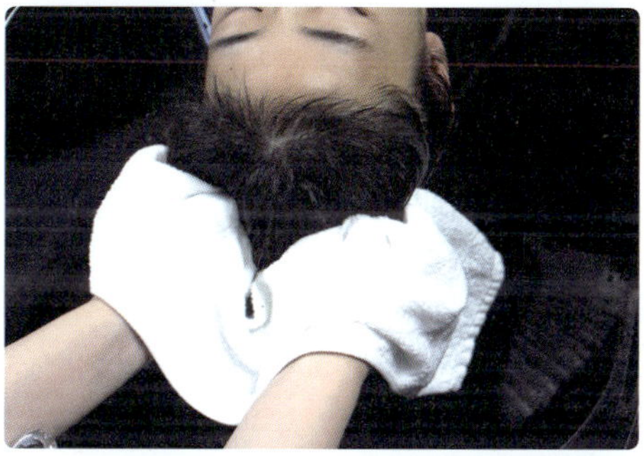

㊷ 수건 물기 제거 2

• 수건을 사용하여 두피의 물기를 제거해준다.

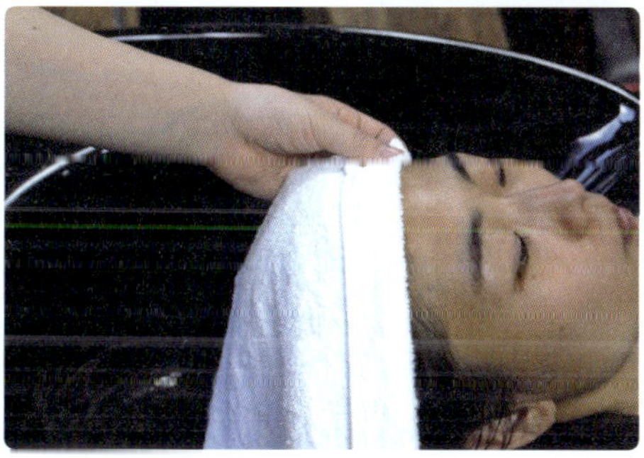

㊸ 수건 감싸기

• 헤어라인(Hairline)을 따라 텐션감 있게 수건을 감싼다.

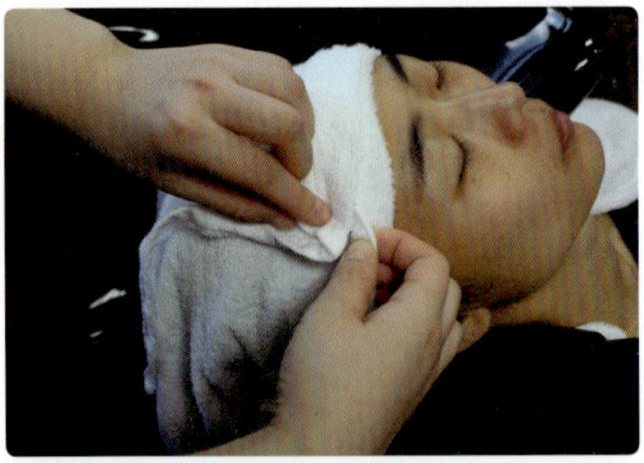

⑷ 수건 고정 1

- 수건을 두피에 감싼 후 잘 고정시킨 후 수건 끝 부분을 말아 고정시킨다.

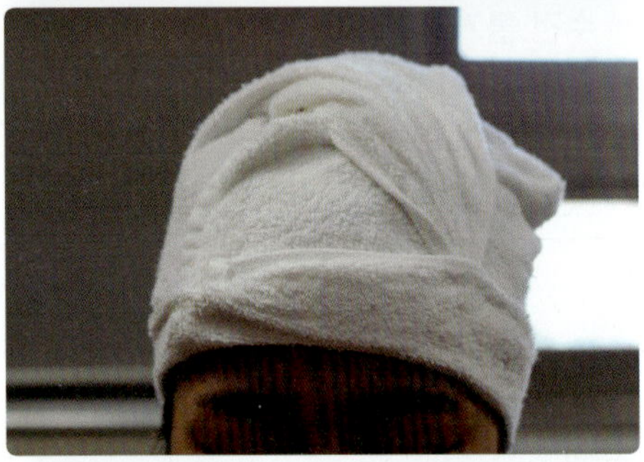

⑸ 수건 고정 2

- 모발이 빠져나오지 않도록 모발을 감싸서 수건을 고정시킨다.

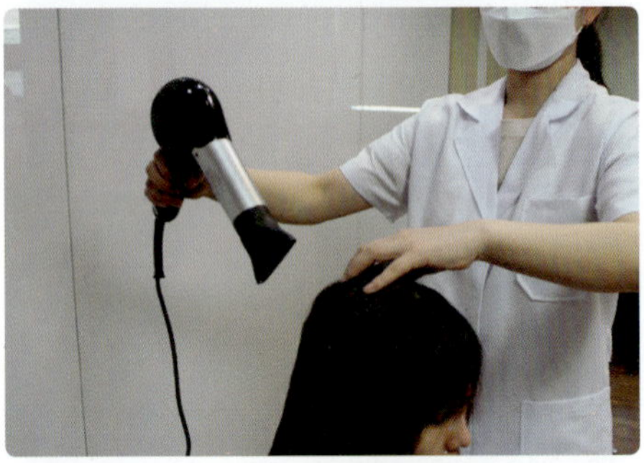

⑹ 건조

- 두피 위주로 건조시킨 후 모발을 건조시킨다.

⑺ 슬라이스(Slice)

- 모발의 영양을 공급해주기 위해 슬라이스(Slice)가 크지 않도록 1~1.5cm 간격으로 슬라이스한다.

㊽ 에센스(Essence) 도포

- 두피에 잘 도포될 수 있도록 모발이 뜨지 않도록 살짝 눌러 준 후 에센스를 두피에 꼼꼼하게 도포한다.

6. 두피 매뉴얼 테크닉(Scalp Manual Technic)

1. 두피 마사지(Scalp Massage)의 정의 및 효과

두부와 경부의 혈관과 신경 근육에 따라 손을 두발 밑에 넣어서 손가락의 완충면이 두피에 직접 닿도록 하여 두부 전체를 마사지하는 것으로 신진대사를 원활하게 하고 두부와 경부의 근육을 이완시키고 피지선 자극으로 두피의 혈액순환을 촉진시켜 두부의 기능을 정상화시켜 모발의 상태를 좋게 하여 다양한 질환을 개선시킨다.

스트레스(Stress)나 피로, 분노 등은 두부와 경부의 긴장을 일으키고 근육을 긴장시켜 혈액순환 및 신진대사 장애로 탈모의 원인이 된다. 마사지(Massage)는 손길에 의한 치유로 두피 마사지(Scalp Massage)의 효과는 긴장된 어깨와 목, 상박의 근육을 이완시켜 두피근육으로 가는 혈행을 도와 두피 기능을 정상화시키는 효과라고 할 수 있다.

특히, 스트레스(Stress)로 인한 목이나 어깨의 긴장은 마사지(Massage)를 통해 즉시 이완이 가능하며 림프순환(Lymphatic Circulation)을 통해 긴장된 근육의 독소를 제거하고, 혈액순환을 향상시켜 신체의 움직임을 유연하게 하여 긴장된 근육을 회복시킨다. 마사지(Massage)는 긴장된 근육을 이완시켜 긴장을 풀어주는 효과와 함께 마사지 시 진행되는 깊은 호흡은 인체의 이산화탄소 배출과 산소 공급으로 인체의 기능을 정상화시킨다. 족욕(Foot Spa)과 발 마사지(Foot Massage) 병행 시 근육을 더욱 릴렉스(Relax) 시켜 두피관리에 더 효과적이다.

1) 두피 마사지(Scalp Massage)의 목적 및 효과

① 비듬 제거 및 방지하여 두피의 생장환경을 개선한다.

② 림프(Lymphatic) 및 혈액순환들의 순환기계를 개선한다.

③ 두피의 혈액순환을 촉진시켜 영양공급이 원활하게 이루어져 모발성장을 개선한다.

④ 자율신경계통인 긴장된 교감신경을 안정시키고, 부교감신경을 자극하여 스트레스(Stress)를 경감시켜 자율신경을 안정화시킨다.

⑤ 두피를 청결히 하고, 정상적인 각화작용을 하도록 한다.

⑥ 두피에 유분 및 수분을 공급한다.

⑦ 탈모를 방지하고 모발의 발육을 촉진한다.

2. 두피 마사지(Scalp Massage) 방법

1) 두피 마사지(Scalp Massage) 기본동작

① 경찰법(쓰다듬기, Effleurage, Stroking)

'쓰다듬다'라는 뜻으로 처음과 마지막에 시행하며 모류 흐름에 따라 쓰다듬으면서 긴장과 흥분을 안정화 시켜주는 동작으로 두피를 천천히 가볍게 연속적으로 쓰다듬는 연속적인 동작의 마사지이다. 자율신경계에 영향을 미쳐 긴장완화 작용을 하고, 림프(Lymphatic) 순환과 혈액순환을 촉진시켜 두피와 모발에 영양을 공급한다.

② 강찰법(문지르기, 마찰하기, Friction)

'문지르다, 마찰하다'라는 뜻으로 샴푸 시 두피에 청량감을 위하여 샴푸(Shampoo)나 토닉(Tonic) 등을 골고루 도포 후 원을 그리듯이 두피를 강하게 문지르는 방법이다. 두피에 자극을 주어 순환 회복과 피로에 도움을 주며, 근육을 이완시켜 신진대사를 촉진하고, 두피의 노폐물 및 독소를 제거하는 데 효과가 있다.

③ 유연법(주무르기, 반죽하기, Patrissage)

'주무르다, 반죽하다'라는 뜻으로 두피를 주물러서 피로를 회복하는 방법으로 근육 및 순환 방향에 따라 진행하며 두피 관리 시 센터 파트(Center Part)를 향하여 당겨주는 방법이다. 두피의 노폐물을 없애주고 두피 근육과 탄력성 강화에 효과가 있다. 또한, 림프(Lymphatic)순환과 혈액순환을 촉진시켜 두피와 모발 건강을 유지시켜 준다. 유연법은 강한 유연법과 압박 유연법이 있다.

④ 고타법(두드리기, Tapotement)

'두드리다'라는 뜻으로 양손으로 피부 및 근육을 가볍게 두드리거나 때리는 방법으로 가볍고 짧게 두드리는 기법은 신경과 근육의 기능을 높이며, 강한 두드림으로 길게 두드릴 때는 신경이나 근육의 기능을 억제하는 작용을 한다. 즉, 근육의 수축력을 증가시키고 두피의 혈관운동신경에 작용하여 혈액순환과 신진대사를 원활하게 정상화시키고 근육을 이완시키는 효과가 있다.

고타법은 손의 옆면을 사용해서 두드리는 태핑(Tapping), 손바닥 전체를 사용해서 두드리는 슬래핑(Slapping), 손을 오목하게 컵처럼 만들어 두드리는 커핑(Cupping), 손의 바깥 측면과 손목으로 두드리는 해킹(Hacking), 주먹을 살짝 쥔 상태로 두드리는 비팅(Beating)기법이 있다.

⑤ 진동법(떨기, Vibration)

'떨다'라는 뜻으로 양 손을 두피에 대고 팔에 힘을 준 뒤 팔꿈치를 편 채 떨어서 두피와 하부조직에 진동이 전해지게 하는 방법이다. 진동법은 빠르고 고른 진동을 주어 지각신경에 쾌감을 주며, 혈액순환을 촉진시키고 두피 근육의 진정과 긴장 이완에 도움을 주어 경련과 마비에 효과가 있다.

3. 두피 마사지 테크닉(Scalp Massage Technic)

1) 두피 마사지(Scalp Massage) 근육과 혈점

두피 모발의 건강은 두피 이외의 두피 주변의 근육과 관련이 깊으므로 두피 관리 마사지(Massage) 시 두피 주변의 근육 이완으로 정상적인 신진대사, 림프(Lymphatic)순환과 혈액순환을 촉진시켜 두피로의 혈행을 원활하게 하는 것이 중요하다. 그러므로 경부, 어깨근육의 승모근, 두판상근, 흉쇄유돌근, 삼각근 등의 근육의 긴장을 완화시키고, 혈점을 자극하여 두피관리의 효과를 극대화 해야 한다.

2) 두피 마사지(Scalp Massage) 순서

① **상담 및 진단** : 두피와 관련된 건강 상태와 정보를 상담하고, 정확한 진단을 하여 두피의 유형에 맞는 관리를 선택한다.

② **브러싱**(Brushing) : 모발의 손상을 예방하고 관리를 용이하게 하기 위해 모발을 정돈하고 노폐물을 제거한다.

③ **스케일링**(Scaling) : 두피 호흡과 배설의 작용을 원활하게 하여 청결하게 하고, 분비 기능과 신진대사 기능을 정상화시켜 혈액순환을 촉진시켜 주며, 제품의 흡수를 도와준다.

④ **샴푸**(Shampoo) : 두피, 모발 유형에 맞는 샴푸제를 이용하여 잔류하고 있는 이물질을 제거한다.

⑤ **트리트먼트**(Treatment) : 손상된 두피, 모발에 영양을 공급해 준다.

⑥ **매뉴얼 테크닉**(Manual Technic) : 다양한 기법으로 두피 전체를 마사지하여 두부의 기능을 정상화시키고, 모발의 상태를 좋게 하여 질환을 개선시킨다.

⑦ **마무리** : 토닉(Tonic)으로 진정시키고 모발 에센스(Essence)를 꼼꼼하게 발라 마무리한다.

3) 목 스트레칭(Neck Stretching)

① 재료 준비

- 수건

② 어깨보

- 고객의 어깨에 수건이나 어깨보 등을 감싸준다.

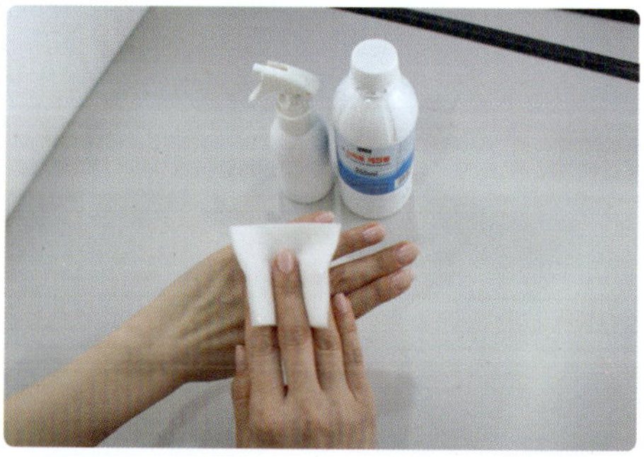

③ 소독

- 70% 알코올(Alcohol)을 이용하여 손 소독을 실시한다.

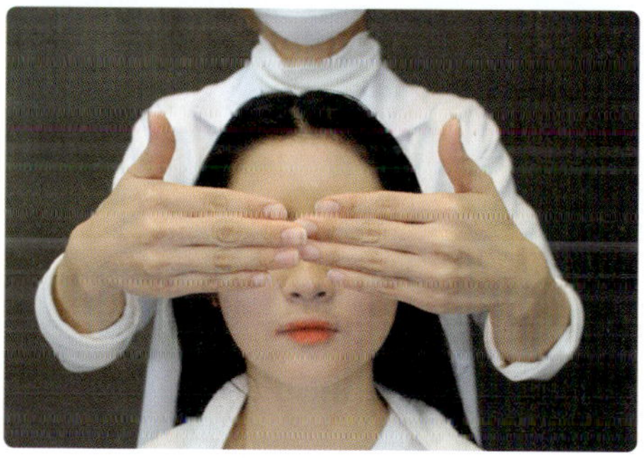

④ 릴렉스(Relax) 1

- 고객의 안정감을 위해 관리자의 손을 비벼서 관리사의 양손을 모아 눈에서 3초 머문다.

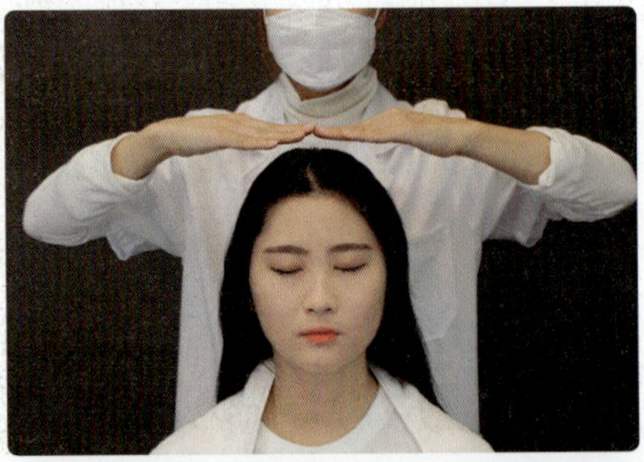

⑤ 릴렉스(Relax) 2

- 관리자의 양손을 고객의 머리 위쪽으로 이동하여 올라가서 백회(百會)에서 3초 머문다.

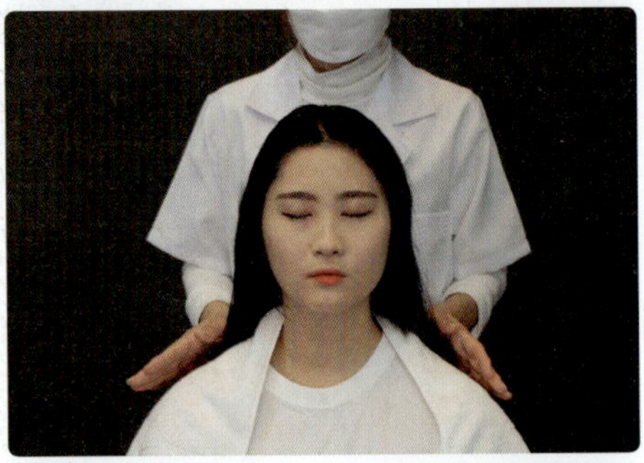

⑥ 릴렉스(Relax) 3

- 관리자의 양손을 고객의 어깨 위에서 3초 머문다.

⑦ 흉쇄유돌근(목빗근) 스트레칭

- 흉쇄유돌근을 이완시켜주는 동작으로 고객의 두상을 두 손으로 잡는다.

⑧ 이완 1

- 얼굴을 오른쪽으로 살짝 45° 방향으로 돌린 후 고객의 왼쪽 어깨에 관리자의 한 손은 어깨에 다른 손은 머리 측면에 두고 이완을 위해 두상을 가볍게 누른다.

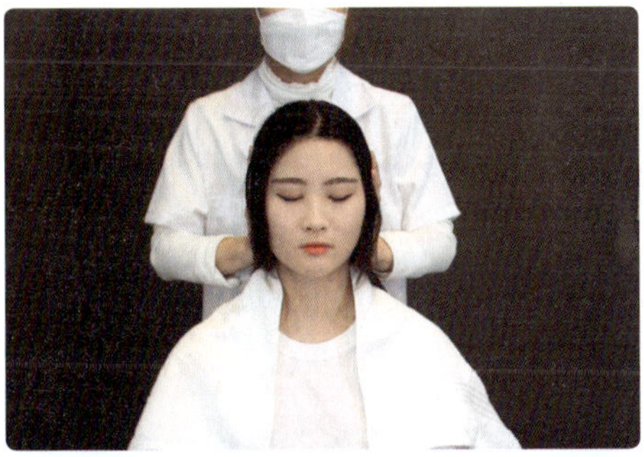

⑨ 이완 2

- 반대쪽도 동일한 방법으로 시술 후 고객의 머리를 정면으로 돌려준다.

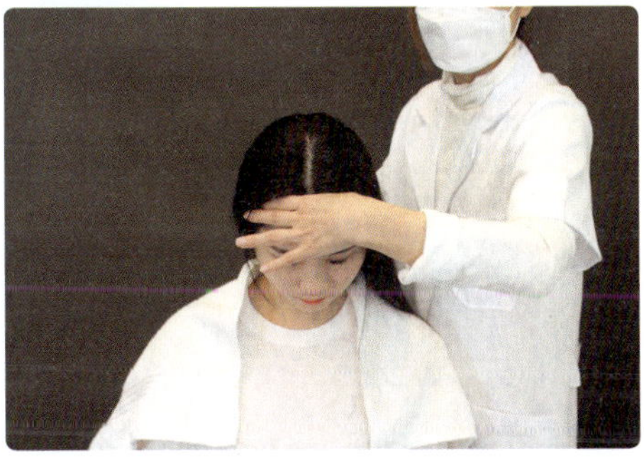

⑩ 스트레칭(Stretching) : 앞

- 목을 앞으로 숙여서 스트레칭 해준다. 이때 고객의 머리가 갑자기 떨어지지 않도록 한 손은 고객의 이마에서 머리를 받쳐주고 한 손은 방향성인 앞으로 밀어준다.

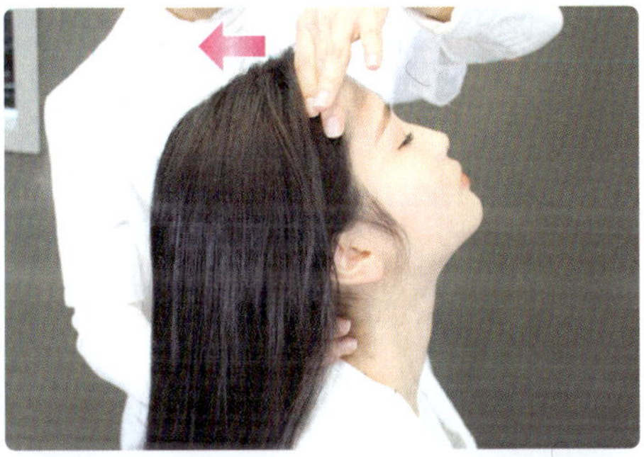

⑪ 스트레칭 : 뒤

- 목을 뒤로 숙여서 스트레칭 해준다. 이때 고객의 머리가 갑자기 떨어지지 않도록 한 손은 고객의 뒤쪽인 아문(瘂門)혈점을 눌러주면서 받쳐주고 한 손은 이마에 두고 방향성인 뒤로 밀어준다.

⑫ 스트레칭 : 정면

- 목을 정면에 오도록 한다.

4) 어깨 풀어주기

① 승모근 주무르기

- 승모근을 가볍게 엄지 손가락은 뒤쪽에서 누르고 나머지 4손가락은 앞쪽을 잡은 후 가볍게 주무른다.

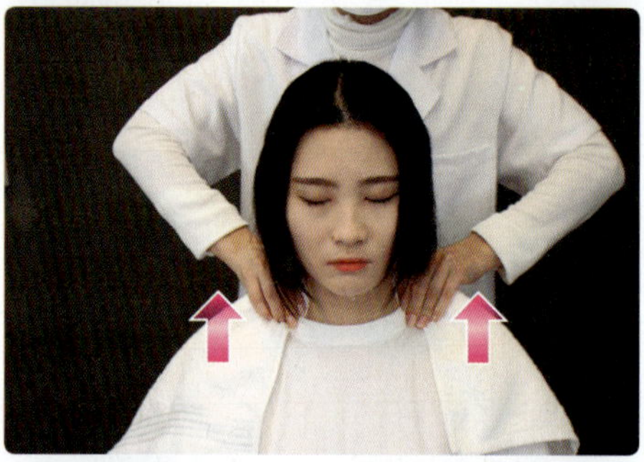

② 승모근 들었다 놓기

- 승모근을 시술자의 손가락으로 감싸서 가볍게 들었다가 놓는다.

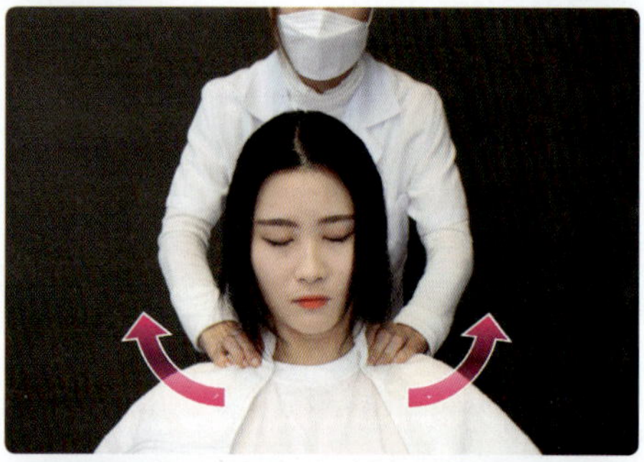

③ 승모근 당기기

- 시술자의 엄지손가락은 뒤쪽에서 누르고 나머지 4손가락은 앞쪽을 잡은 고객의 승모근을 시술자의 방향으로 가볍게 끌듯이 잡아당긴다.

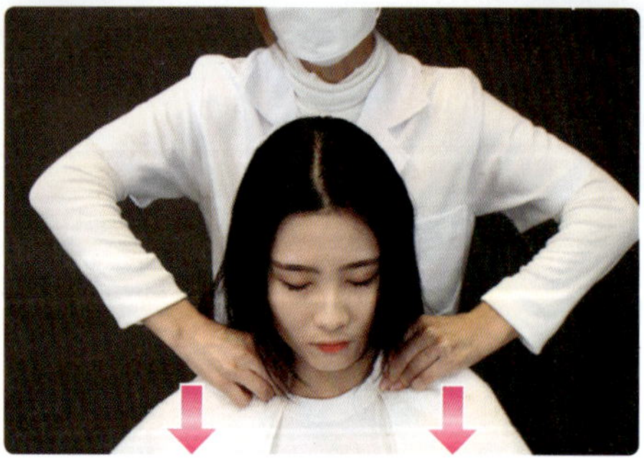

④ 승모근 앞으로 밀기

- 시술자의 엄지손가락은 뒤쪽에서 누르고 나머지 4손가락은 앞쪽을 잡아 고객의 승모근을 앞쪽으로 가볍게 밀어준다.

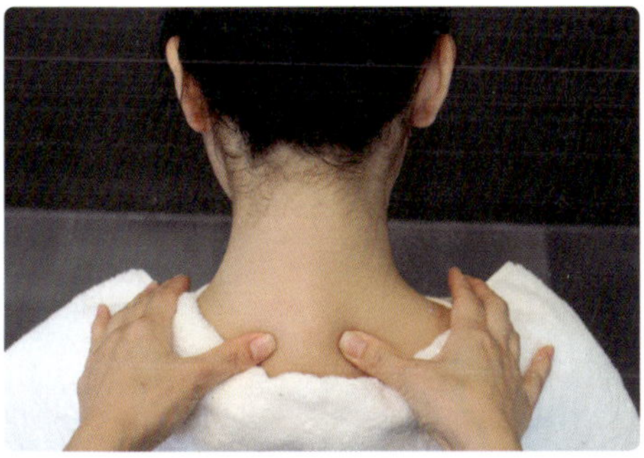

⑤ 혈점 : 견중수(肩中兪)

- 시술자의 엄지 손가락으로 견중수 혈점을 가볍게 누른다.

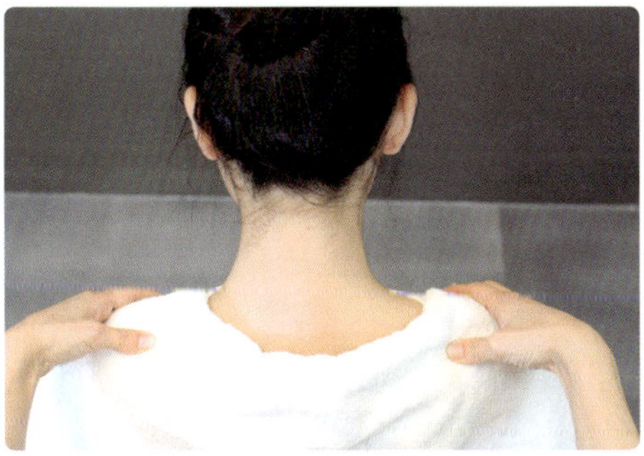

⑥ 견정(肩井)

- 시술자의 엄지손가락으로 견정을 가볍게 누른다.

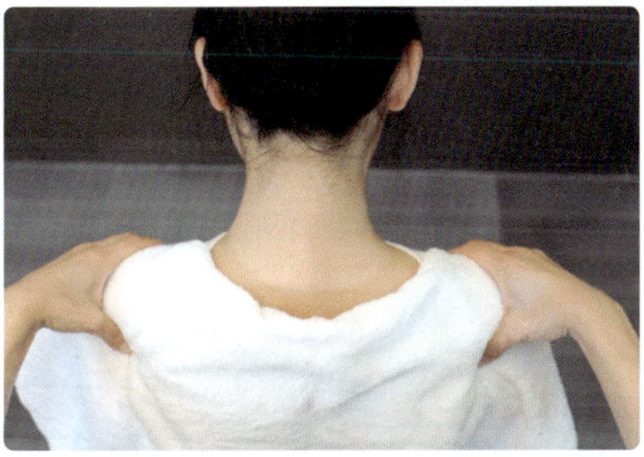

⑦ 견료(肩髎)

- 시술자의 엄지손가락으로 견료를 가볍게 누른다.

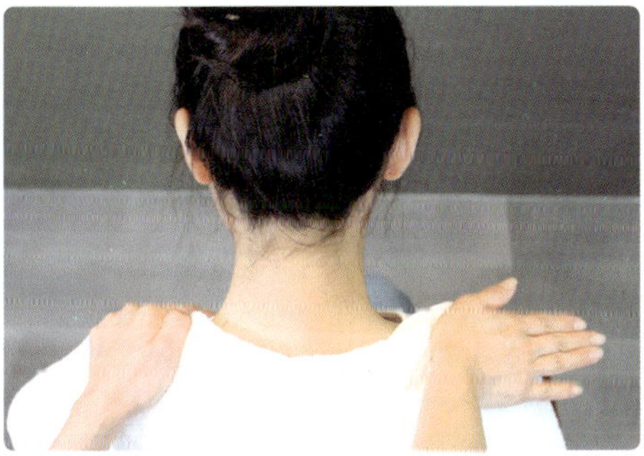

⑧ 승모근을 수근부로 눌러주기

- 혈점을 눌렀던 부분의 이완을 위해 시술자의 수근으로 승모근을 누르면서 어깨 끝으로 쓸면서 눌러준다.

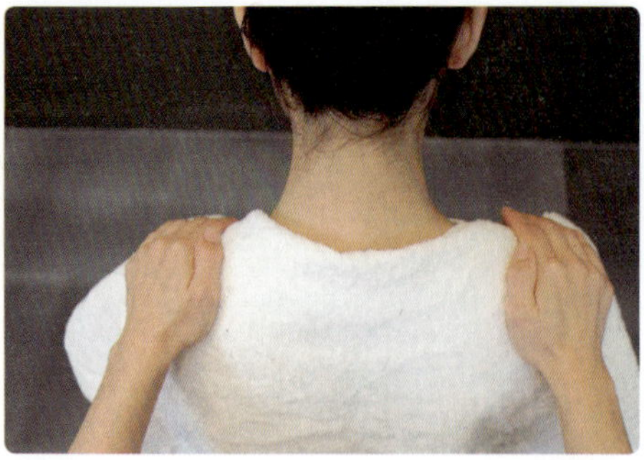

⑨ 마무리

- 시술자의 손바닥으로 고객의 어깨를 쓰다듬어 준다.

5) 등 마사지(Massage) : 기립근 및 견갑골 마사지

① 재료 준비

- 수건
- 핀셋

② 어깨보

- 고객의 어깨에 수건이나 어깨보 등을 감싸준다.

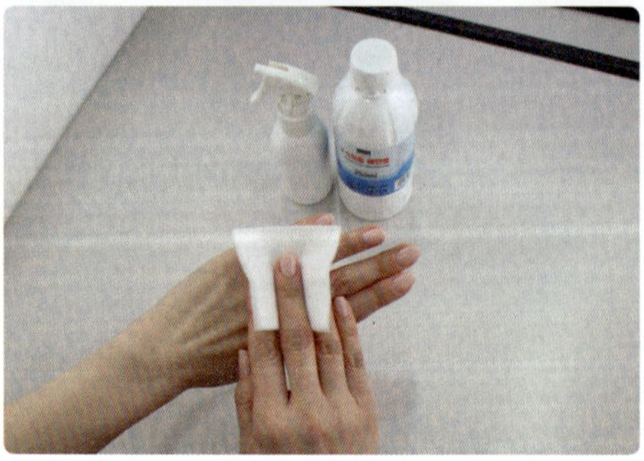

③ 소독

- 70% 알코올(Alcohol)을 이용하여 손 소독을 실시한다.

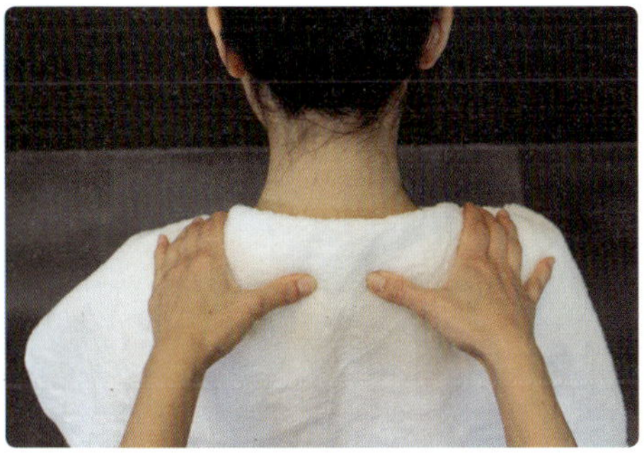

④ 혈점 : 풍문(風門)

- 시술자의 엄지손가락을 이용해 고객의 등 척추를 따라 혈점 풍문을 지압해서 내려온다.(3회 정도 누른다)

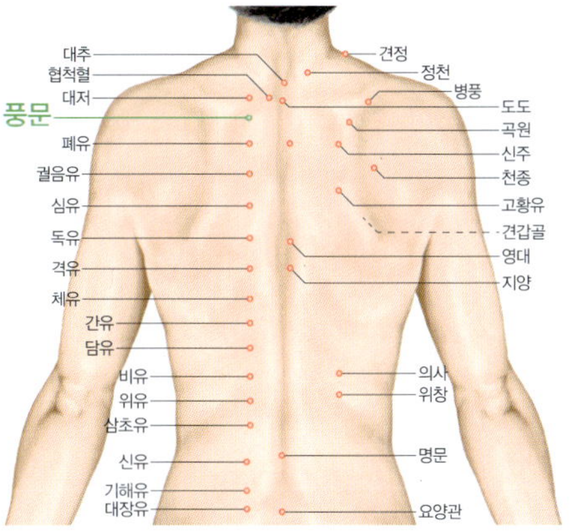

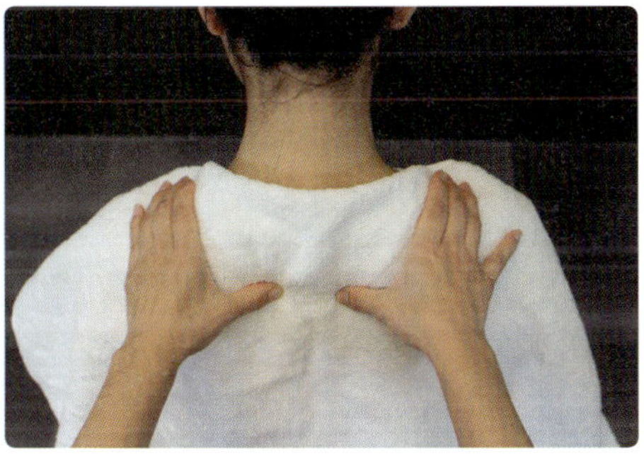

⑤ 혈점 : 폐유(廢油)

- 시술자의 엄지손가락을 이용해 고객의 등 척추를 따라 혈점 폐유를 지압해서 내려온다.(3회 정도 누른다)

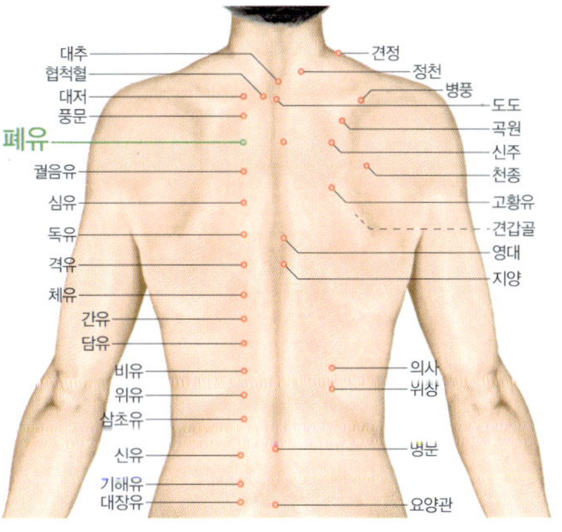

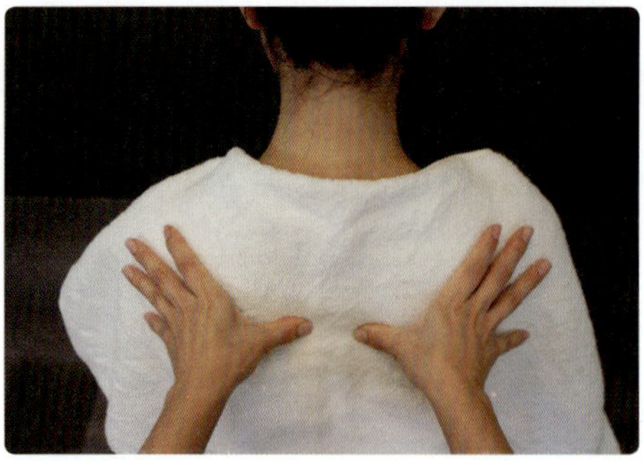

⑥ **혈점 : 궐음유(厥陰俞)**

- 시술자의 엄지손가락을 이용해 고객의 등 척추를 따라 혈점 궐음유을 지압해서 내려온다.(3회 정도 누른다)

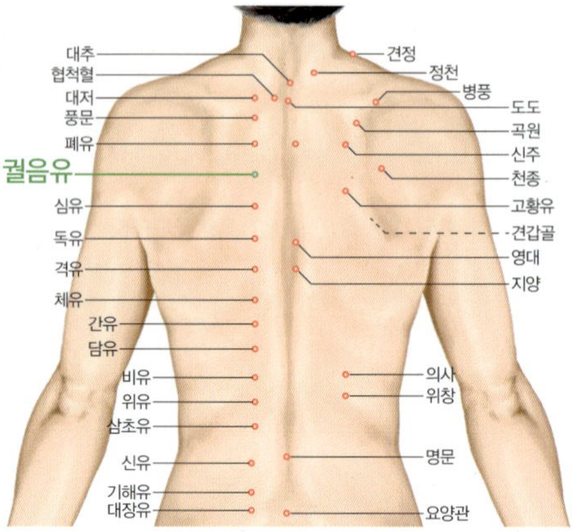

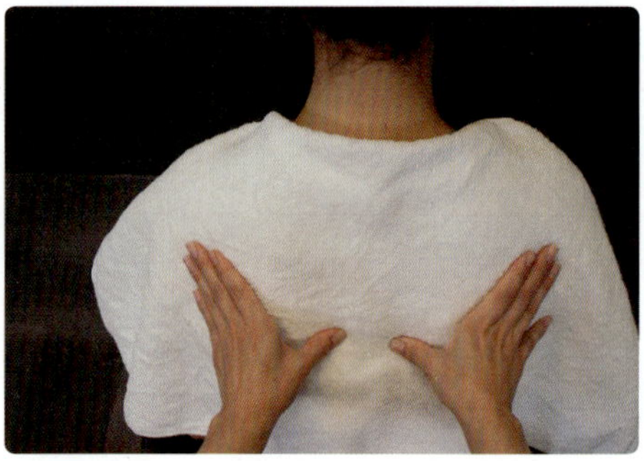

⑦ **혈점 : 심유(心俞)**

- 시술자의 엄지손가락을 이용해 고객의 등 척추를 따라 혈점 심유를 지압한다.(3회 정도 누른다) 기립근을 전체적으로 2회 반복 진행한다.

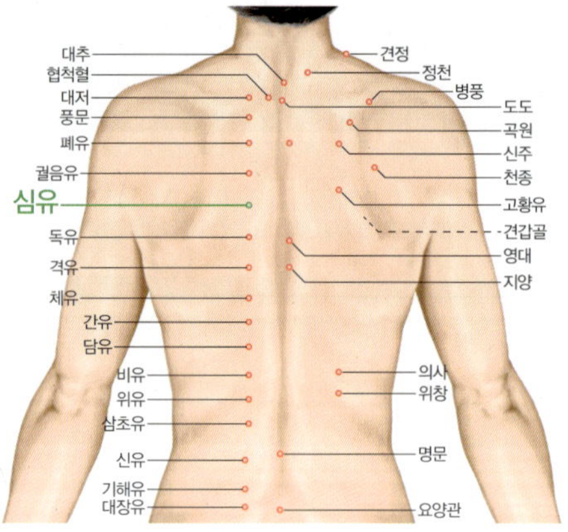

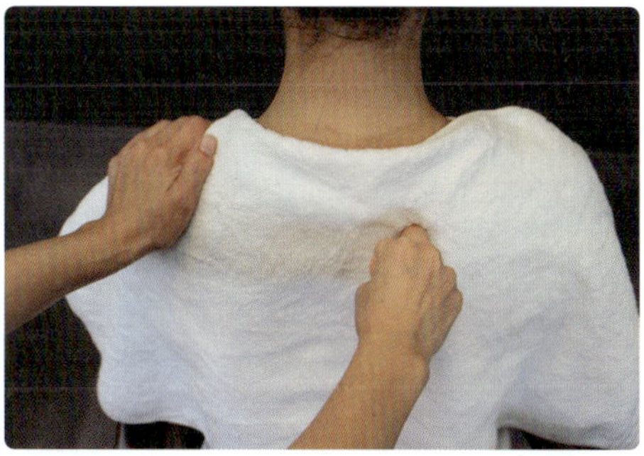

⑧ 쓸어주기

• 등의 혈점을 따라 쓸어주는데 시술자 한 손은 고객의 어깨에 한 손은 주먹을 쥔 상태로 혈점을 따라 겨드랑이로 비틀면서 쓸어준다.

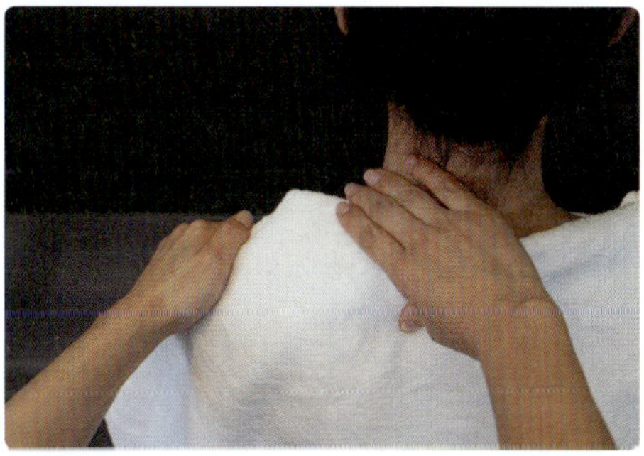

⑨ 견갑골 주변 눌러주기 1

• 고객 어깨에 시술자의 한 손을 잡고 한 손은 견갑골 사이를 눌러주는 데 이때 어깨를 살짝 뒤로 밀어주면서 견갑골을 눌러준다.

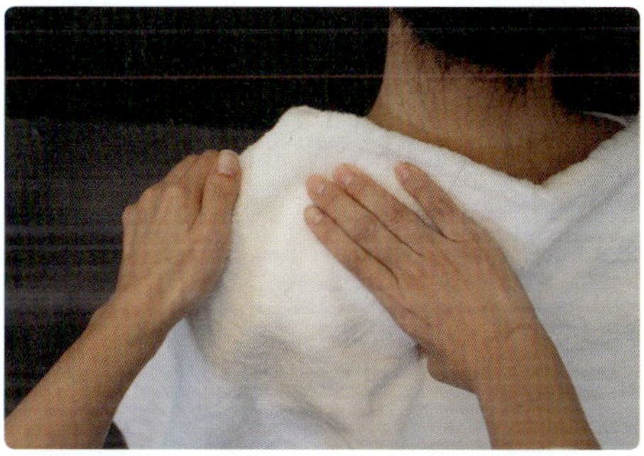

⑩ 견갑골 주변 눌러주기 2

• 견갑골 사이를 위에서부터 아래로 향해 시술자 엄지손가락을 이용하여 눌러준다.

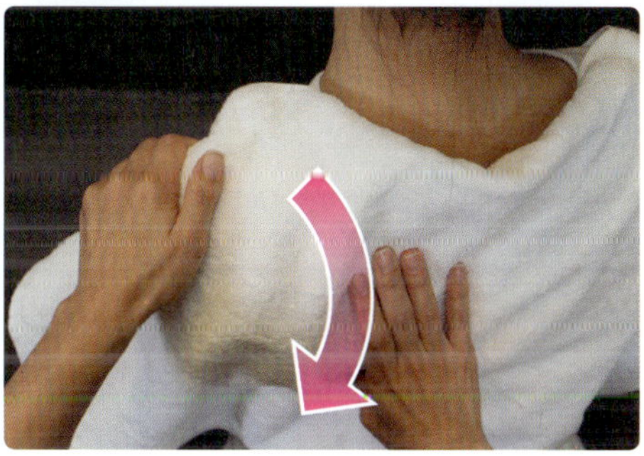

⑪ 견갑골 주변 눌러주기 3

• 견갑골 사이를 위에서부터 아래로 향해 시술자 엄지손가락을 이용하여 2회 반복하여 눌러준다.

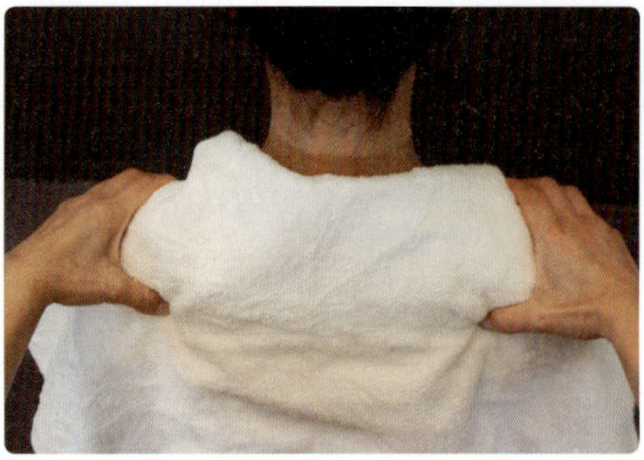

⑫ 혈점 : 천종(天宗)

- 시술자의 엄지로 고객의 천종 혈점을 지긋하게 눌러준다.

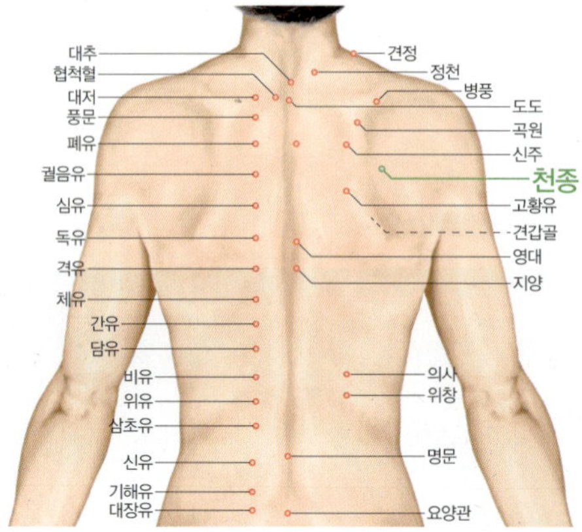

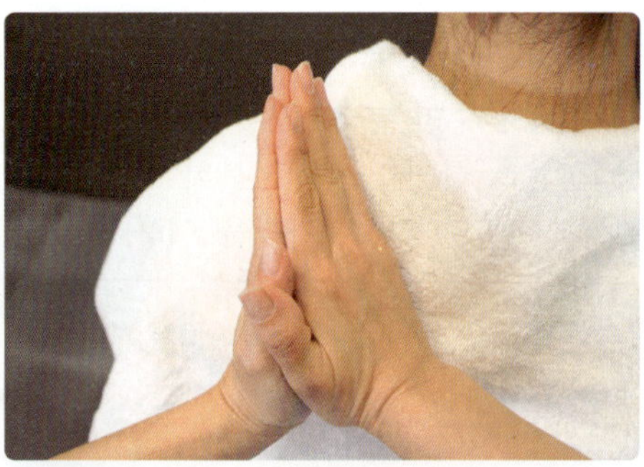

⑬ 등 근육 두드리기

- 시술자 손 옆면을 사용하여 고객의 승모근, 기립근, 견갑골 부분을 두드려 준다.

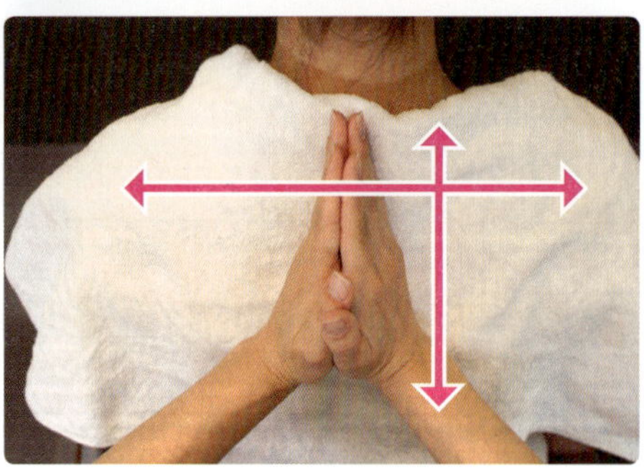

⑭ 등 근육 두드리기

- 승모근 좌측에서 우측으로 중앙에서 아래로 "T"자로 두드려준다.

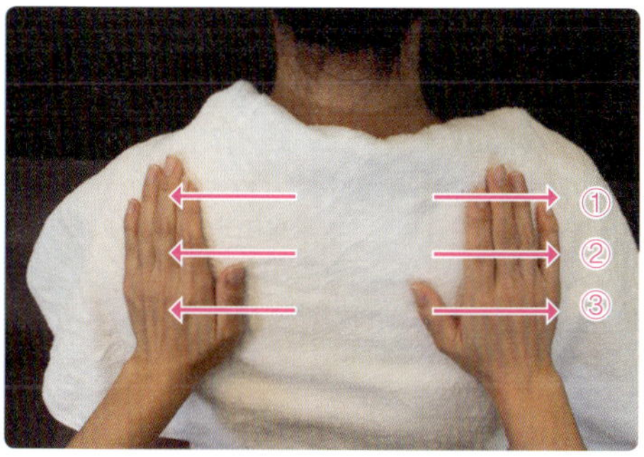

⑮ 등 쓰다듬기

- 시술자의 양손으로 동시에 고객의 등을 쓰다듬어 준다.

6) 상지 마사지(Massage)

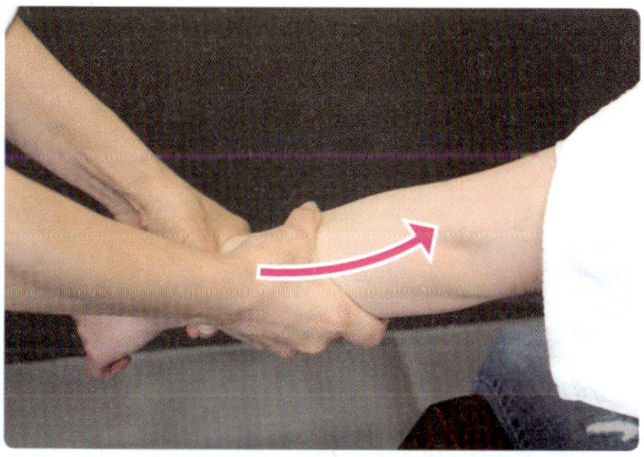

① 긴장 풀어주기

- 어깨와 팔의 긴장을 풀어주기 위해 삼각근을 손으로 감싼 후 수근으로 뒤에서 앞으로 밀어준다.

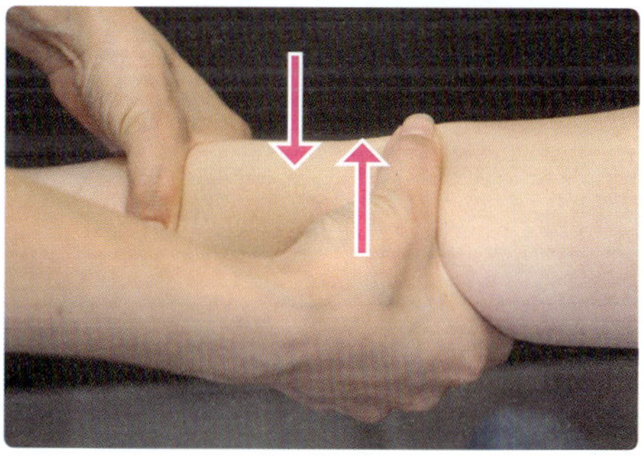

② 안쪽 비틀어주기

- 전체 팔을 양손으로 잡아 손목에서 부터 삼각근 쪽으로 올라가면서 안쪽으로 비틀어준다.

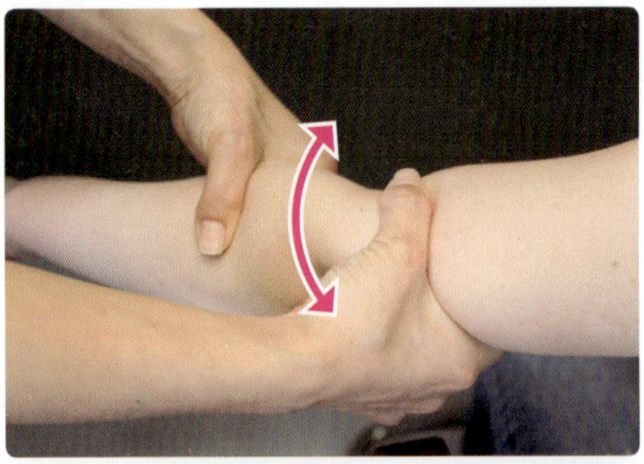

③ 바깥쪽 비틀어주기

- 전체 팔을 양손으로 잡아 손목에서 부터 삼각근 쪽으로 올라가면서 안쪽, 바깥쪽으로 번갈아 비틀어준다.

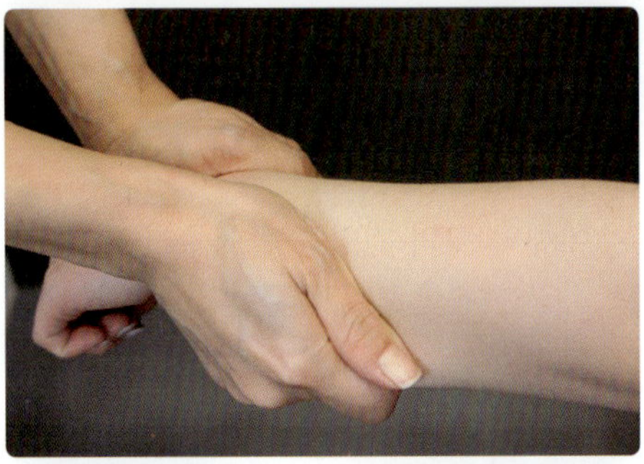

④ 주무르기(Patrissage)

- 고객의 팔목을 한 손으로 잡아주고 고객의 팔 바깥쪽을 손목에서부터 주무른다.

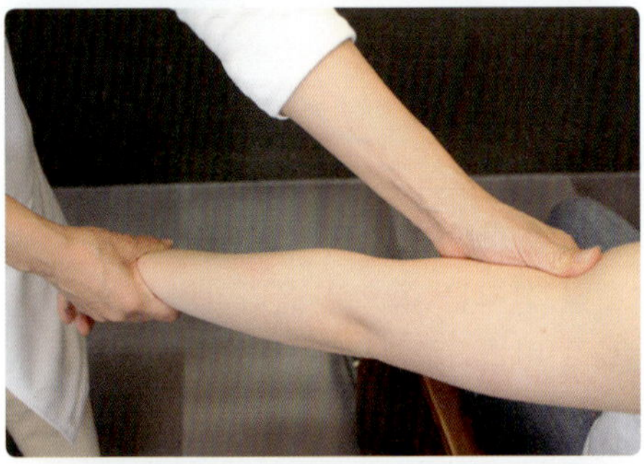

⑤ 안쪽 주무르기

- 고객의 팔목을 한 손으로 잡아주고 고객의 팔 안쪽을 손목에서부터 삼각근까지 주무르면서 올라갔다 팔목으로 내려온다.

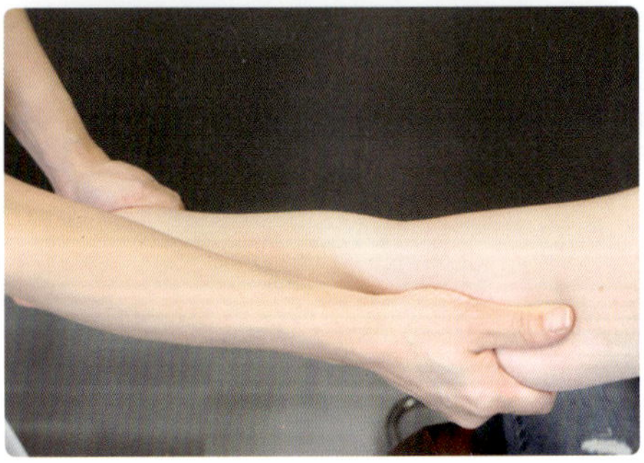

⑥ 바깥쪽 주무르기

- 고객의 팔목을 한 손으로 잡아주고 고객의 팔 바깥쪽을 손목에서부터 삼각근까지 위쪽으로 주무르면서 올라갔다 주무르면서 손목까지 내려온다.

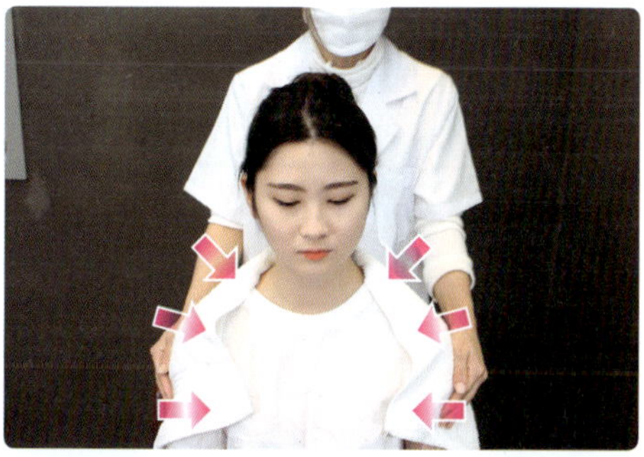

⑦ 두들겨주기(Tapotement)

- 시술자의 손을 오목하게 한 후 고객의 삼각근을 두들겨 준다.

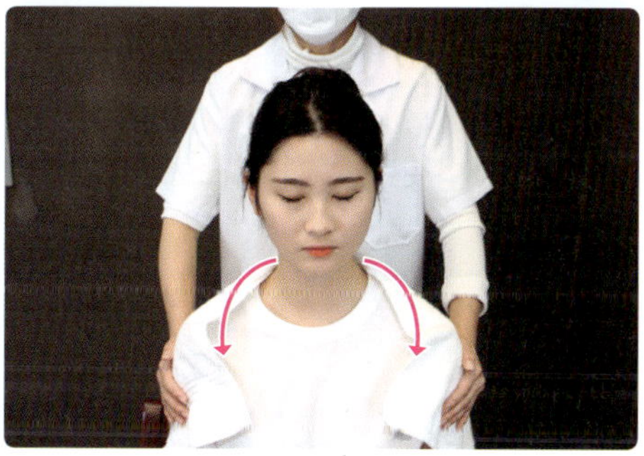

⑧ 쓸어주기(Effleurage)

- 시술자의 손을 편 후 고객의 삼각근을 골고루 가볍게 쓸어준다.

7) 목 마사지(Massage)

① 재료 준비

- 수건

② 어깨보

- 고객의 어깨에 수건이나 어깨보 등을 감싸준다.

③ 소독

- 70% 알코올(Alcohol)을 이용하여 손 소독을 실시한다.

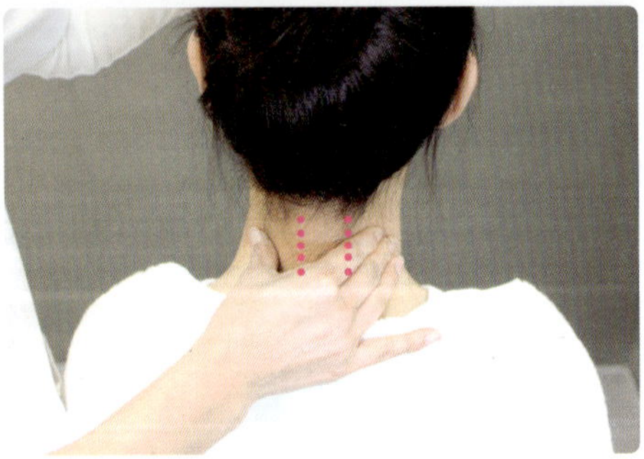

④ 두판상근 풀어주기

- 한 손은 머리를 지지하고 한 손은 고객의 목을 전체적으로 잡고 목의 아래에서 위쪽으로 올라가면서 전체적으로 주무른다.

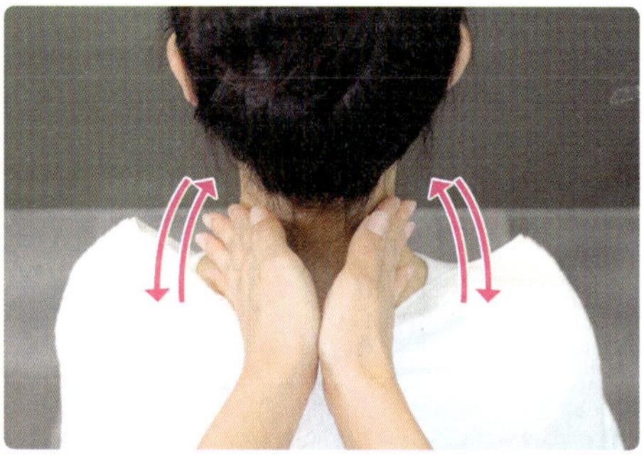

⑤ 목 림프절 쓸어주기

• 목을 전체적으로 시술자의 손 측면을 이용해서 목 뒤에서 림프절을 쓸어준다.

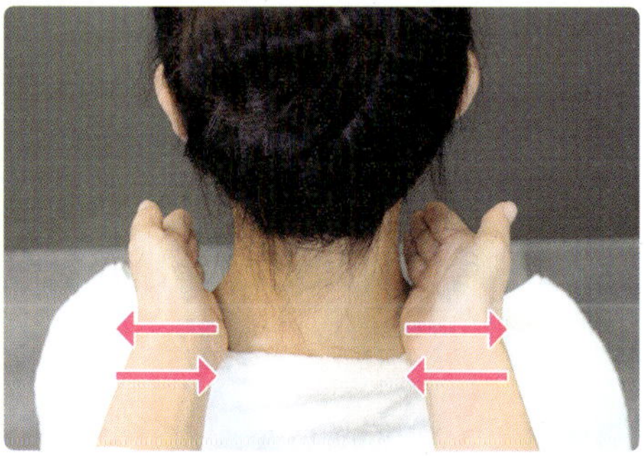

⑥ 마무리

• 목 뒤에서 쓸어준 후 시술자의 손 측면으로 쓸어 고객의 쇄골로 림프절을 쓸어준다.

8) 두피 마사지(Scalp Massage)

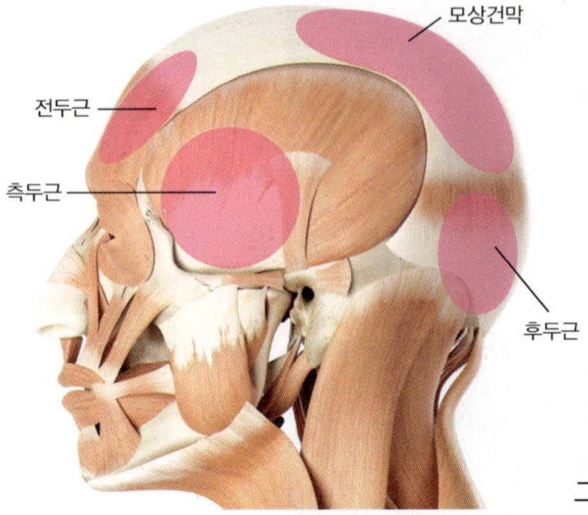

그림 6-7 두상 부위별 근육

① 전두근은 눈썹에서 이마 방향으로 길게 뻗어 있는 근육으로 눈이 맑아지는 효과가 있다.

② 측두근은 머리 측면에 있는 근육으로 리프트 업(Lift Up) 효과가 있다.

③ 후두근은 머리의 뒷부분으로 후두부를 덮고 있는 부분이며 긴장된 어깨, 눈의 피로회복에 효과적이다.

④ 모상건막은 두상의 상부를 덮고 있는 근막으로 건막으로 이루어져 있으며, 주름 및 여드름 개선에 효과적이다.

⑤ 전두부는 신정, 두유, 현로, 곡빈의 혈점을 눌러준다.

⑥ 전두부에서 후두부의 신정, 상성, 신회, 전정, 백회, 후정, 강간, 뇌호, 풍부, 아문 혈점을 눌러준다.

그림 6-8 두상 혈점

9) 두피 혈점 마사지(Massage)

① 재료 준비
- 수건

② 어깨보
- 고객의 어깨에 수건이나 어깨보 등을 감싸준다.

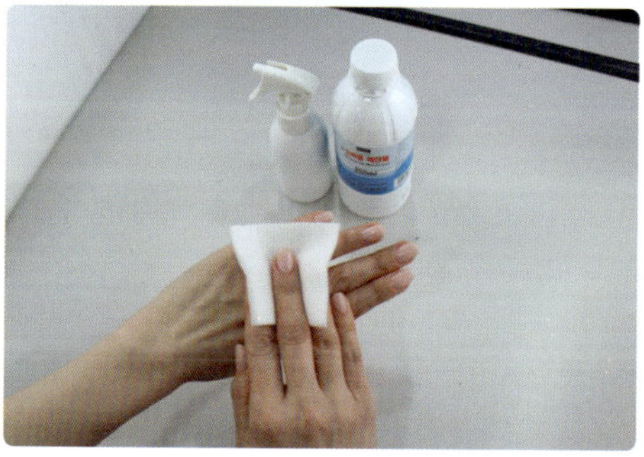

③ 소독
- 70% 알코올(Alcohol)을 이용하여 손 소독을 실시한다.

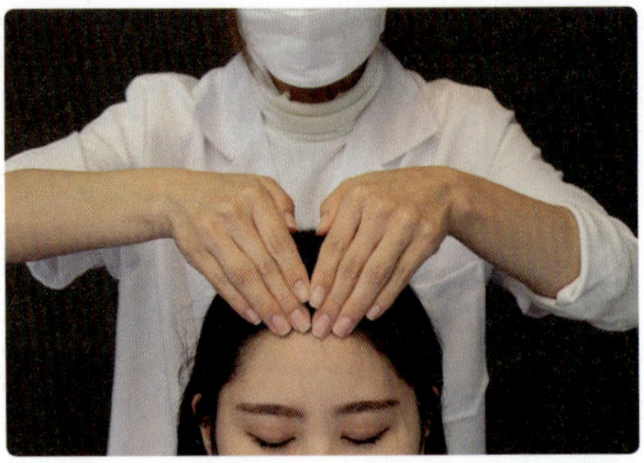

④ 혈점 : 신정(神庭)

- 두피의 전두부 헤어라인 신정 혈점을 5초 동안 눌러준다.
  이때 손 끝에 아로마 에센셜 오일을 살짝 찍어서 하면 더욱 효과적이다.

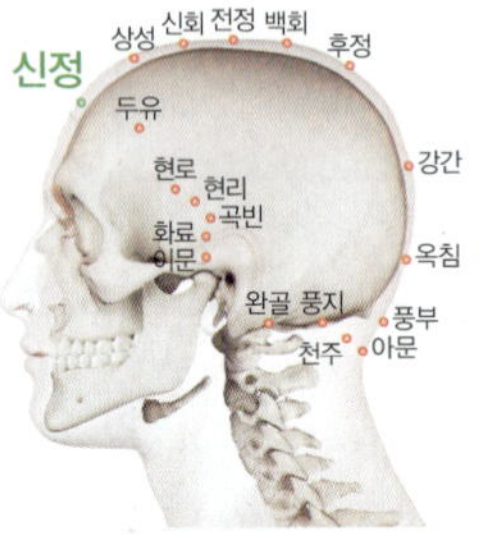

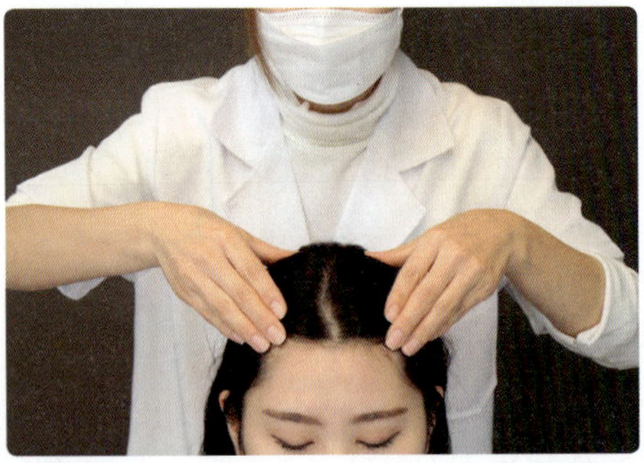

⑤ 혈점 : 두유(頭維)

- 두피의 전두부 헤어라인 두유 혈점을 5초 동안 눌러준 후 다음 지점으로 이동한다.

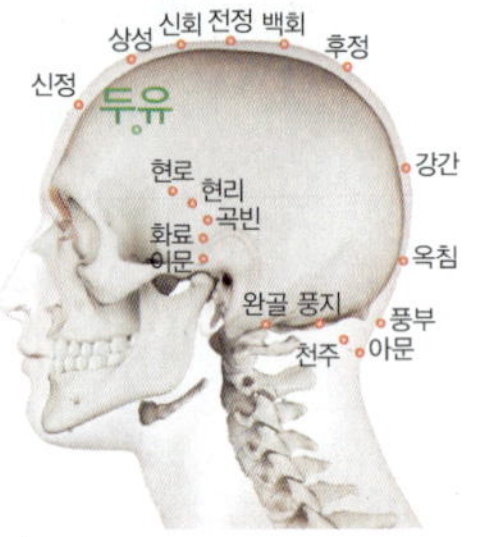

⑥ 혈점 : 현로(懸顱)

- 두피의 전두부 헤어라인 현로 혈점을 5초 동안 눌러준 후 다음 지점으로 이동한다.

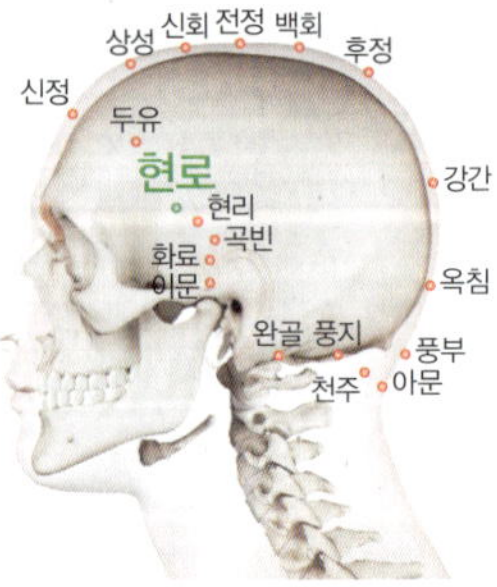

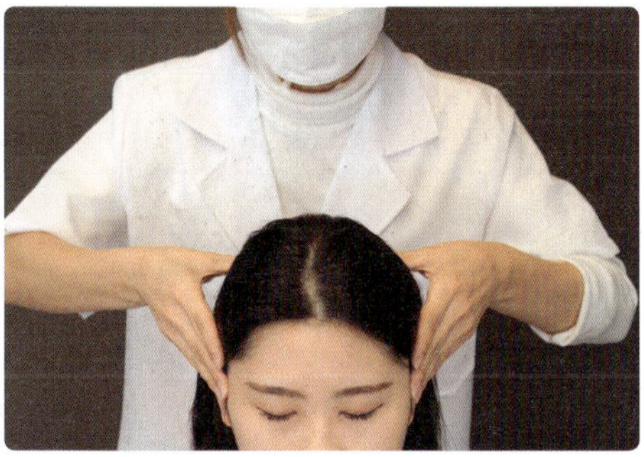

⑦ 혈점 : 곡빈(曲鬢)

- 두피의 전두부 헤어라인 곡빈 혈점을 5초 동안 눌러준 후 다음 지점으로 이동한다.

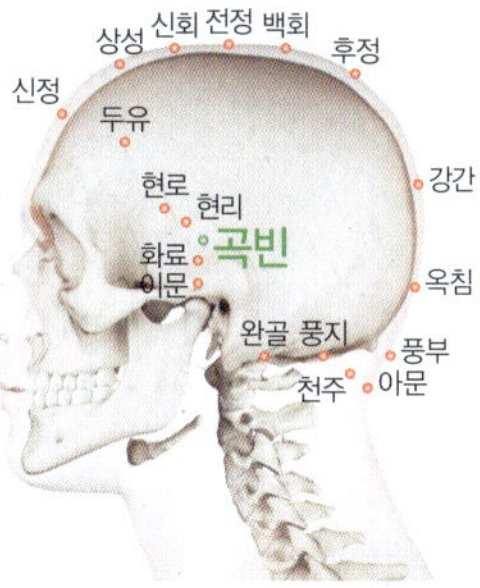

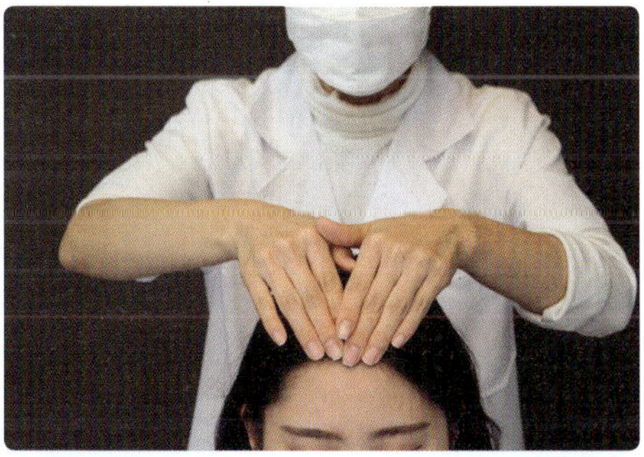

⑧ 후두부로 이동하며 혈점 누르기

- 센타 포인트에서 네이프 포인트까지의 후두부를 향해 혈점을 눌러준다. 신정 혈점을 5초 동안 눌러준 후 다음 지점으로 이동한다.

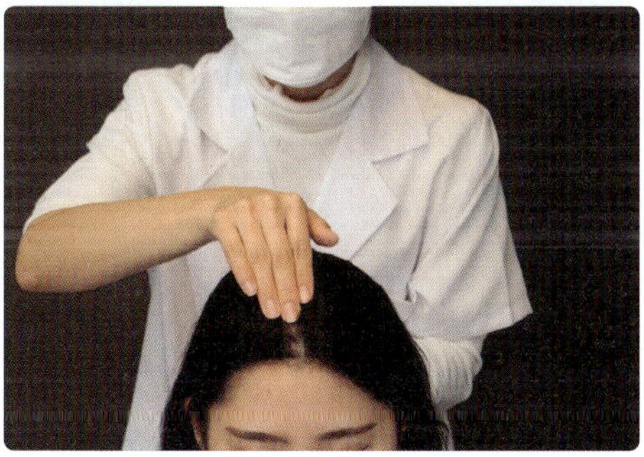

⑨ 혈점 : 상성(上星)

- 상성 혈점을 5초 동안 눌러준 후 다음 지점으로 이동한다.

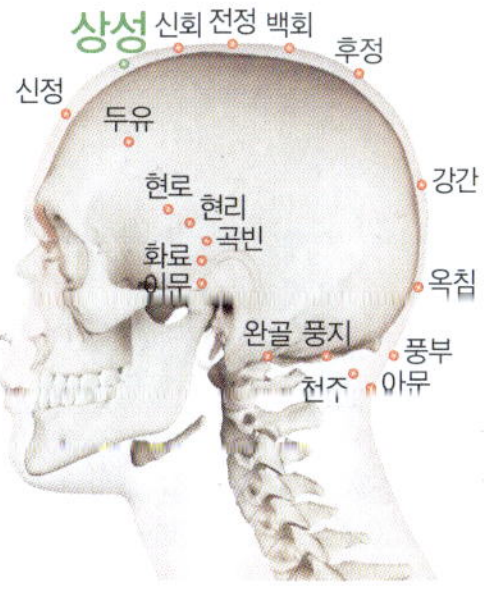

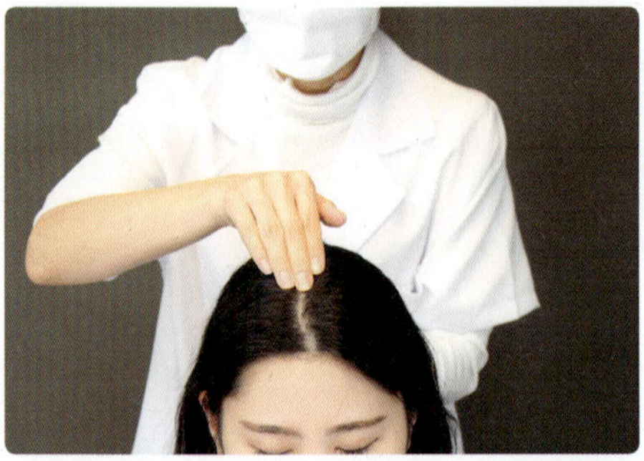

⑩ **혈점 : 신회(顖會)**

- 신회 혈점을 5초 동안 눌러준 후 다음 지점으로 이동한다.

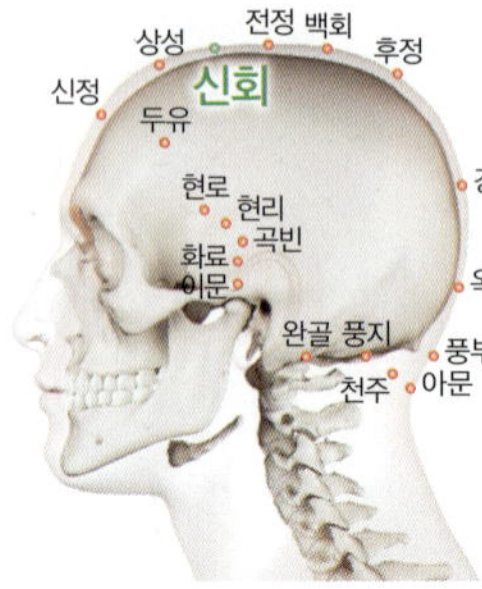

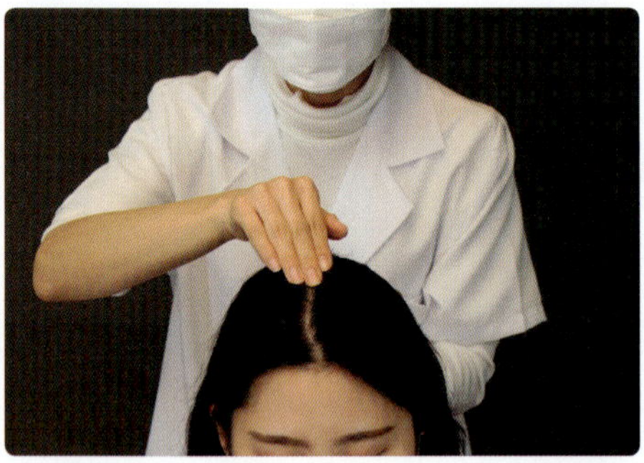

⑪ **혈점 : 전정(前頂)**

- 전정 혈점을 5초 동안 눌러준 후 다음 지점으로 이동한다.

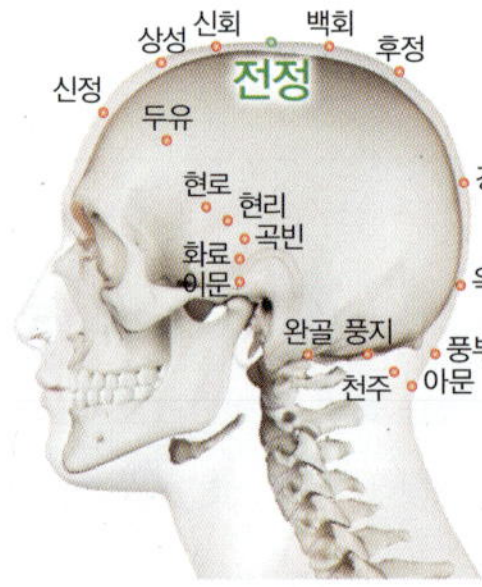

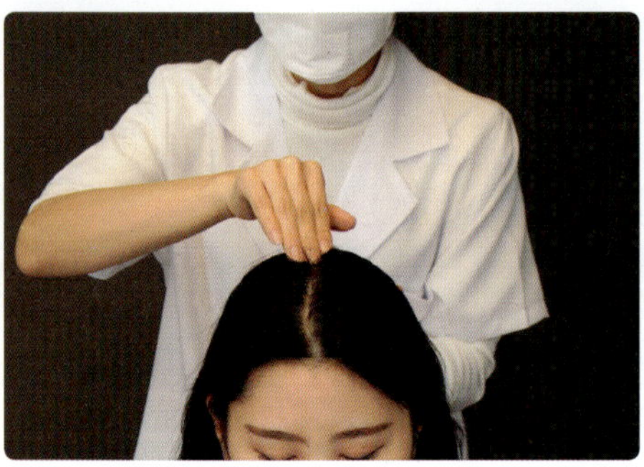

⑫ **혈점 : 백회(百會)**

- 백회 혈점을 5초 동안 눌러준 후 다음 지점으로 이동한다.

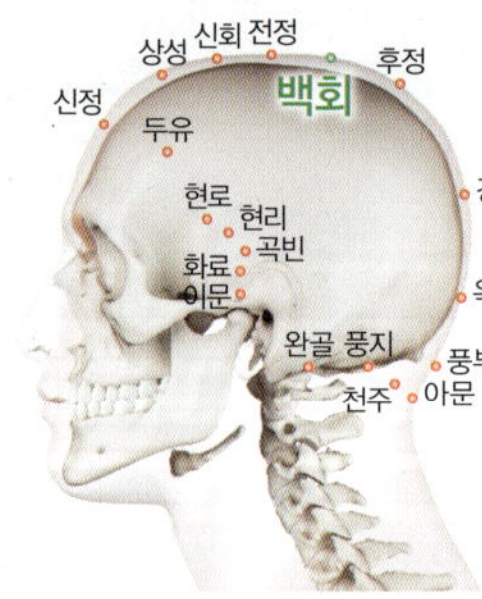

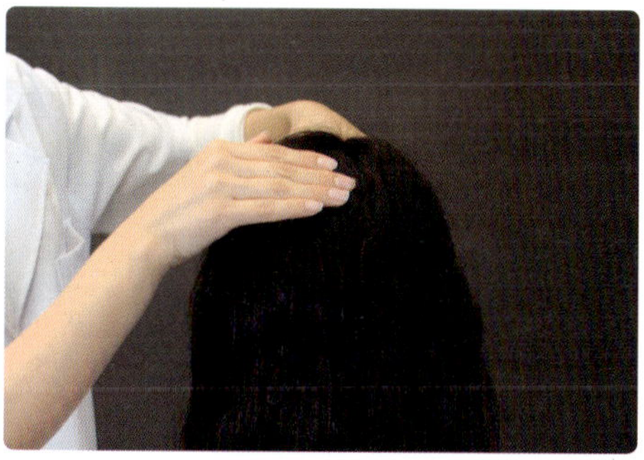

⑬ 혈점 : 후정(後頂)

- 후정 혈점을 5초 동안 눌러준 후 다음 지점으로 이동한다.

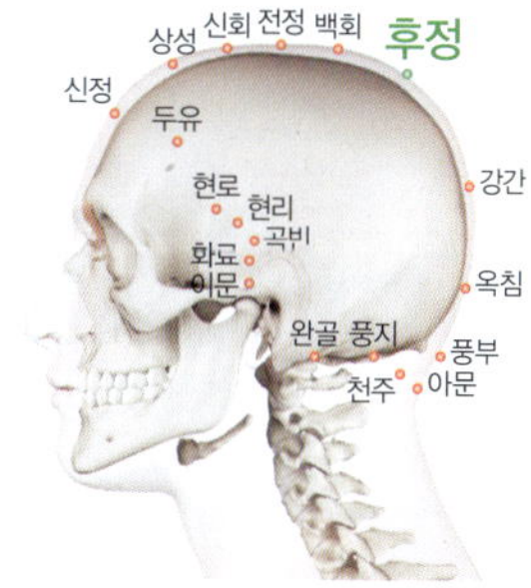

⑭ 혈점 : 강간(强間)

- 강간 혈점을 5초 동안 눌러준 후 다음 지점으로 이동한다.

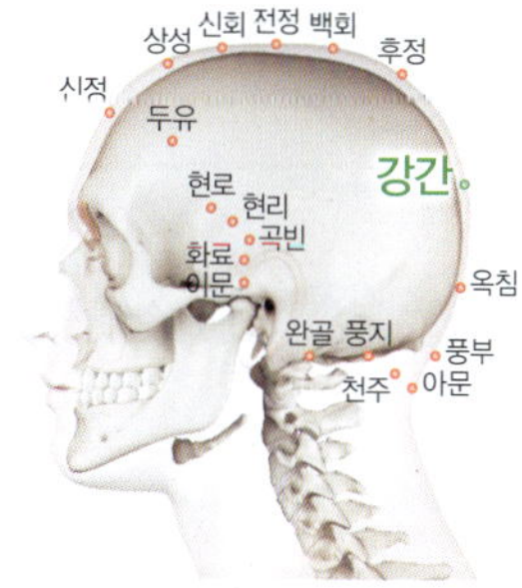

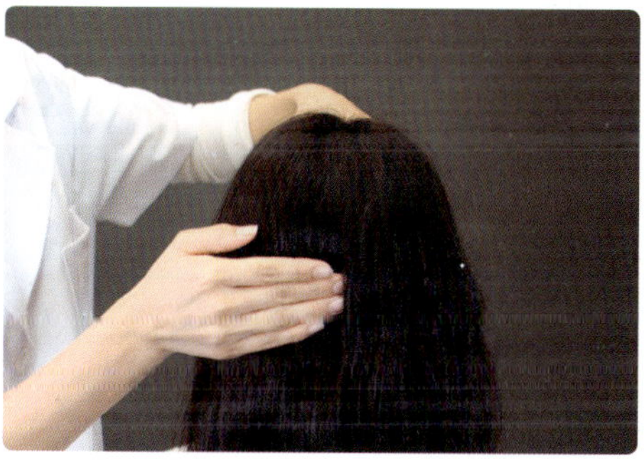

⑮ 혈점 : 뇌호(腦戶)

- 뇌호 혈점을 5초 동안 눌러준 후 다음 지점으로 이동한다.

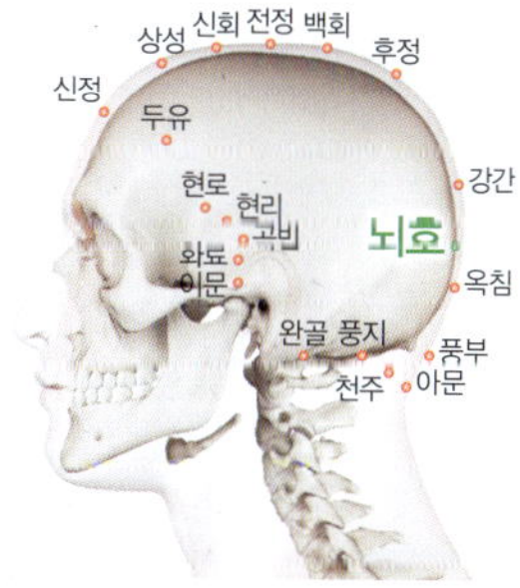

⑯ 혈점 : 풍부(風府)

- 풍부 혈점을 5초 동안 눌러준 후 다음 지점으로 이동한다.

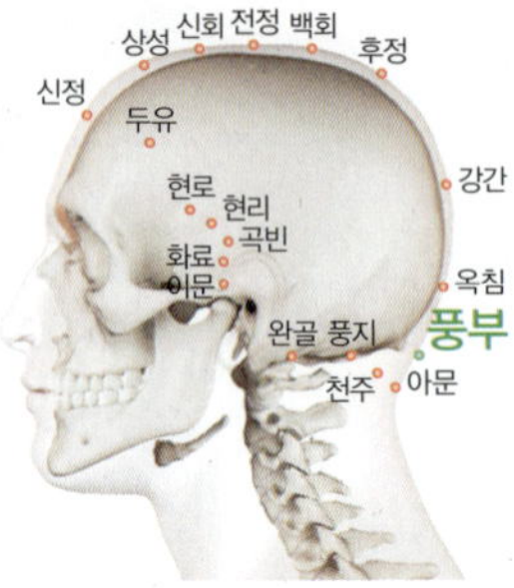

⑰ 혈점 : 아문(瘂門)

- 아문 혈점을 5초 동안 눌러준 후 다음 지점으로 이동한다.

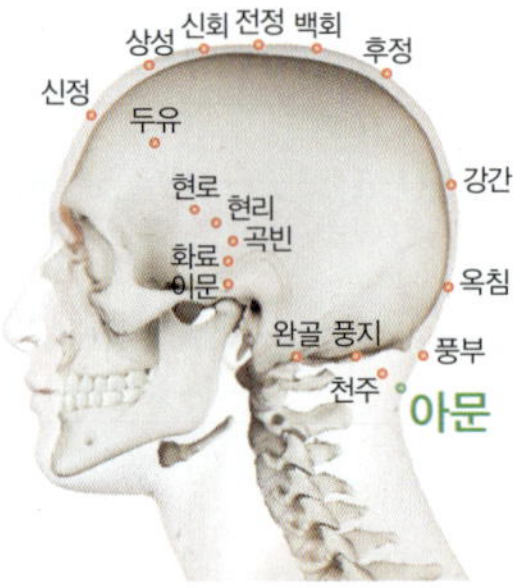

10) 두피 마사지(Massage)

① 재료 준비

- 수건

② 어깨보

- 고객의 어깨에 수건이나 어깨보 등을 감싸준다.

③ 소독

- 70% 알코올(Alcohol)을 이용하여 손 소독을 실시한다.

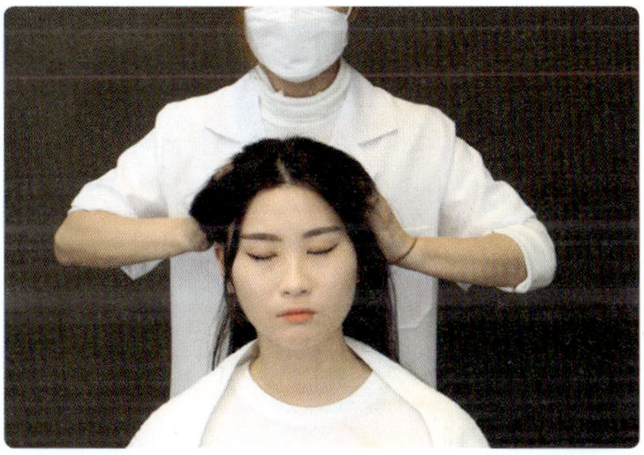

④ 굴려주기 : 측두부

- 두상 전체를 4등분하여 고객의 측두부를 시술자의 열손가락으로 머리 전체를 감싼 후 천천히 눌러 주었다가 풀어주기를 3회 반복하여 굴려준다. 측두부 3회, 후두부와 전두부를 함께 잡고 3회 실시한다.

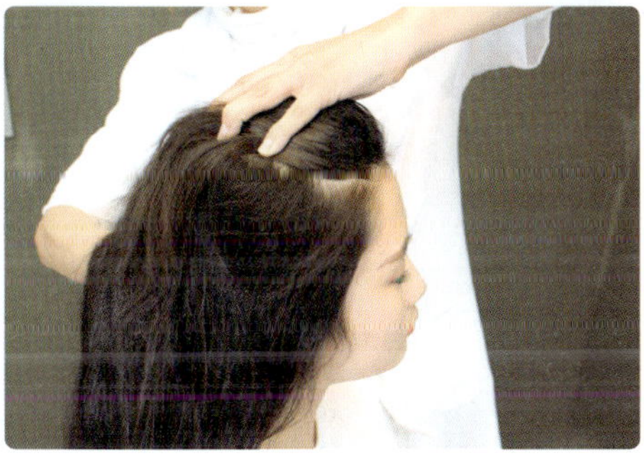

⑤ 굴려주기 : 후두부, 전두부

- 두상 전체를 4등분하여 고객의 측두부를 시술자의 열손가락으로 머리 전체를 감싼 후 천천히 눌러 주었다가 풀어주기를 후두부와 전두부를 3회 반복하여 굴려준다.

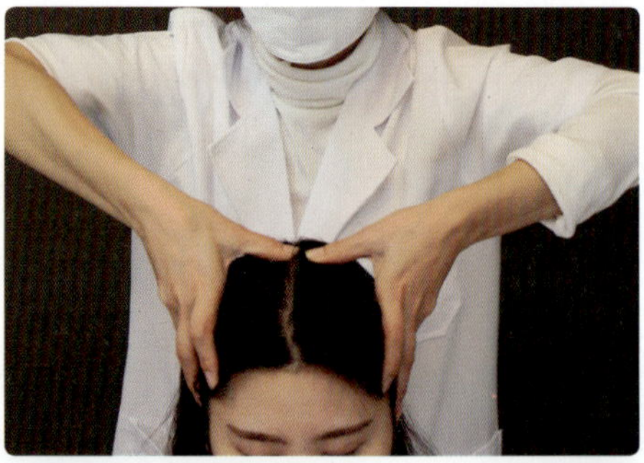

⑥ 압박하기

• 고객 측두부를 시술자의 양손의 엄지는 백회에 4손가락은 고객의 귀 사이에 넣고 압을 주면서 위쪽으로 천천히 끌어당기면서 압을 주면서 손을 빼주기를 3회 반복한다. 측두부 3회, 후두부와 전두부를 함께 잡고 3회 실시한다.

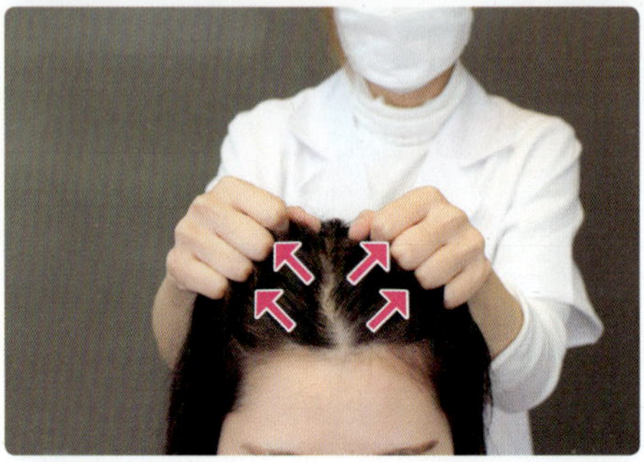

⑦ 모발 당기기

• 전두부, 후두부, 양측 두부의 모발을 시술자 양손으로 모발을 주먹으로 움켜잡으면서 천천히 당기고 놓아주기를 3회 반복한다. 측두부 3회, 후두부와 전두부를 함께 잡고 3회 실시한다.

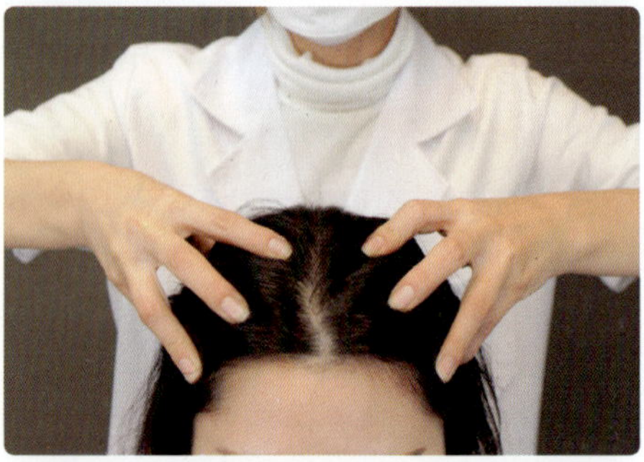

⑧ 압박하기

• 시술자의 손 끝으로 고객의 두피 전체를 지그시 잡고 골고루 양손으로 집었다가 놓으며 튕겨주기를 3회 반복한다. 측두부 3회, 후두부와 전두부를 함께 잡고 3회 실시한다.

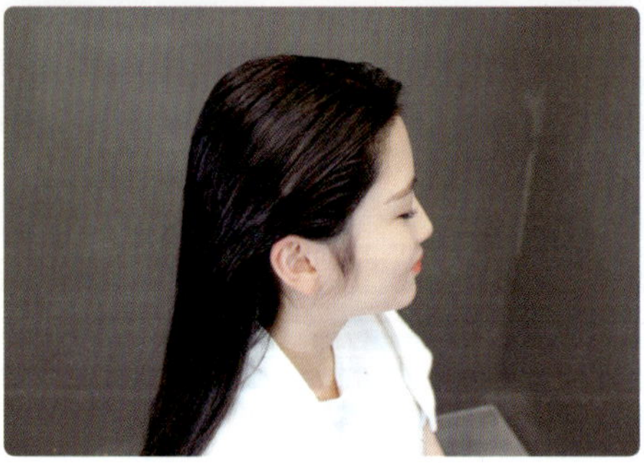

⑨ 마무리

• 모발을 정리한다.

11) 귀 마사지(Massage) 및 기정리

① 재료 준비
- 수건

② 어깨보
- 고객의 어깨에 수건이나 어깨보 등을 감싸준다.

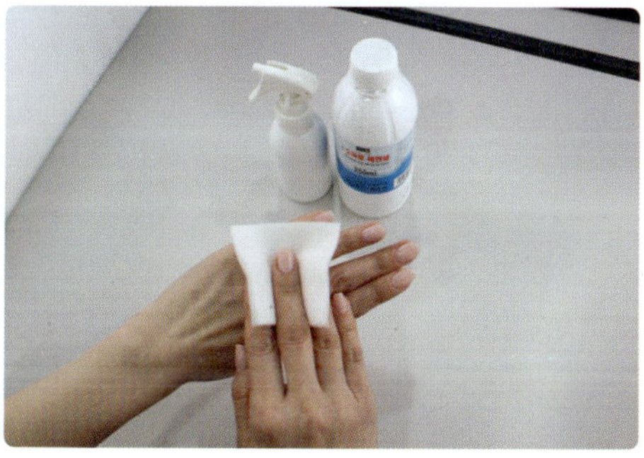

③ 소독
- 70% 알코올(Alcohol)을 이용하여 손 소독을 실시한다.

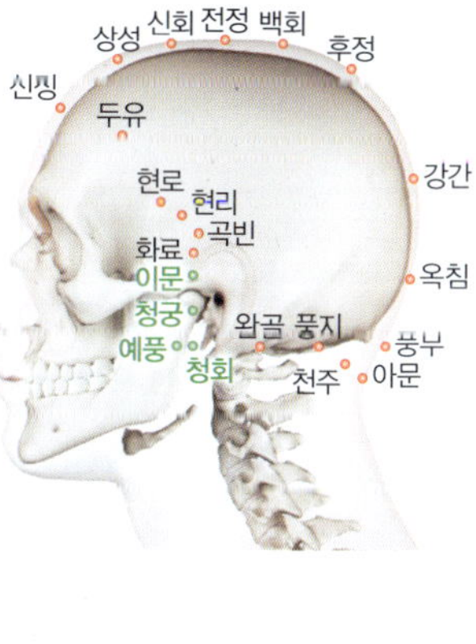

④ 순서
- 귀 혈점

이문–청궁–예풍–청회 순으로 혈점을 눌러준다.

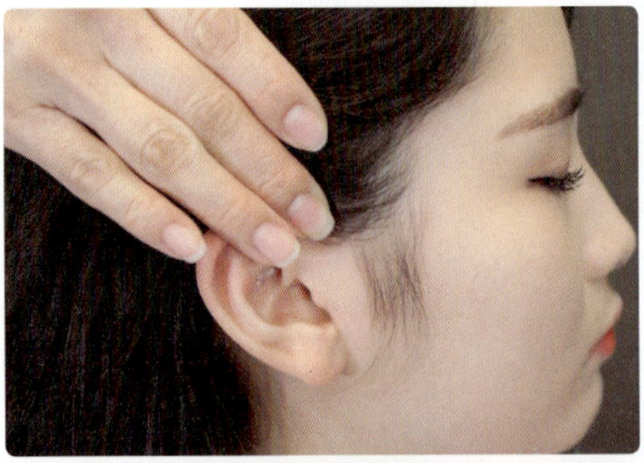

⑤ 혈점 : 이문(耳門)

- 귀의 압점을 손가락 3지와 4지로 이문의 혈점을 5초 동안 3회 누르고 다음 지점으로 이동한다.

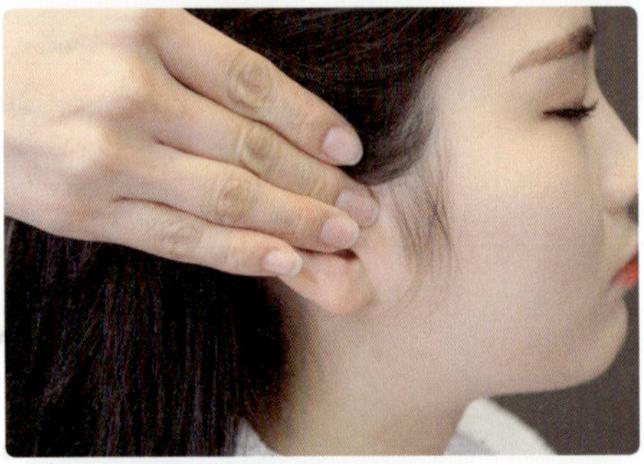

⑥ 혈점 : 청궁(聽宮)

- 귀의 압점을 손가락 3지와 4지로 청궁의 혈점을 5초 동안 3회 누르고 다음 지점으로 이동한다.

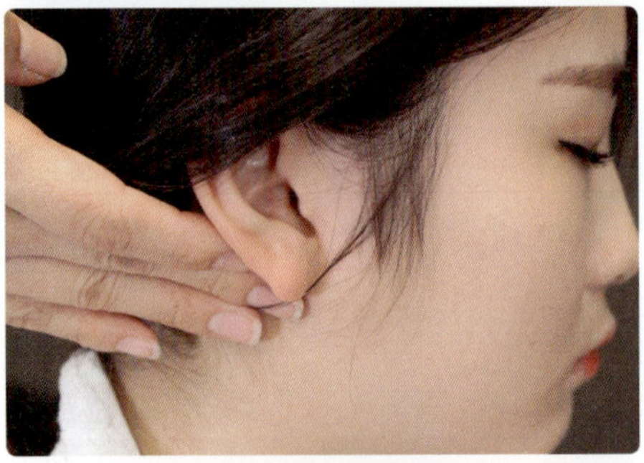

⑦ 혈점 : 예풍(翳風)

- 귀의 압점을 손가락 3지와 4지로 예풍의 혈점을 5초 동안 3회 누르고 다음 지점으로 이동한다.

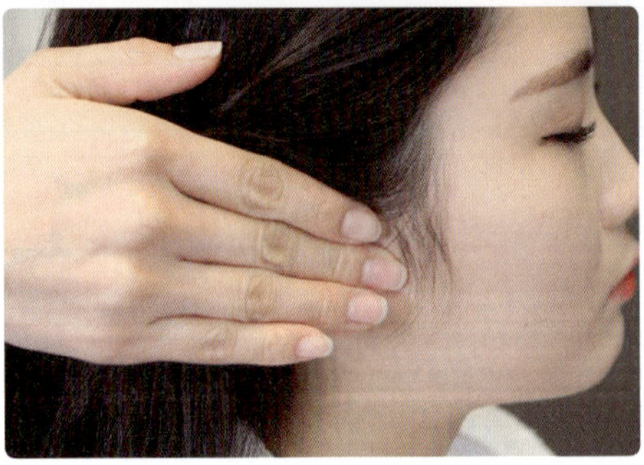

⑧ 혈점 : 청회(聽會)

- 귀의 압점을 손가락 3지와 4지로 청회의 혈점을 5초 동안 3회 누르고 다음 지점으로 이동한다.

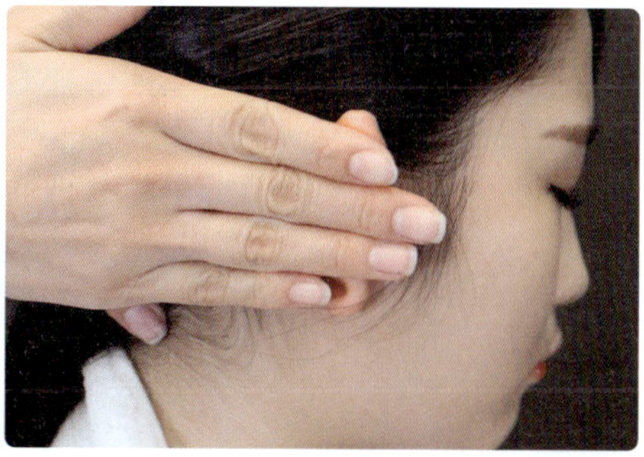

⑨ 귀 쓸어주기

- 귀의 혈점을 따라 손가락 3지와 4지로 쓸어주고 귀 뒤에서 귀 앞으로 귀를 접으면서 쓸어준다.

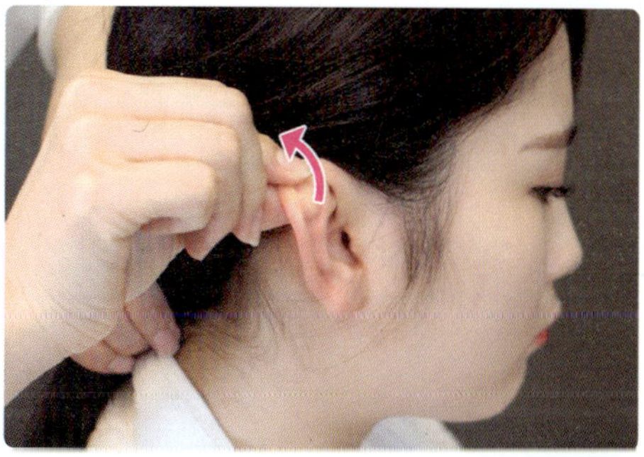

⑩ 귀 펴주기

- 귀 전체를 주름을 펴듯이 안쪽에서 바깥쪽으로 주무른다.

⑪ 귀 앞으로 밀어주기

- 귀 전체를 주름을 펴듯이 바깥쪽에서 안쪽으로 주무른다.

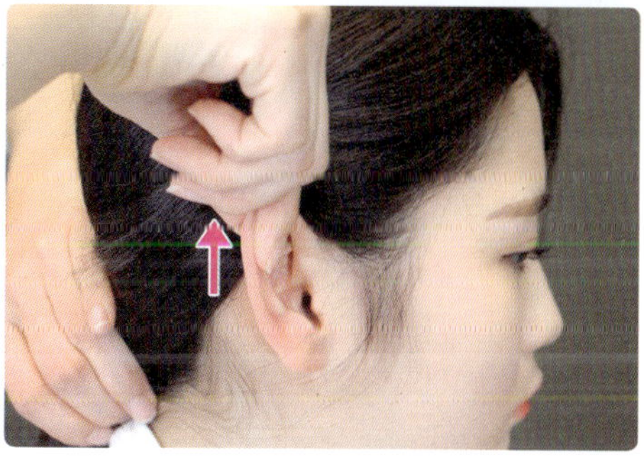

⑫ 귀 위로 당겨주기

- 귀를 위에서 5초, 뒤에서 5초, 아래에서 5초 3회 정도 반복해서 당겨준다.

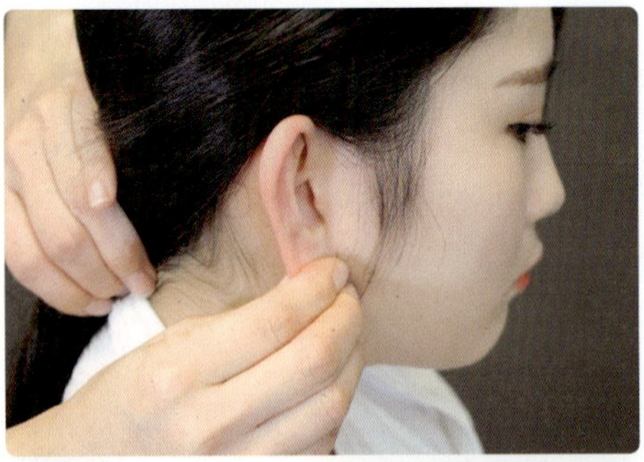

⑬ 귀 잡아당기기

- 귀를 위에서 5초, 뒤에서 5초, 아래에서 5초 3회 정도 반복해서 당겨준다.

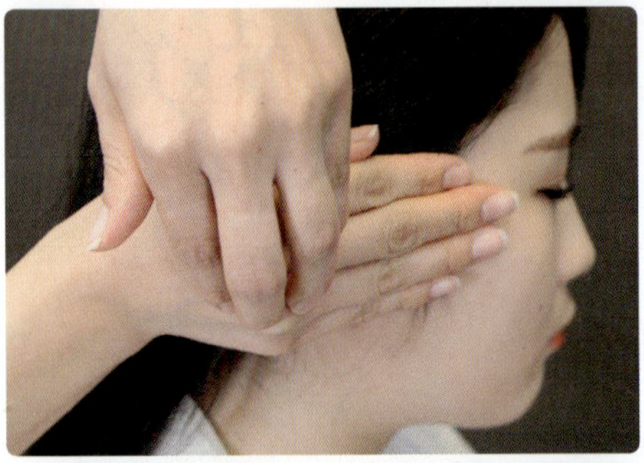

⑭ 귀 두드려주기

- 시술자의 손을 오목하게 한 후 고객의 귀를 덮은 후 다른 한 손으로 손등 위에서 두드린다.

※ 주의 : 강한 압으로 고막에 자극이 가지 않도록 한다.

⑮ 마무리

- 귀 전체를 주름을 펴듯이 바깥쪽에서 안쪽으로 주무른다.

PART Ⅲ

PART Ⅲ

헤어증모

Chapter 7

가모의 정의와 역사

1. 가모의 정의

가모란 털로 머리 모양을 만들어서 머리에 쓰는 것으로 탈모된 부위나 두부 전체를 덮도록 만들어진 모형이다. 예로부터 성별에 관계없이 머리카락이 풍성하고 윤기가 나는 것이 미의 기준 중 하나였다. 이런 기준이 서양에서는 위그(Wig), 동양에서는 가체(加髢)로 인식하였다.

가모는 윤기나 모질이 자연스럽고 드라이, 퍼머, 염색을 작업하는데 매우 용이한 실제 사람의 머리로 만들거나 때론 합성섬유로 만들어진 나일론(Nylon), 아크릴 섬유(Acrylic fiber) 등과 소의 털(Cow Hair), 말의 털(Horse Hair), 송아지 꼬리털(Tail of a Calf), 양 털(Wool) 등 짐승의 털이 주원료로 제작되어진다.

이러한 털로 다양한 머리 모양을 만들어 자신의 T(시간, Time) · P(장소, Place) · O(상황, Occasion)에 맞는 미용적 욕구를 충족시키거나, 교육, 장식 등의 니즈에 따라 사용된다. 사람의 빈모에 따라 가발의 효용은 늘어 탈모의 속도와 가발의 이용도가 비례하여 가발의 역사를 형성해 왔다고 볼 수 있다.

2. 가모의 역사

1. 한국 가모의 역사

우리나라는 상고시대부터 모발의 양이 적은 여인들이 가체를 달아 쪽을 진 것이 가발의 시초였다.

1) 삼국 시대(4세기 초~7세기 중엽, 三國時代)

고구려 시대에는 왕과 왕비, 시녀들이 큰머리로 가체(加髢)를 이용한 고계형태를 했으며 권위적인 지위를 상징하기도 하였다. 백제에도 이어져 신라 시대에는 얹은 머리와 쪽진 머리 형태의 가체(加髢)를 이용하여 장식하였다.

삼국의 통일로 찬란한 문화를 꽃피웠던 통일 신라 시대 머리카락 모양의 형태는 고구려, 백제와 함께 얹은 머리와 쪽 머리가 여전히 토착 머리카락 모양으로 유지하였으나 당나라와의 교역으로 다양한 헤어 스타일(Hairstyle)이 유입되어 쪽머리에 가체(加髢)를 올린 커다란 얹은 머리가 유행하였다.

선덕여왕 22년 당시 가체(加髢)가 신라의 명물로서 중국에 수출되었고 아름답고 긴 머리를 장식하기 위해 가체(加髢)의 매매가 이루어졌으나 뚜렷한 계급사회로 인해 서민들에게는 거리가 멀었다.

고계형태 *Checkpoint*

고계(高髻)란 높이 올린 머리로 가체를 이용하거나 중앙은 높이 올리고 후두부를 늘어뜨린 형으로 나누어진다. 얹은 머리, 풍기명 머리, 묶은 중발머리, 쪽진 머리, 상투, 변발 등이 대표적인 예이다.

큰 머리　　　　　양도 편발

그림 7-1　삼국 시대 머리모양

얹은 머리　　　　　쪽진 머리

그림 7-2　삼국 시대 머리모양

2) 고려 시대(936~1392년, 高麗時代)

통일 신라의 영향을 받아 크고 무거운 가발을 착용하였으나, 여성의 지위가 높아져 남성과 거의 대등한 위치에 올라감에 따라 가체의 크기는 크게 발달되지 않았다. 헤어 스타일은 귀천 없이 동일하였으며, 출가 전후로 가체의 크기가 변형이 되었다.

3) 조선 시대(1392~1910년, 朝鮮時代)

초기엔 고려 시대 머리모양을 이어받아 쪽머리와 얹은 머리를 수용하다 중기에 원나라의 영향으로 체계양식이 부녀들 사이에 크게 유행하였다. 사람의 머리카락을 일일이 손으로 만들어 가체에 드는 비용이 너무 컸으며, 지나친 머리 사치풍조로 사회적 폐단 문제로 제기되었다. 논란이 일어난 정조 12년에 가체를 금하는 금령을 내려 실효를 보는 듯 했으나, 순조 말 비로소 쪽 머리가 정착되어 실시되었다.

가체 *Checkpoint*

가체(加髢)란 여성들이 아름다운 머리 모양을 위해 본인의 머리 위에 다른 머리카락을 덧붙이거나 올려 꾸미는 용도로 사용하는 꾸밈용 가발이다.

표 7-1 가체의 형태

1	대수 머리			
2	떠구지 머리			

3	어여 머리 (큰머리)			
4	트레 머리			
5	얹은 머리			
6	쪽진 머리			

4) 근 · 현대 사회(1910년~현재, Mordern society)

개화 초기에는 가체의 개념머리보다는 본 머리를 응용한 서구형 스타일이 유행하는 헤어 스타일(Hair style)이 많았다. 개화기 이후 외국 사조와 신문물이 유입이 되고 여성들의 적극적 사회참여로 인하여 단순하고 간편한 머리 형태로 차츰 변화되었으며, 부분적으로 헤어 싱(Hair sing)을 넣어 감싸는 트레머리, 팜프도어(Pompadour), 쪽머리, 얹은머리가 유행이었다. 그러나 이 시대에 가장 획기적인 스타일은 단발머리로 선보인 이후 유행의 최첨단 모습을 보여주고 있다. 여학생을 시작으로 일반인들에게까지 폭넓게 계층의 범위를 넓혀가는 단발머리는 가발의 사용 없이 편하고 누구나 쉽게 만질 수 있는 스타일로 오랫동안 유행이 지속되자 가발 사업이 주춤하였다.

팜프도어

챙머리라고 한다. 전체적으로 가르마를 타지 않고 올백으로 머리를 풍성하게 부풀려 이마가 보일 수 있도록 높이 올린다. 나머지 남은 머리는 귀가 보이도록 깔끔하게 정리하여 후두부에 묶은 스타일이다.

우리나라는 1963년 인모(人毛)로 가발을 제조하기 시작하면서 가발산업이 본격화되었다. 이때, 결정적인 역할을 했던 서울통상 최영철 회장이 무역 업무차 해외로 나가면서 가발을 접하게 되었다. 당시 한국은 한국 전쟁이 끝난지 얼마 되지 않았고 경제가 어수선했는데 큰 규모의 생산설비 투자가 필요 없으며 노동집약적인 장점을 가진 가발공장을 세워 가발상품을 수출하였다. 이는 우리나라 전체 수출품의 10%를 차지하는 최초의 단일상품이 되기도 하였다.

가발의 인식이 1970년대까지 사치스러운 헤어 액세서리로서 대중적으로 유행하기 시작하였으나, 1970년대 중반 세계시장의 70%를 차지하던 미국의 가발산업 선두업자들이 업종을 전환하면서 우리나라는 사양사업으로 전락하게 되고, 1987년에는 잦은 노사분규와 3D업종 등으로 시장점유율이 더욱 낮아졌다.

현대에서는 많은 노동의 양에 비해 낮은 가격에 소비되는 구조로 중국을 비롯한 동남아 저소득 국가 및 아프리카 대륙에 공장이 많이 세워져 운영되고 있다. 소비자들이 보다 저렴한 가격으로 더 젊고 아름답게 살고자 하는 인간 본연의 욕구에 대응하여 가발에 대한 관심이 높아짐으로 인해 가발을 필요로 하는 수요층이 확대되어 호황을 누리고 있다는 증표이기도 하다.

탈모인 자신의 결점을 감추는 것을 넘어 전체 가발(Hair Wig), 부분 가발(Hair piece), 증모(Hair increase), 붙임머리(Hair extension) 등으로 헤어의 복식이자 자신의 머리라는 개념으로 보편화되어 있고, 이미지 변화를 손쉽게 느끼게 하는 패션의 영역으로 유행이 꾸준히 이루어지고 있다.

그림 7-3 1960~1970년대 여고생들이 가발공장에 취직한 모습/ 하이모 광고-이광규

2. 서양 가모의 역사

서양은 우리나라와는 달리 전통과 종교 의식, 계급 등을 구분지어 사용되어 왔다.

1) 이집트(Egypt) 시대(BC 2686~1085)

고대 이집트에서 유래되었다고 추정이 되며 종교 의식과 청결의 이유로 삭발을 하였으며 계급에 따라 기장과 볼륨의 차이를 주었다. 이집트 시대는 종교의식 또는 햇빛을 피하기 위해 둥근 모자와 가발을 썼으며, 보호의 목적과 동시에 장식의 목적을 가진다. 가발을 성글게 짠 포에 인모양모 및 식물성 섬유를 엮어서 만든 것으로 가늘게 땋은 보브 스타일(Bob style)의 가발을 주로 착용했으며, 가발 재료는 리넨(Linen)이나 종려나무 섬유를 사용하다 후기에는 사람의 머리카락으로 부피를 크게 만들어 모자처럼 사용하였다.

가발의 크기는 초기보다 짧거나 길어지며 볼륨 또한 커졌다. 이집트인의 장식물은 다산을 뜻하는 연꽃, 권력을 뜻하는 독사, 신성함을 나타내는 암소의 뿔 등으로 장식되어 있다. 이와 같이 이집트인들은 신분과 계급에 따라 형태와 크기, 장식물이 달랐으며 의복과 메이크업에 비해 정교하고 매우 다양했다.

그림 7-4 이집트인의 헤어 스타일

2) 그리스(Greece) · 로마(Rome) 시대(BC 1100~AD 395)

그리스 · 로마시대는 국가적 형성과 문화적 발전으로 유럽문명의 큰 기초가 되었다. 그리스인들은 최초로 예술과 아름다움을 의식한 민족으로 대칭적인 비례와 균형미를 중시하였다. 그리스 · 로마시대의 양식은 거의 흡사하지만 로마시대로 접어들면서 조금 더 정교하게 발전해 갔다.

그리스 · 로마시대의 남성들은 머리숱이 적은 것을 부끄럽게 여겨 가발을 이용한 스타일을 추구하며 머리손질에 많은 시간을 투자하였으며 여성들은 가발을 착용하여 땋아 늘어뜨리거나, 둥글게 마는 등의 헤어 스타일(Hair style)을 하였다.

이때 숙련된 노비로 하여금 부분 가발(Hair piece)를 이용하여 길이를 길게 하거나 모발의 볼륨을 크고 적게 하는 방법을 이용하여 가발의 티가 나지 않는 정교하고 섬세한 헤어 스타일(Hair style)을 완성하도록 하였다. 로마시대에는 남자들도 향수를 뿌렸다. 목욕문화가 매우 발달하였는데 남성들은 대중 목욕탕에서 여성들은 개인욕실을 사용하여 향유로 몸을 치장하였다.

그림 7-5　로마시대의 남성과 여성의 헤어

3) 비잔틴(Byzantine) 시대(AD 395~1453)

비잔틴 시대 초기에는 로마시대의 영향을 받아 가발을 이용하여 머리를 땋아 묶거나 올리는 스타일과 흡사하였으나 로마시대가 멸망 후 가발의 착용보다는 터번 등을 이용하여 머리 전체를 감싸 장식하는 스타일로 변하였고 값비싼 보석 등으로 많은 장식을 하였다. 머리 전체를 감싸 장식한 것을 중시하였고 이는 주로 신분이 높은 여성들이 주로 하였다.

화려한 장식을 한 관으로 머리 전체를 감싸므로 인해 헤어스타일은 크게 드러나지 않지만 모발자체의 형태의 특징은 길게 늘어뜨리거나 땋는 자연스러운 형태가 두드러지게 되었다. 점점 후기로 갈수록 장식하는 관으로 권위를 구별하는 계급사회를 보여주고 있다.

로마네스크(Romanesque)시대 여성들은 이러한 비잔틴 헤어양식을 흡수하여 비슷하게 앞가르마를 타서 두 갈래 또는 세 갈래로 가발이나 리본을 이어 발끝까지 길게 땋아 늘어 뜨렸다.

4) 르네상스(Renaissance) 시대(1453~1580)

주춤했던 가발이 르네상스 시대부터 활발하게 사용되었는데 그 이유는 점차 머리에 쓰는 관 또는 장식이 적어지고 머리카락을 보이는 풍속이 등장하였기 때문이다.

이 시대의 여성과 남성들은 빈약한 머리숱을 보완하는 가발을 사용하여 머리의 볼륨을 만들어 풍성한 머리를 과시하기 위하여 가발을 쓰기도 하였으며 모발의 아름다움을 극대화 시키기 위하여 염색을 했으며 향유를 이용하여 윤기나게 하였다. 아름다움을 위한 염색을 다양하게 하였지만 청색계열은 기피하였는데 이는 주로 하류계급이 사용했기 때문이다.

5) 바로크(Baroque) 시대(1580~1715년)

바로크 시대에는 균형미, 조화미와 상반되는 과도한 장식적인 스타일을 추구하였다. 초기의 남성들은 높은 상의의 깃에 영향을 받아 낮은 헤어 스타일을 하거나 머리를 짧게 잘랐으나, 중기로 접어들면서 깃이 내려간 상의의 유행으로 인해 머리를 기르기 시작한 남성들은 멋을 내기 시작했다.

1600년대 이후부터 가발을 착용하고, 머리를 정돈하는 방법에 있어서 여러 가지 기교를 부리게 되었다. 그 후, 루이 13세(재위 1610~1643)가 빈약한 머리를 감추기 위해 가발을 착용함으로 인해 상류사회에서 가발이 유행하였고 17세기 후반에는 화려한 의상과 조화되어 매우 중후하고 거창한 형태로 변화하였다.

그러나, 무겁고 불편한 가발을 쓸 수 없어 실내에서는 리넨(Linen)이나 울로 된 캡을 머리에 감싸기도 하였다. 가발은 화려한 의상과 조화를 잘 이룰 수 있는 밝은 갈색의 머리일수록 값이 비싸고 어두운 검정일수록 값이 저렴하였으며 후기로 갈수록 가발이 점점 커져 머리가 넘어지지 않도록 행동도 조심했어야 했다.

여성 역시 옷이 깃에 의해 헤어스타일이 변하였는데 초기에 세운 깃이 유행할 때는 높게 빗어 올려 위엄 있고 고귀한 분위기를 완성하였다. 중기로 접어들면서 깃이 플랫해지고 어깨 위로 자연스럽게 모발을 늘어뜨리기도 했으며 풍성한 모발처럼 보이기 위해 가발을 이용하고 점점 크고 높아지며 더 화려해지는 헤어스타일을 완성하였다.

그림 7-6 바로크 시대의 남성 헤어 스타일

6) 로코코(Rococo) 시대(1715~1793년)

향락 위주의 시대라고 불리는 로코코 시대는 구불구불한 기형적인 조개장식을 뜻하는 말로 바로크 시대의 영향을 이어받아 극단적인 화려함을 추구하게 되었다. 과한 장식과 곡선이 헤어스타일에 영향을 끼쳐 18세기 후반에 들어와 남성패션의 가장 중요한 변화는 가발에 있었다.

바로크 시대의 화려하고 무거웠던 대형가발에 비해 로코코 시대의 남성가발은 전체가발과 함께 가벼운 부분가발을 이용하여 우아한 형태를 추구하였다는 차이점이 있다. 남성의 가발은 웨이브가 있는 형태와 머리를 땋아 리본으로 묶거나 주머니에 넣는 형태로 크게 두가지로 나뉘어지며 거대한 가발이었던 풀버텀 위그(Full bottomed Wig)는 1710년부터 부피가 작아져 전문직, 노인, 궁정복, 법관, 성직자를 위한 것으로 남아있게 되었다.

여성의 헤어스타일은 퐁탕쥬(Fontange)형에서 루이 14세가 사망 후 낮은 머리형인 퐁파두르(Pompadour)형이 유행하였다. 점점 머리형에 변화가 나타나 1760년도 경에 머리모양이 매우 높아지고 거대해지며 장식이 쌓여갔다. 모발을 매우 높고 과장되게 연출하였고 이를 위해 가발을 사용하였다.

이 시기에 유행한 머리양식에 사용된 뿌프(Poufs)는 예술적이고 환상적인 로코코 시대 여성의 대명사인 마리앙뚜아네트(Marie-Antoinette d'Autriche) 여왕의 가발의 높이와 기교면에 있어 절정에 달하도록 하였다. 단두대에 오르는 날까지도 매일 가발을 바꿔 썼으며 모든 계급의 여성들은 여왕의 머리를 모방하여 역사상 가장 거대한 머리형을 만들며 향료 및 다양한 컬러를 낼 수 있는 파우더를 사용하여 가발의 전성기를 누렸다.

그러나 매일 완성된 헤어 스타일(Hair style)을 위해 머리를 자주 감지 못하여 그라투아르(Grastoir)라는 머릿속을 긁을 수 있는 빗이 생기고 벌레와 쥐가 들끓었다고 한다.

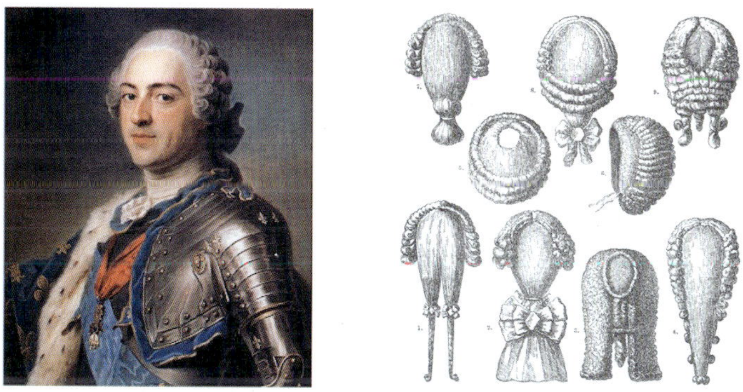

그림 7-7　로코코 시대의 남성 헤어 스타일과 남성

퐁탕쥬(Fontange)

퐁파두르(Pompadour)

뿌프(Poufs)

그림 7-8　로코코 시대의 여성 헤어 스타일

그림 7-9　마리앙뚜와네트와 다양한 종류의 뿌프

푸프(Pouf) — Check point

머리에 심는 쿠션으로 철제로 만들어진 큰 핀에 가발을 부착하거나 장식물이 부착된 구조물을 삽입하여 높이 올리는 전반적인 머리스타일을 지칭하는 헤어 스타일(Hair style)이다. 뿌프는 머리의 공간과 높이를 최대한 넓히고 올려, 부분 가발을 덧붙이고 각종 장식을 다는데 지지대 같은 역할을 한다. 머리장식에는 리본이나 깃털, 고급 천, 각종 보석 등을 이용하였다.

7) 엠파이어(Empire) 시대(1795~1815년)

엠파이어 시대에는 프랑스 혁명 이후 평등이 구호가 되면서 화려했던 헤어스타일이 시민중심의 헤어스타일로 자연스럽고 편하며 실용적인 헤어스타일이 유행하였다. 그 후 대혁명으로 인해 동란 속에 휩싸이자 머리의 장식, 가발 등이 모습을 감추었으며 남성은 모발을 잘라 짧은 머리를 선호하며 얼굴의 절반 정도까지 짧아지기도 하였다.

여성은 머리를 짧게 자르거나 곱슬거리는 컬을 앞과 옆으로 늘어뜨리기도 하였으며 뒤로 높게 묶는 그리스 헤어스타일이 유행하였다. 남성과 여성의 공통적인 장식은 모자로서 폭넓은 챙이 아름다운 곡선을 만드는 것이 특징이다.

그림 7-10　엠파이어(Empire) 시대의 여성 헤어 스타일

8) 로맨틱(Romantic) 시대(1815~1848년)

로맨틱시대는 프랑스 혁명으로 인해 계급이 귀족에서 시민으로 넘어갔으나 산업화의 발전으로 부의 격차가 발생하며 바로크 · 로코코 시대를 동경한 스타일이 많이 표출되었다.

주로 긴 머리가 유행하였으며 주로 가르마를 정갈히 나누어 귀를 덮어 올린 헤어스타일과 가발을 이용하여 머리의 양옆이나 위쪽으로 크게 결발(Hair dressing)을 한 스타일이 대표적이다. 머리장식들도 화려해졌으며 그 중에서는 곡선을 이용한 챙이 넓은 모자와 꽃을 이용하여 여성의 아름다움을 극대화 시켰다.

그림 7-11　로맨틱(Romantic) 시대의 여성 헤어 스타일

9) 근 · 현대 사회(1910년~현재, Mordern society)

헤나 염료나 인디고로 신분에 따라 염색이 활성화되었으며, 17세기 초에는 프랑스 궁전에서도 가발 쓰는 것이 유행하였다. 더 나아가 18세기에는 보다 더 유행하며 여성가발 역시 크게 유행하였다. 나이, 직업, 의복에 따라 신분을 나타내는 용도로 사용하기도 하였다.

20세기 초반에는 제1차, 제2차 세계대전이라는 시대적 배경 속에 기능주의가 대두되어 허식을 벗어나 여성들의 머리는 간소해졌고, 1940년대에는 인모나 화학 모가 주소재로 가발이 제작되어 자연스럽고 실용성 있는 가발이 유행하였다. 1950년대 후반에는 전쟁이 끝난 후 미국을 중심으로 본격적으로 상업화시대가 도래하고, 실용적이고 자연스러운 스타일을 추구하였다. 20세기 후반에는 가발에 컬을 주어 둥글게 말거나 꽃과 같은 장식을 통해 보다 더 아름다움을 표현하였다.

그림 7-12 1950년대 헤어스타일

현대에는 탈모인 자신의 결점을 감추는 것을 넘어 전체 가발(Hair Wig), 부분가발(Hair piece), 증모(Hair increase), 붙임머리(Hair extension)등으로 이미지의 변화에 필요성을 느끼게 하는 헤어의 필수 불가결한 요소로서 패션의 일부로 인식되어 유행이 유지되고 있다.

Checkpoint

동양과 서양의 가발착용에 대한 차이점은 표현방법과 색상에 차이를 나타낸다.

표 7-2 동양과 서양 가발의 차이점

<table>
<tr><th></th><th colspan="2">동양의 가발</th><th>서양의 가발</th></tr>
<tr><td>색상</td><td colspan="2">진한 흙색</td><td>백색, 회색, 금색 등의 다양한 색</td></tr>
<tr><td rowspan="3">표현방법</td><td>땋기(Braid)</td><td></td><td> 웨이브(Wave)</td></tr>
<tr><td>말기</td><td></td><td> 컬(Curl)</td></tr>
<tr><td>꼬기(Twist)</td><td></td><td> 땋기(Braid)</td></tr>
<tr><td rowspan="6">장식용품</td><td>화관</td><td></td><td rowspan="2"> 컬러 파우더</td></tr>
<tr><td>비녀</td><td></td></tr>
<tr><td>첩지</td><td></td><td rowspan="2"> 리본</td></tr>
<tr><td>떨잠</td><td></td></tr>
<tr><td>떠구지</td><td></td><td rowspan="2"> 모자</td></tr>
<tr><td>댕기</td><td></td></tr>
</table>

Chapter 8 붙임머리 실기

1. 붙임머리(Hair extention)의 재료 및 도구

① 스티커 붙임머리(Sticker Hair extention)

- 가모의 상단에 접착식 스티커가 부착되어 있어 매직기 등의 열기구로 열을 가하여 자연모와 연결하는 기법에 사용된다.

② 링 붙임머리(Ring Hair extention)

- 가모의 상단에 금속 소재의 링이 부착되어 링의 중앙으로 자연모를 빼낸 후 펜치(Pincers)로 링을 압착하여 연결하는 기법에 사용된다.

③ 스킬 붙임머리(Skill Hair extention)

- 두가닥의 기모에 실소재의 브릿지(이하 이음실)가 부착된 붙임머리 재료로 이음실과 자연모를 땋은 후 고무실로 매듭지어 연결하는 기법에 사용된다.

④ 트위스트 붙임머리(Twist Hair extention)

- 위 ③의 스킬 붙임머리와 재료는 동일하나, 매듭짓는 방식이 상이하다. 이음실과 자연모를 트위스트 형태로 꼬은 후 고무실로 매듭지어 연결하는 기법에 사용된다.

⑤ 위빙땋기 붙임머리(Weaving Hair extention)

- 가모의 상단에 미싱 처리가 되어 있으며 붙임머리 사용 전 미싱 부분을 제거하고 가모와 자연모를 땋은 후 고무실로 매듭지어 연결하는 기법에 사용된다.

⑥ 패션 붙임머리(트윙클, Twinkle Hair extention)

- 붙임머리처럼 다발식이 아닌 한 올 연결 기법으로 자연모 4~7가닥 정도에 가모 한 올을 반으로 섭어서 스킬바늘로 연결하는 기법이다

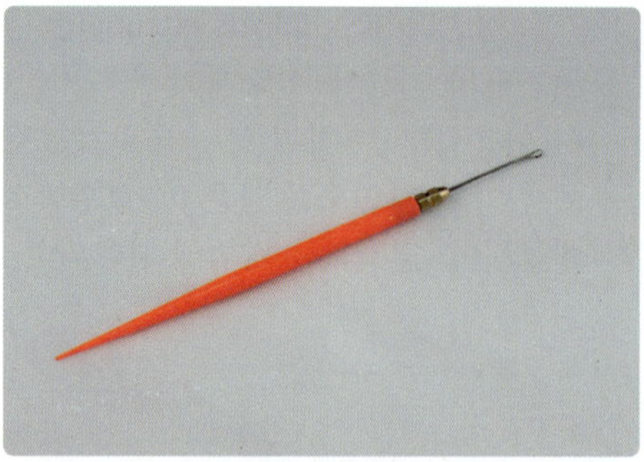

⑦ 스킬(Skill) 바늘

- 스킬 붙임머리(Skill Hair extention)의 이음실과 자연모를 엮을 때 사용한다. 헤드부분은 갈고리 모양의 금속 소재로 되어 있으며 바디는 플라스틱 소재이다.

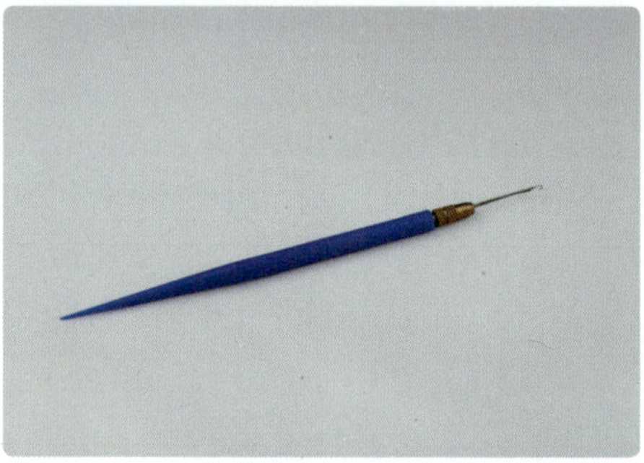

⑧ 링(Ring) 바늘

- 링 붙임머리(Ring Hair extention)를 할 때 자연모를 링 안으로 걸어 넣을 때 사용한다.

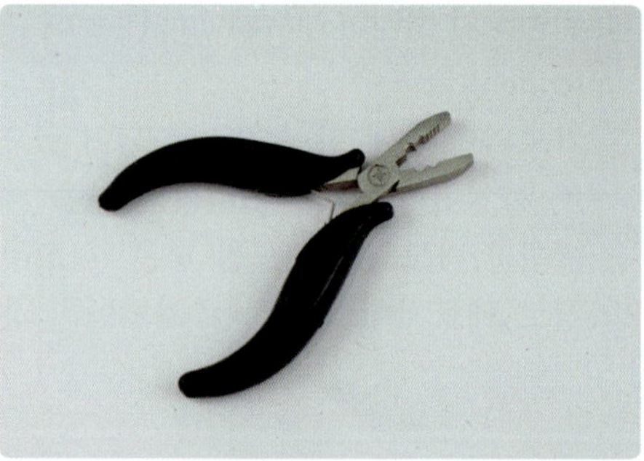

⑨ 펜치(Pincer)

- 링 붙임머리를 압착, 고정할 때 사용한다.

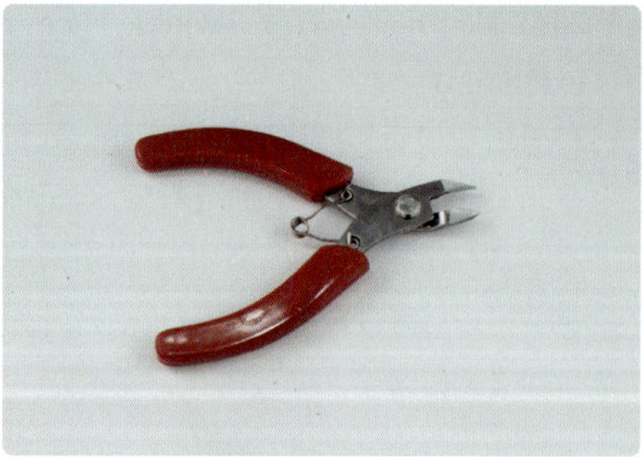

⑩ 니퍼(Nipper)

- 부착된 링을 제거할 때 사용한다.

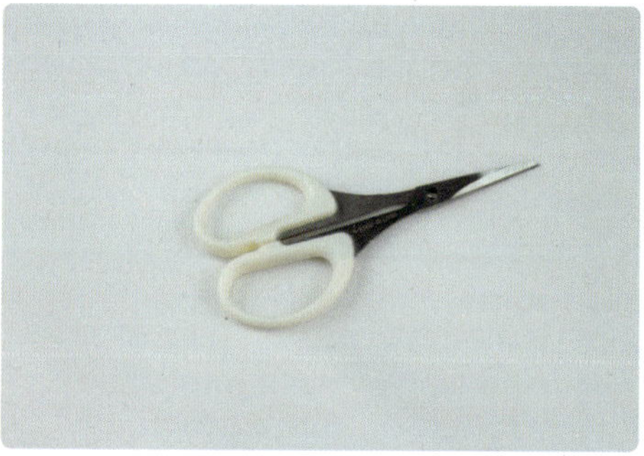

⑪ 가위(Scissors)

- 고무줄 실 매듭의 여분을 절단하거나 매듭을 제거할 때 사용한다.

⑫ 헤어핀(Hair pin) 대(大)

- 자연모의 브로킹(Blocking)과 섹션(Section)을 고정할 때 사용한다.

⑬ 헤어핀(Hair pin) 소(小)

- 붙임머리 작업 시 잔머리를 고정할 때 사용한다.

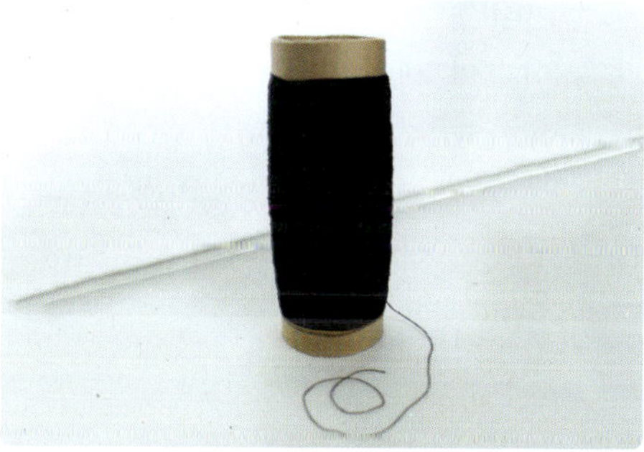

⑭ 고무줄 실(Rubber band thread)

- 매듭기법(스킬, 트위스트, 위빙땋기)의 붙임머리를 고정할 때 사용한다

⑮ 분무기(Sprayer)

- 시술직전 자연모의 상태를 정리할 때 사용한다.

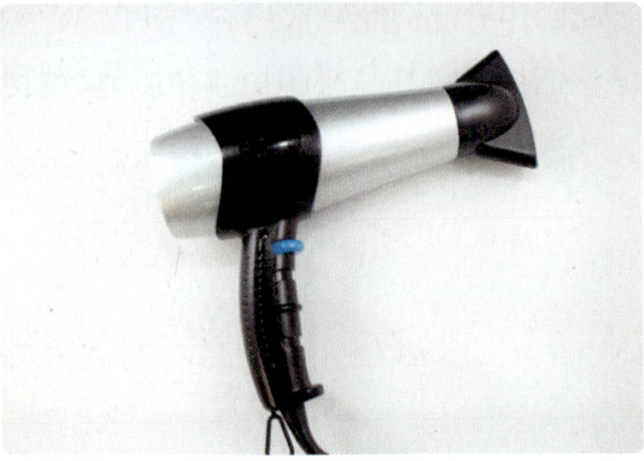

⑯ 드라이어(Drier)

- 자연모의 수분을 건조시킬 때 사용한다.

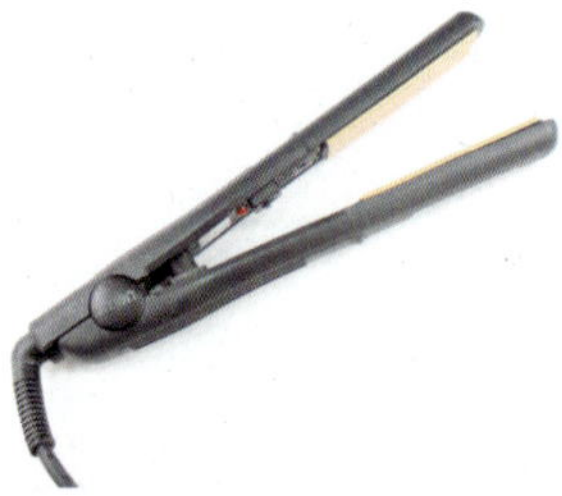

⑰ 아이론(Iron)

- 스티커 붙임머리를 눌러 접착시킬 때와 제거 시 사용되며, 시술 전·후 자연모의 상태를 정리할 때 사용한다.

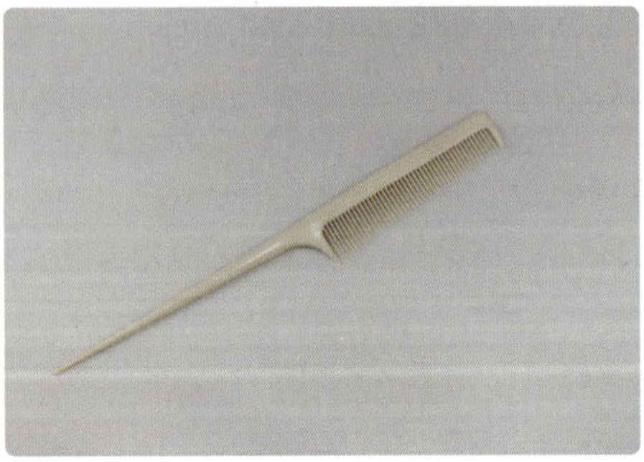

⑱ 꼬리빗

- 자연모의 섹션 및 슬라이스를 뜰 때 사용한다.

⑲ 쿠션 브러쉬(Cushion brush)

• 작업 전 자연모 전체를 빗어 정돈하는 용도로 사용한다.
상한 모발과 휴지기의 자연모를 사전에 탈락시켜 붙임머리 작업 완료 후 즉각적으로 탈모되는 현상을 예방하기에 용이하다.

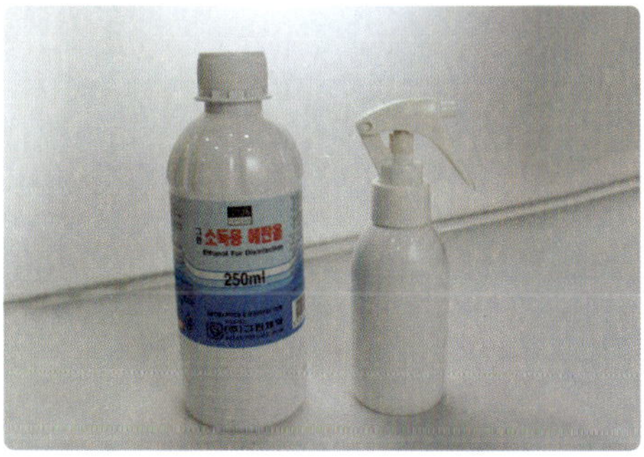

⑳ 소독제(Antiseptic)

• 시술 전·후 손 소독 및 도구 소독에 사용한다.

㉑ 솜(탈지면)

• 손 소독 시 소독제를 묻혀서 손 전체를 닦아낸다.

㉒ 스티커 붙임머리(Sticker Hair extention) 제거 전용 리무버(Remover)

• 스티커 붙임머리 제거 시 사용한다.

㉓ 웨건

- 사용 도구를 위치에 맞게 배열하여 작업의 편리성을 준다.

2. 붙임머리(Hair extention)의 준비상태

1. 시술자(Designer)의 상태

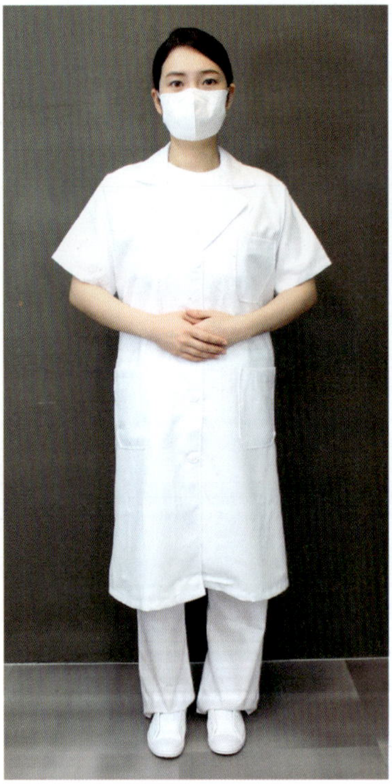

그림 8-1 복장 상태

1) 헤어 고정용품

검은색만 허용(머리핀, 머리띠, 머리망 등)

2) 액세서리(Accessory)

일체 착용금지

3) 마스크(Mask)

흰색만 허용

4) 위생복(Gown)

흰색의 반팔 또는 긴팔 가운 착용

5) 상의(Top)

흰색의 라운드 네크라인의 반팔티셔츠

6) 하의(Bottom)

색상 소재 무관한 긴 바지

7) 신발(Shoes)

매듭이 없는 흰색 운동화

2. 고객(Customer)의 상태

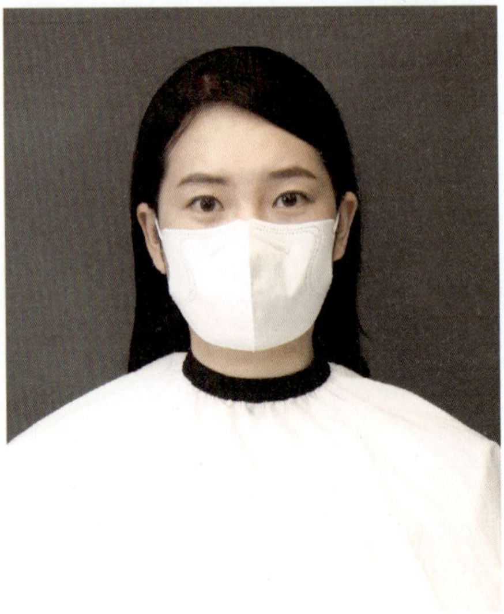

그림 8-2 고객의 상태

1) 자연 모발

흑채 또는 스프레이 젤 등의 헤어 제품을 사용하지 않은 자연 모발 상태

2) 브러싱(Brushing)

브러싱을 하여 노화된 모발 및 두피 노폐물을 제거한 상태

3) 액세서리(Accessory)

시술에 지장을 줄 수 있는 악세서리는 따로 보관하도록 요청

4) 어깨보(커트보, Cut褓)

가운 착용

5) 블로킹(Blocking)

① 모든 붙임머리의 시술 전 블로킹(Blocking) 형태는 동일하다.

② 숏커트의 경우 최하단 네이프(Nape) 첫 단부터 시술한다.

③ 그 외의 경우는 귀 1/3 지점이 첫 단이 된다.

④ 측면부 3단 약 30개, 후면부 5단 약 70개 정도로 총 100피스 (1시트)가 사용되나 두상의 모양과 헤어 스타일(Hair style)에 따라 적절히 가감된다.

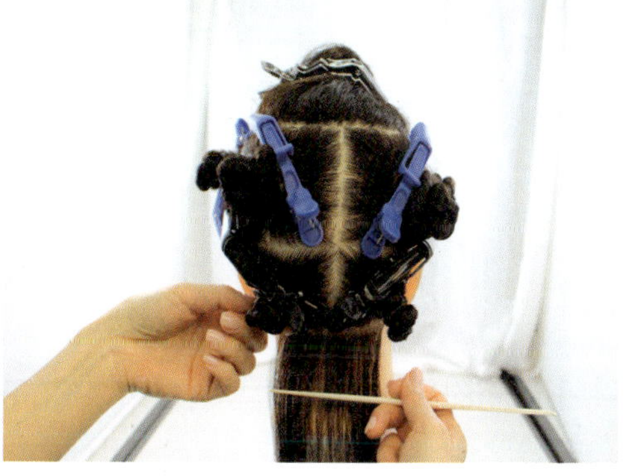

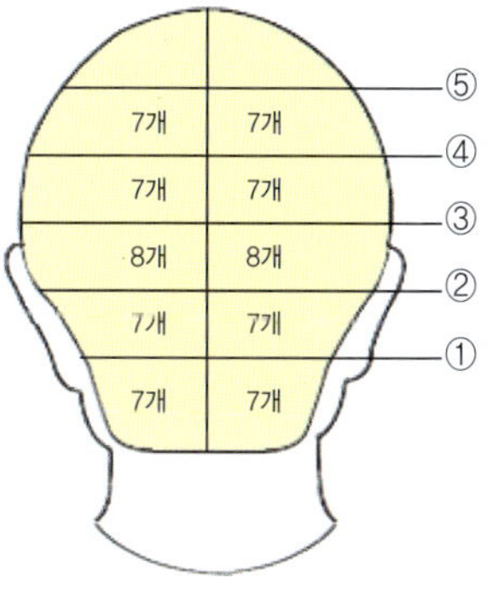

그림 8-3 블로킹(Blocking)

3. 가발 종류에 따른 시술방법과 제거방법

1. 스티커 붙임머리(Sticker hair extention)

스티커 붙임머리(Sticker hair extention)란 스티커의 접착부분을 자연모에 부착하여 쉽고 간편하게 연장할 수 있는 방법이다.

1) 스티커 붙임머리(Sticker hair extention) 장 · 단점

① 시술시간이 다른 연장술에 비해 가장 짧다.

② 유지기간이 비교적 짧다.

③ 열기기로 스타일링 시 부착부위를 피해야 하는 등 관리방법이 제한적이며, 열기기에는 아이론(Iron), 드라이어(Drier) 등이 있다.
④ 무게감이 거의 없다.
⑤ 시술방법이 쉽다.

2) 스티커 붙임머리(Sticker hair extention)의 주의사항

① 자연모에 수분이 있으면 스티커가 잘 붙지 않으므로 드라이어로 완전히 건조시킨 다음 시술을 시작한다.
② 시술 중 스티커의 접착 부분에 잔머리가 엉켜 붙지 않도록 유의한다.
③ 붙임머리 부착부분에 습관적으로 손을 대면 연결부가 탈락되기 쉽다.

3) 홈 케어(Home care)

① 열이 닿으면 스티커 부분의 유지력이 떨어지니, 샴푸 후 드라이어 사용 시 찬바람으로 말려준다.
② 두피부터 빗질하는 것을 삼간다. 빗질 시 아랫부분부터 빗어 올라와 붙임 연결 부위를 피해 그 아랫쪽까지만 빗질한다.
③ 눕거나 취침 시 양 갈래로 묶으면 엉킴 현상을 최소화 할 수 있다.

4) 준비물

① 스티커형 붙임머리(Sticker hair extention)
② 펜치(Pincer)
③ 헤어핀(Hairpin)
④ 꼬리빗(Tail comb)
⑤ 드라이어(Drier) 또는 아이론(Iron)
⑥ 스티커 붙임머리(Sticker hair extention) 제거 전용 리무버

5) 스티커 붙임머리(Sticker hair extention) 시술방법

① 재료 준비
- 스티커 붙임머리
- 펜치(Pincer)
- 꼬리빗(Tail comb)
- 헤어핀(Hairpin)
- 드라이어(Drier) 또는 아이론(Iron)
- 손 소독제(Antiseptic), 솜(탈지면)

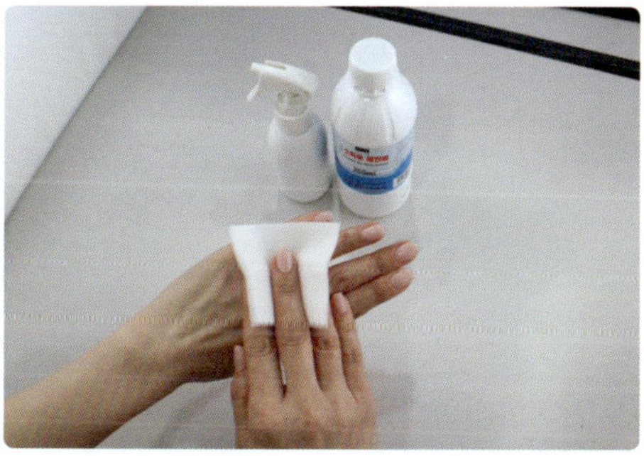

② 손 소독
- 시술자의 손 소독은 솜(탈지면)에 손 소독제(Antiseptic)를 3회 이상 분사하여 양 손을 번갈아가면서 손바닥, 손등, 손가락 사이를 닦아낸다.

Tip. 손, 기구 등의 소독에는 스프레이식 용기 등에 알코올 소독제를 넣어서 사용한다.

③ 건조(Dry)
- 자연모의 수분감이 없도록 충분히 건조 시킨다.

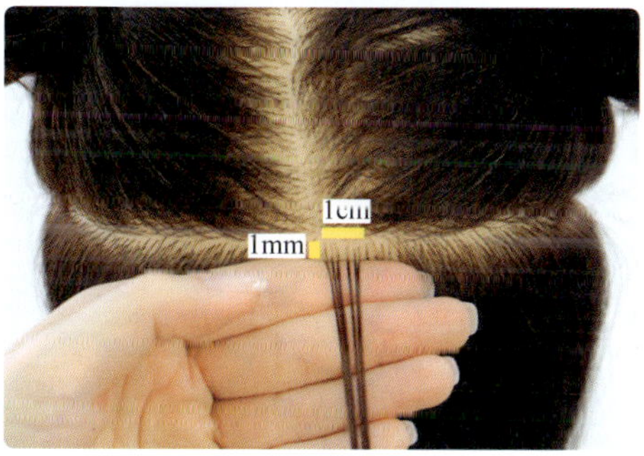

④ 패널(Pannel)잡기
- 꼬리빗(Tail comb)으로 사선모를 섹션 후 두께 1mm, 가로 1cm 정도로 슬라이스(Slice)를 떠서 패널을 잡는다. 이때 자연모의 양이 많으면 유지력이 떨어진다.

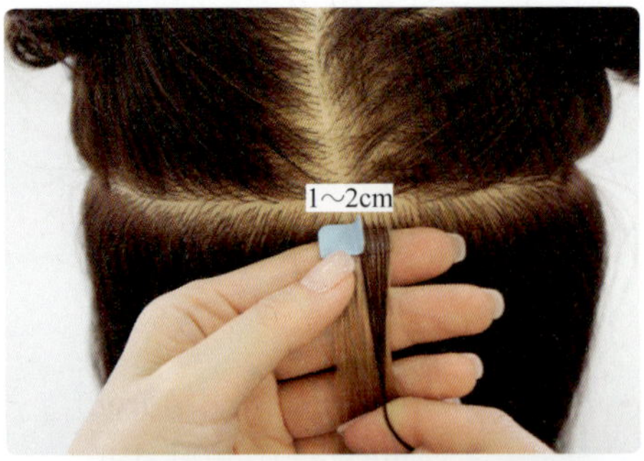

⑤ 테이프(Tape) 부착-In

- 연장용 모발피스 상단 부분의 테이프 겉면을 떼어낸다.
- 자연모의 안쪽 부분에 붙여 준다. 제작사에 따라 테이프의 너비는 1~2cm 정도이며, 반을 접어서 부착하는 방식도 있다.

⑥ 테이프(Tape) 부착-Out

- 연장용 모발 피스 하나를 더 사용하여 자연모의 바깥부분에 붙여 준다.

⑦ 아이론(Iron) 열처리

- 연장모의 테이프 부분이 잘 밀착되도록 아이론으로 2~3초 정도 눌러준다. 아이론의 온도가 높으면 접착제가 녹을 수 있으므로 80~100℃의 온도가 적당하다. 이때 부착부의 각도는 두피에서 0°의 느낌으로 뿌리를 최대한 들지 않도록 한다.

⑧ 완성

- 스티커 붙임머리의 완성된 모습

6) 스티커 붙임머리(Sticker hair extention) 제거방법

① 재료 준비

- 제거액 에탄올(Ethanol, 70%) 또는 제거 전용 리무버(Remover)
- 아이론(Iron)
- 핀셋(Pincette)
- 손 소독제(Antiseptic), 솜(탈지면)

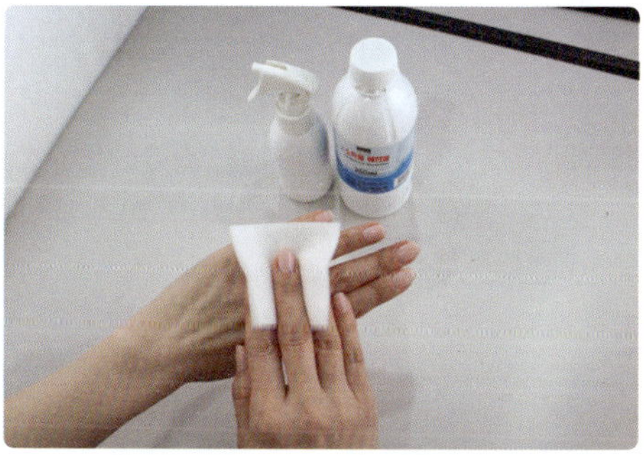

② 손 소독

- 시술자의 손 소독은 솜(탈지면)에 손 소독제(Antiseptic)를 3회 이상 분사하여 양 손을 번갈아가면서 손바닥, 손등, 손가락 사이를 닦아낸다.

Tip. 손, 기구 등의 소독에는 스프레이 용기 등에 알코올 소독제를 넣어서 사용한다.

③ 연장부분 찾기

- 붙임머리가 연장되어있는 스티커 부분을 찾는다. 시간이 지나면 접착력이 많이 떨어져 있다.

④ 접착부 열기

- 왼손으로 연장된 모발을 잡고 오른손 핀셋(Pincette)으로 주변의 모발이 손상되지 않도록 접착부를 살짝 벌려준다.

⑤ 제거액 분사하기

- 벌려준 접착부 사이에 에탄올(70% Ethanol)을 뿌려준다. 스티커 붙임머리 전용 리무버(Remover)를 사용해도 쉽게 제거된다.

⑥ 아이론 열처리 제거

- 왼손으로 연장모의 접착부 아랫부분을 잡아 고정시켜주고 오른손의 아이론으로 열판을 눌렀다 떼었다를 반복해 준다. 이때 연장모를 좌우 방향으로 살짝 살짝 당기며 동시에 아랫방향으로도 당겨 준다.

⑦ 분리

- 왼손은 자연모가 손상되지 않게 잡고 오른손으로 스티커 붙임머리를 아랫방향으로 당기며 자연스럽게 분리한다.

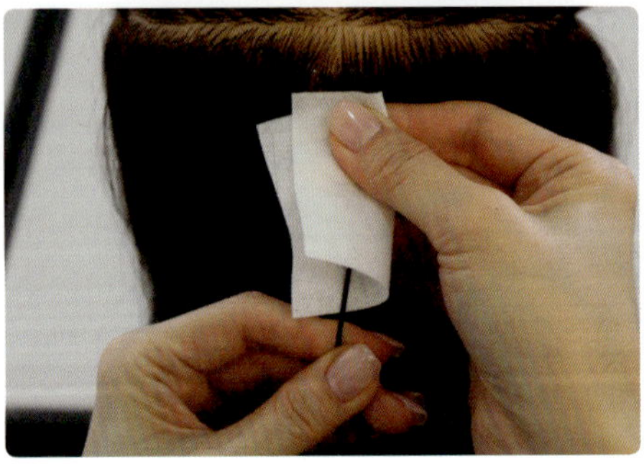

⑧ 접착제 리무버

- 모발에 남은 접착제의 잔여물은 제거액 에탄올(70% Ethanol)을 솜(탈지면) 또는 천에 묻혀 아랫방향으로 닦거나 살살 비벼서 제거해 준다.

⑨ 완성
- 스티커 붙임머리 제거의 완성된 모습

2. 링 붙임머리(Ring hair extention)

링 붙임머리(Ring hair extention)란 연결부 링을 펜치(Pincer)로 압착(Press)하여 자연모에 부착하는 방법이다.

링에 연결된 이음실의 개수에 따라 원링(One ring) 붙임머리, 투링(Two ring) 붙임머리로 불린다.

시술 방법은 동일하며 투링(Two ring) 제품이 주로 사용된다.

모질에 따른 분류로는 천연모, 레미 인모, 인조모가 있다. 천연모는 염색, 퍼머넌트를 한 적 없는 천연 그대로의 100% 인모를 말하고, 가장 고급 모질이며 천연생모, 달비모라고도 부른다. 레미 인모는 100% 인모로 큐티클을 정리, 가공하여 가볍고 얇다. 천연모에 비해 가격이 저렴하며, 일반모라고도 부른다. 그 외 자연모와 인조모를 혼합한 연습용 모가 있다.

1) 링 붙임머리의 장 · 단점

① 시술시간이 비교적 짧다.
② 링 형태의 연결부를 펜치로 눌러 고정하는 방법이다.
③ 링이 금속 재질로 되어 있어 무게감이 있을 수 있다.
④ 공항 검색대에서 금속 재질의 링으로 인해 경보음이 울릴 수 있다.
⑤ 제거 시 니퍼(Nipper) 등이 준비되어 있어야 한다.
⑥ 제거가 쉽다.

2) 링 붙임머리의 주의사항

① 두피와 일정 간격(1cm)을 두고 부착하여야 한다. 부착부위가 두피와 지나치게 가까우면 견인성 통증이 유발될 수 있다.

② 두피 쪽 모발의 각도(0°)는 최대한 아래쪽으로 내려 눌러 주어야 한다.

③ 압착하는 금속부분을 2번 정도 반복적으로 눌러주어 시간이 경과함에 따라 헐거워지는 것을 방지한다.

3) 홈 케어(Home care)

① 두피부터 빗질하는 것을 삼간다. 빗질 시 아랫부분부터 빗어 올라와 붙임 연결 부위를 피해 그 아래쪽까지만 빗질한다.

② 눕거나 취침 시 양 갈래로 묶으면 엉킴 현상을 최소화 할 수 있다.

4) 준비물

① 링용 붙임머리(Ring hair extention) 가모

② 링(Ring) 바늘

③ 분무기(Sprayer)

④ 꼬리빗(Tail comb)

⑤ 가위(Scissors)

⑥ 고무줄실(Rubber band)

⑦ 펜치(Pincer)

5) 링 붙임머리(Ring hair extention) 시술방법

① 재료 준비

- 링용 붙임머리
- 링 바늘(Ring Needle)
- 펜치(Pincer)
- 분무기(Sprayer)
- 꼬리빗(Tail comb)
- 가위(Scissors)
- 고무줄실(Rubber band)
- 손 소독제(Antiseptic), 솜(탈지면)

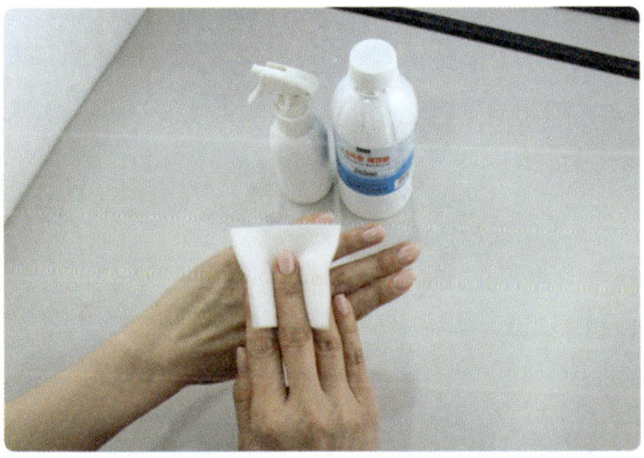

② 손 소독

- 시술자의 손 소독은 솜(탈지면)에 손 소독제(Antiseptic)를 3회 이상 분사하여 양 손을 번갈아가면서 손바닥, 손등, 손가락 사이를 닦아낸다.

Tip. 손, 기구 등의 소독에는 스프레이 용기 등에 알코올 소독제를 넣어서 사용한다.

③ 링(Ring)안에 링 바늘 넣기

- 링 사이로 링 바늘을 넣는다. 스킬바늘의 덮개를 제거하면 링 전용 바늘이 된다. 링에 연결된 브릿지가 1개인 것을 원(One)링, 2개인 것을 투(Two)링이라고 한다.

④ 지연모 걸기

- 적당량의 자연모를 링바늘에 걸어준다. 이때 모량은 링(Ring)에 통과될 정도의 양이면 적당하며 링바늘에 잘 걸리게 하기 위해 지연모에 물을 분사하여 살짝 꼬아주면 좋다.

⑤ 자연모 빼기

- 바늘에 걸린 자연모를 링 사이로 통과시킨다. 링(Ring) 사이로 통과된 자연모의 양이 부족하면 한 번 더 자연모를 빼내어 모량을 보충한다.

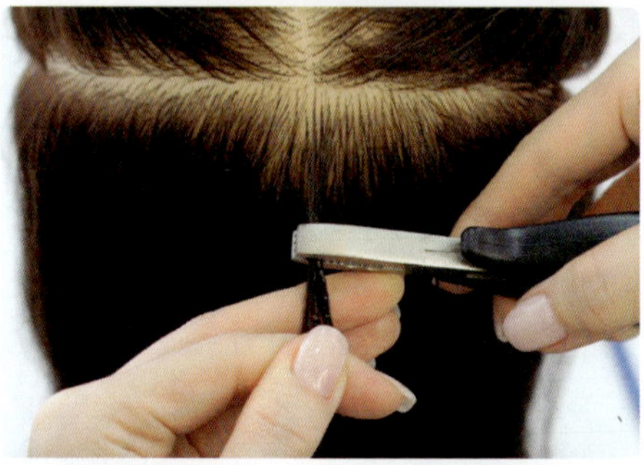

⑥ 펜치(Pincer)로 링(Ring)잡기

- 연장모를 양쪽으로 벌려주고 중앙의 링 부분을 왼손으로 받치고 오른손의 펜치(Pincer)로 잡아 준다. 펜치의 각도는 0°도로 하고 자연모의 잔머리를 잘 정리해 준다.

⑦ 압착부 위치잡기

- 왼손은 자연모의 아랫부분을 잡아 고정시켜주고 오른손의 펜치(Pincer)로 잡은 링을 두피에서 약 1~1.5cm 떨어진 지점까지 끌어 올려 위치를 잡는다. 너무 가까우면 뿌리가 들려 따갑거나 자극이 될 수 있고 너무 멀리 위치하면 쉽게 떨어진다.

Tip. 모든 붙임머리의 연장부와 두피의 각도는 0°이다.

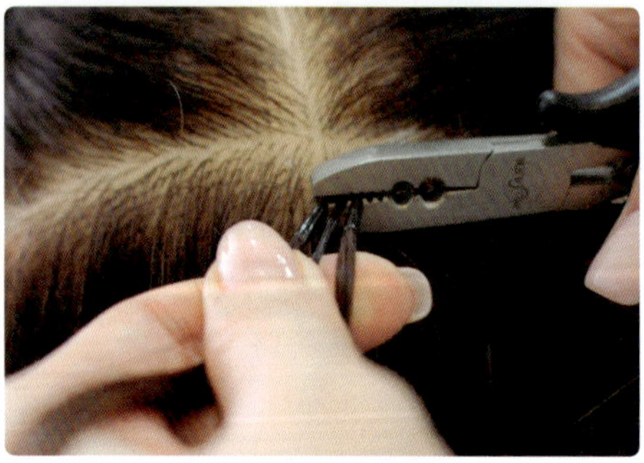

⑧ 링(Ring) 압착하기

- 펜치(Pincer)에 압력을 주어 링을 납작하게 눌러 준다. 흘러내림을 방지하기 위하여 펜치(Pincer)의 안쪽으로 한 번 더 강하게 눌러준다.

Tip.링 압착 시 모발이 끊기거나 잔머리가 끼어 견인통이 유발되지 않게 주의한다.

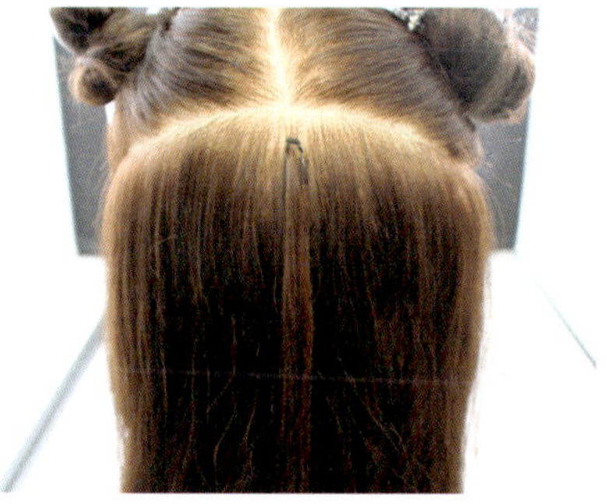

⑨ 완성

• 링 붙임머리의 완성된 모습

6) 링 붙임머리(Ring hair extention) 제거 방법

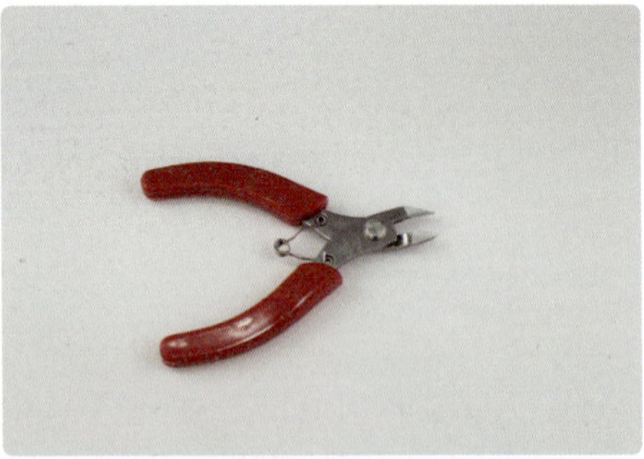

① 재료 준비
- 니퍼(Nipper)
- 손 소독제(Antiseptic)
- 솜(탈지면)

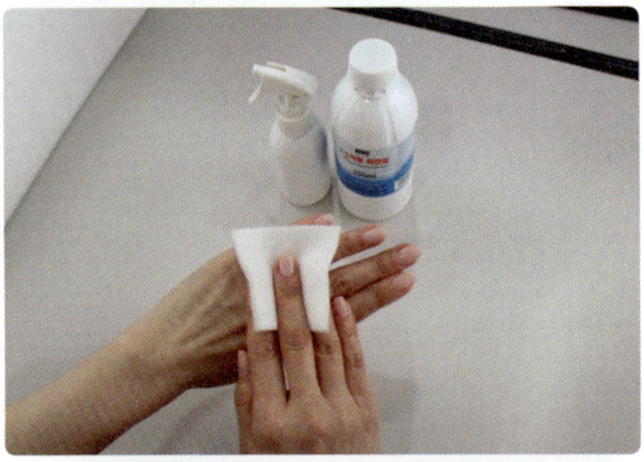

② 손 소독
- 시술자의 손 소독은 솜(탈지면)에 손 소독제(Antiseptic)를 3회 이상 분사하여 양 손을 번갈아가면서 손바닥, 손등, 손가락 사이를 닦아낸다.

Tip. 손, 기구 등의 소독에는 스프레이 용기 등에 알코올 소독제를 넣어서 사용한다.

③ 제거부 찾기
- 제거할 연장모를 찾아 눌러진 링 부분을 왼손으로 받쳐 잡는다.

④ 니퍼(Nipper)로 자르기
- 납작하게 압착된 링의 가장자리를 오른손의 니퍼로 절단한다. 링을 자를 때 고객의 자연모가 링이 벌어진 틈으로 끼여서 잘리거나 당기지 않도록 주의해야 한다.

⑤ 링 제거

- 고객의 자연모가 당겨지지 않게 왼손으로 잘 고정하고 절단된 링은 오른손으로 잡아서 밑으로 끌어 내린다. 절단된 링과 고객의 자연모를 분리한다.

⑥ 완성

- 링 붙임머리 제거의 완성된 모습

3. 스킬 붙임머리(Skill hair extention)

스킬 붙임머리(Skill hair extention)란 가모와 이음실의 연결 브릿지(Bridge)가 양쪽으로 2개이며 일반적으로 투스킬 붙임머리(Two-skill hair extention)라고도 한다.

스킬바늘(Skill Needle)로 이음실과 자연모를 엮고 고무줄실(Rubber band)로 매듭 짓는 방법이다.

모질에 따른 분류로는 천연모, 레미 인모, 인조모가 있다. 천연모는 염색, 퍼머넌트를 한적 없는 천연 그대로의 100% 인모를 말하고, 가장 고급 모질이며 천연생모, 달비모라고도 부른다. 레미 인모는 100% 인모로 큐티클을 정리, 가공하여 가볍고 얇다. 천연모에 비해 가격이 저렴하며, 일반모라고도 부른다. 그 외 자연모와 인조모를 혼합한 연습용 모가 있다.

1) 스킬 붙임머리(Skill hair extention)의 장 · 단점

① 매듭이 형성되어 두피의 배김 현상이 있을 수 있다.

② 고무줄실로 묶어 단단하지만 자연모의 당김 현상이 있을 수 있다.

③ 열기기 사용이 자유로운 편이다.

④ 두상이 커져 보일 수 있다.

⑤ 땋기 기법 중 비교적 작업시간이 빠르다.

⑥ 리터치가 가능하다.

2) 스킬 붙임머리(Skill hair extention)의 주의사항

① 빗질을 할 때 모발이 엉키지 않게 아랫부분부터 빗어 올라간다. 두피 쪽부터 빗을 시 매듭부분이 긁혀 느슨해지거나 머리카락 당김 현상이 있을 수 있다.

② 가모와 자연모를 엮을 때 모발의 각도(0°)를 최대한 아래쪽으로 향하도록 땋는다.

3) 홈 케어(Home care)

① 두피부터 빗질하지 않도록 한다. 빗질 시 아랫부분부터 빗어 올라와 붙임 연결 부위를 피해 그 아래쪽까지만 빗질한다.

② 눕거나 취침 시 양갈래로 묶으면 엉킴 현상을 최소화 할 수 있다.

4) 준비물

① 스킬용 붙임머리(Skill hair extention) 가모

② 스킬바늘(Skill Needle)

③ 분무기(Sprayer)

④ 꼬리빗(Tail comb)

⑤ 가위(Scissors)

⑥ 고무줄실(Rubber band)

5) 스킬 붙임머리(Skill hair extention) 시술방법

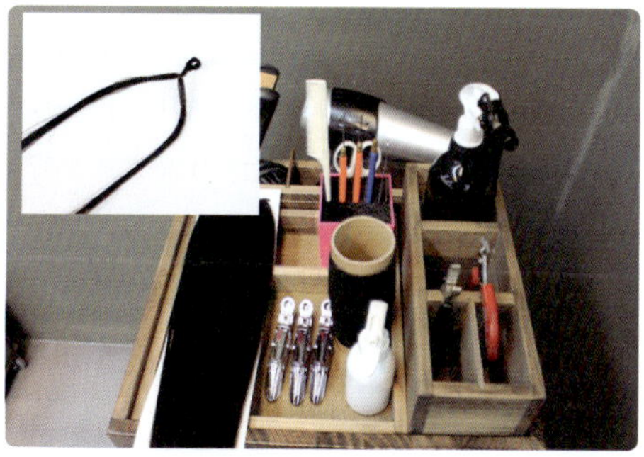

① 재료 준비

- 스킬용 붙임머리
- 스킬바늘(Skill Needle)
- 분무기(Sprayer)
- 꼬리빗(Tail comb)
- 가위(Scissors)
- 고무줄실(Rubber band)
- 손 소독제(Antiseptic), 솜(탈지면)

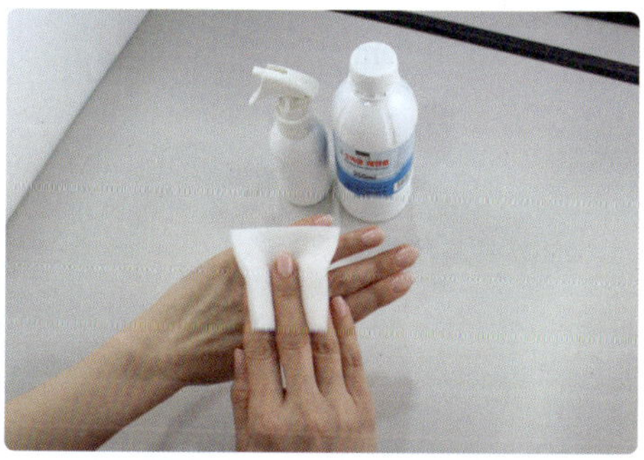

② 손 소독

- 시술자의 손 소독은 솜(탈지면)에 손 소독제(Antiseptic)를 3회 이상 분사하여 양 손을 번갈아가면서 손바닥, 손등, 손가락 사이를 닦아낸다.

Tip. 손, 기구 등의 소독에는 스프레이식 용기 등에 알코올 소독제를 넣어서 사용한다.

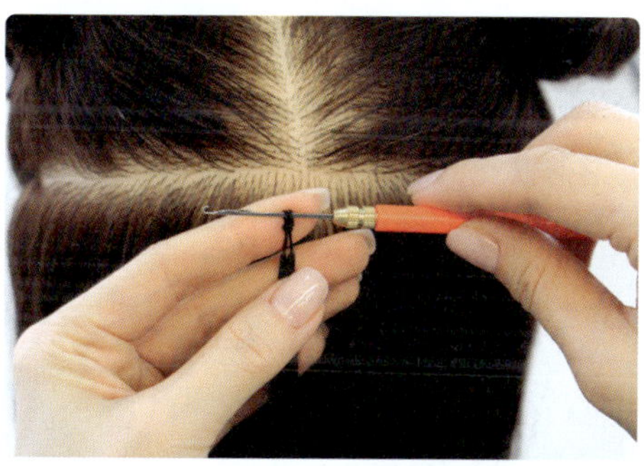

③ 가모 걸기

- 팔자 매듭이 되어 있는 연장모의 고리를 스킬바늘 덮개를 연 상태로 스킬바늘대에 걸어 준다. 시술 전 모발에 충분한 수분을 분사한다.

④ 자연모 걸기

- 스킬바늘 코에 석냥당의 자연모를 걸어 준다. 이때 왼손 검지로 항상 코바늘을 받친다. 자연모의 양은 연장모 고리를 통과할 정도의 모량이 적당하다.

⑤ 고리부 연결하기

- 스킬바늘의 덮개를 닫고 팔자매듭의 고리부분을 밀면 스킬바늘의 덮개가 열리고 이 상태로 통과 시킨다.

⑥ 고리부 빼기

- 통과 시킨 매듭 앞으로 자연모를 고리 모양으로 0.5cm정도 빼낸다.

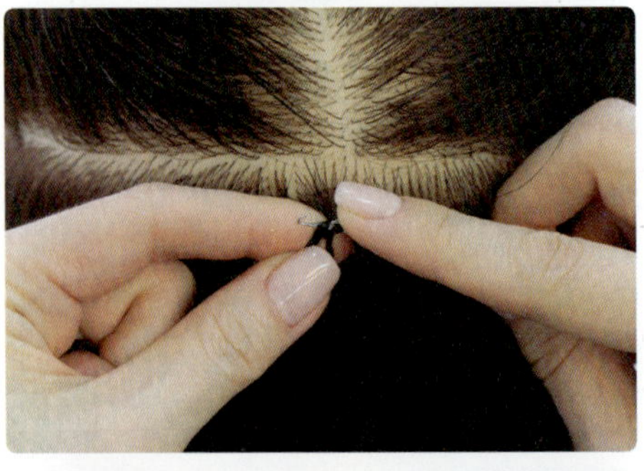

⑦ 가모와 자연모의 연결

- 스킬바늘을 고리 사이로 살짝 밀어 스킬바늘의 덮개가 열려 있는 상태에서 자연모를 시술자 방향으로 걸어 준다. 이때 스킬바늘의 덮개가 닫히지 않도록 검지로 잘 눌러준다.

⑧ 스킬바늘 빼기

- 스킬바늘(Skill Needle)을 자연모 고리 사이로 잡아 당겨서 뺀 후 고무줄실(Rubber band)로 묶어 마무리한다.

*고무줄실로 마무리하는 것은 스킬 붙임머리, 트위스트 붙임머리, 위빙 땋기 붙임머리 공통 사항. 8) 고무줄실 묶는 방법 참조

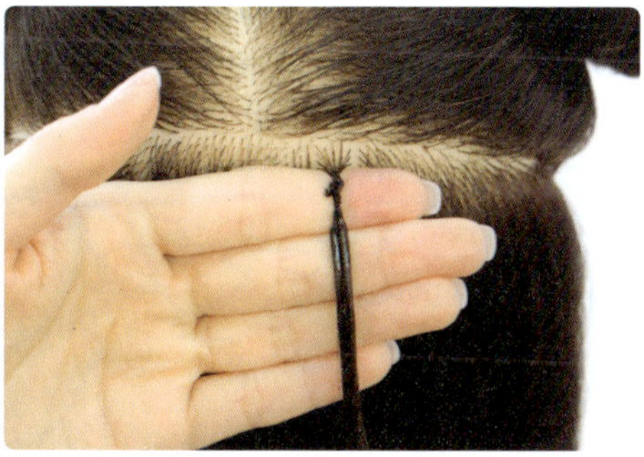

⑨ 완성

- 스킬 붙임머리의 완성된 모습

6) 스킬 붙임머리(Skill hair extention) 제거 방법

① 재료 준비

- 스킬바늘(Skill Needle)
- 가위(Scissors)
- 꼬리빗(Tailcomb)
- 분무기(Sprayer)
- 손 소독제(Antiseptic), 솜(탈지면)

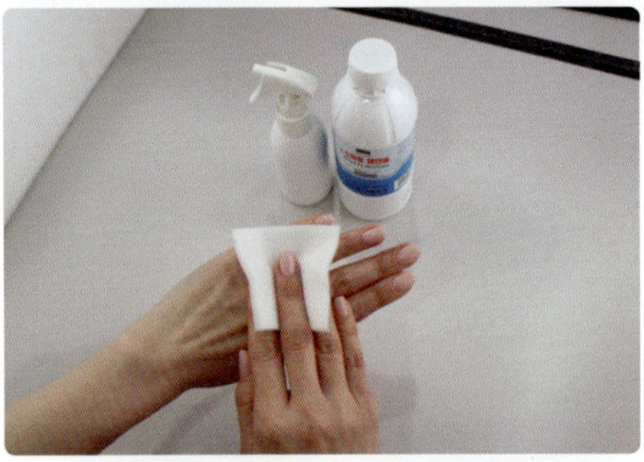

② 손 소독

- 시술자의 손 소독은 솜(탈지면)에 손 소독제(Antiseptic)를 3회 이상 분사하여 양 손을 번갈아가면서 손바닥, 손등, 손가락 사이를 닦아낸다.

Tip. 손, 기구 등의 소독에는 스프레이 용기 등에 알코올 소독제를 넣어서 사용한다.

③ 매듭 자르기

- 고무줄실의 매듭을 전용 미니가위로 잘라 제거한다. 매듭 부분만 제거하면 고무실은 쉽게 풀린다.

④ 자연모 걸기

- 연장모가 연결된 마지막에 만들어진 매듭의 자연모 부분을 찾아 스킬바늘의 코를 자연모 사이로 넣어 빼낸다.

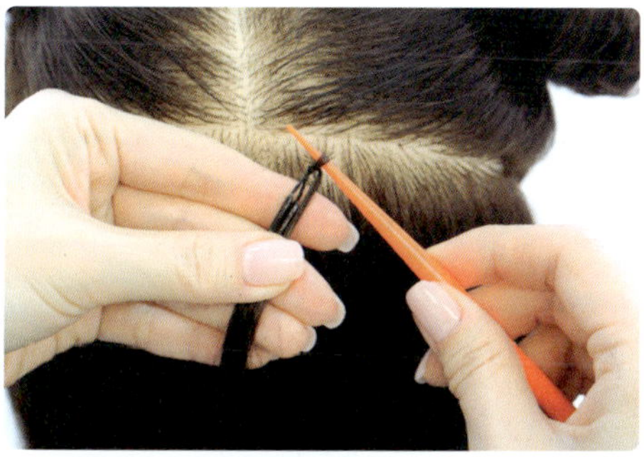

⑤ 자연모 빼기

- 자연모의 고리모양을 스킬바늘 몸통의 뾰족한 꼬리부분을 이용하여 엉키지 않게 주의해서 빼낸다.

⑥ 자연모 분리

- 연장용 피스와 자연모를 분리한다.

⑦ 완성

- 스킬 붙임머리 제거의 완성된 모습
- 탈락된 자연모와 두피의 노폐물들이 쌓여 있고 잔머리와 엉켜있어 세심한 제거가 필요하다.
- 스킬 붙임머리 제거 시 이음실을 자르지 않고 고무줄실(Rubber band)만 제거하면 재사용이 가능하다.

7) 스킬 붙임머리 재사용(Reuse) 팔자 매듭법

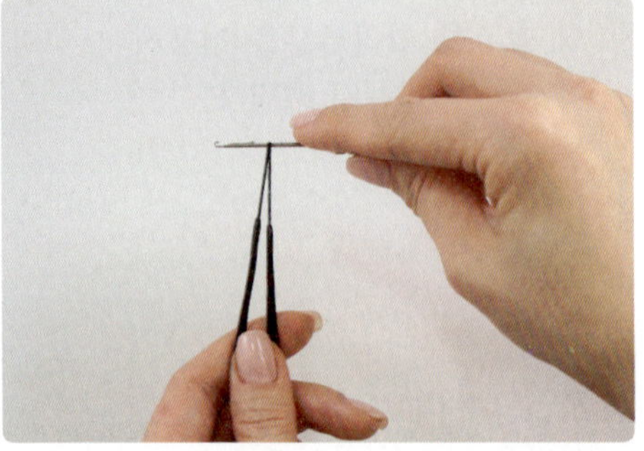

① 이음실 걸기

- 스킬바늘(Skill Needle)의 덮개를 열어 준 상태에서 바늘대에 연장용 모발 피스의 이음실을 걸어 준다.

Tip. 스킬 붙임머리 제거 시 이음실을 자르지 않고 고무줄실만 제거하면 재사용이 가능하다.

② 고리 만들기

- 오른손의 스킬바늘대에 걸어둔 연장용 모발 피스의 중간부분을 왼손으로 시술자 방향으로 두 바퀴 감는다. 이때 스킬바늘의 1/3지점에 엄지를 스킬바늘 밑에, 검지를 위쪽으로 잡고 나머지 세손가락은 자연스럽게 잡는다.

③ 바늘코에 걸기

- 오른손 검지로 코바늘의 덮개를 고정시키고 왼손으로 두 가닥의 연장용 모발 피스를 스킬바늘의 코에 걸어준다.

④ 덮개 닫기

- 코바늘의 덮개를 검지로 밀면서 닫는다.

⑤ 이음실 밀기

- 스킬바늘대에 두 줄로 감겨 있는 이음실을 오른쪽 검지를 이용하여 스킬바늘 앞쪽으로 살짝 밀어 준다.

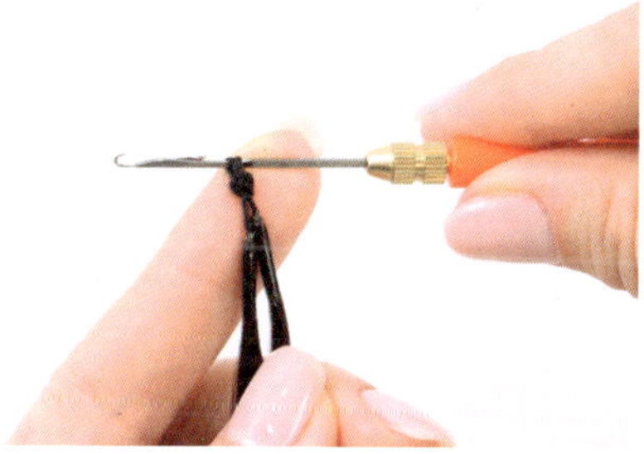

⑥ 마무리 1

- 앞으로 밀어준 이음실을 그대로 다시 스킬바늘 덮개가 열리도록 바늘대 쪽으로 밀어준다.

⑦ 마무리 2

- 고리부분이 느슨하게 되어 있는지 왼손 손톱으로 밀고 당겨보고 확인한다.

Tip. 고리가 너무 촘촘하면 자연모가 잘 빠지지 않으므로 고리를 적당히 느슨하게 만들어 준다.

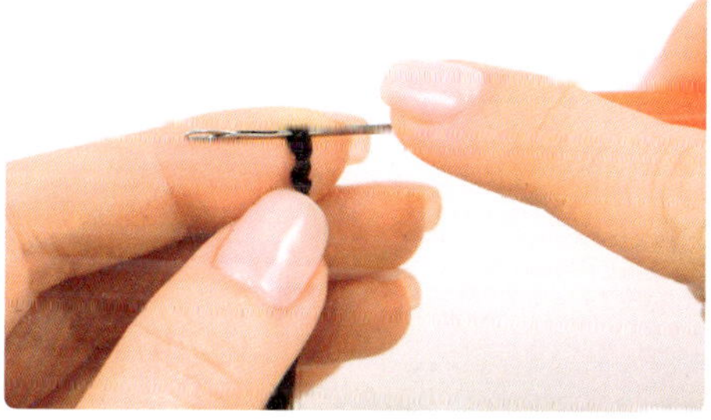

⑧ 완성

- 재사용 매듭의 완성된 모습.

Tip. 재사용 매듭하여 스킬 붙임머리를 시술할 시 제거 방법은 동일하다.

8) 고무줄실 묶는 방법

- 고무줄실(Rubber band) 묶기는 투스킬, 트위스트, 위빙땋기 공통으로 사용되는 매듭기법이다.
- 실제 시술에서는 검정색 고무줄실이 사용되나 매듭법을 보기 쉽게 하기 위하여 흰색의 고무줄실이 사용되었다.

① 고무줄실 위치 잡기

- 왼손으로 모발과 고무줄실을 평행하게 잡는다.(고무실의 1/3지점) 오른손은 텐션을 주어 위치를 잡는다.

② 고무줄실 돌리기 1

- 왼손으로 엄지와 검지에 모발과 고무줄실을 함께 잡고 오른손으로는 고무줄실을 당긴 후 왼쪽으로 돌려 왼손 중지로 잡는다.

Tip. 고무줄실이 단단해야 흘러내림을 방지할 수 있다.

③ 고무줄실 돌리기 2

- 손목을 돌려 다시 오른쪽으로 고무줄실을 넘긴다.

④ 고무줄실 돌리기 3

• 텐션을 주면서 4~5번 반복한다.

Tip. 고무줄실이 겹치지 않게 꽈배기 모양으로 하나씩 묶어 내려간다.

⑤ 매듭 묶기 1

• 왼손은 연장모를 지지한 상태로 오른쪽으로 돌아온 고무줄실을 오른손의 중지와 약지로 단단히 잡아준다.

⑥ 매듭 묶기 2

• 왼손 중지, 약지, 소지 세손가락으로 모발을 잡고 오른손 엄지와 검지로 고무줄실을 잡는다.

⑦ 매듭 묶기 3

• 고무줄실 사이를 벌리고 이 사이에 왼손 엄지와 검지를 밀어 넣는다.

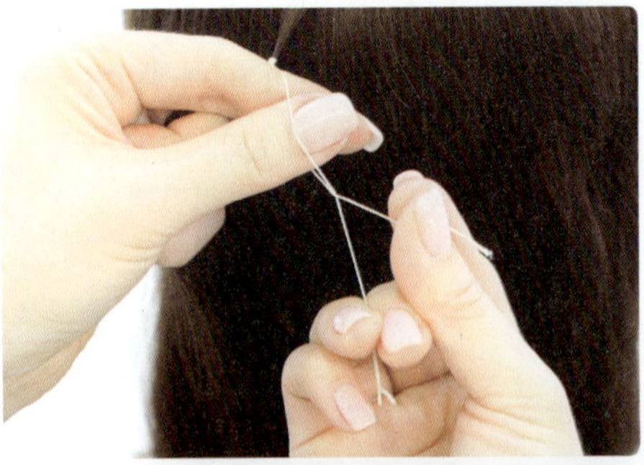

⑧ 매듭 묶기 4

- 오른손의 손목을 비틀어 텐션을 준 고무줄실 한쪽을 왼손 엄지와 검지로 잡는다.

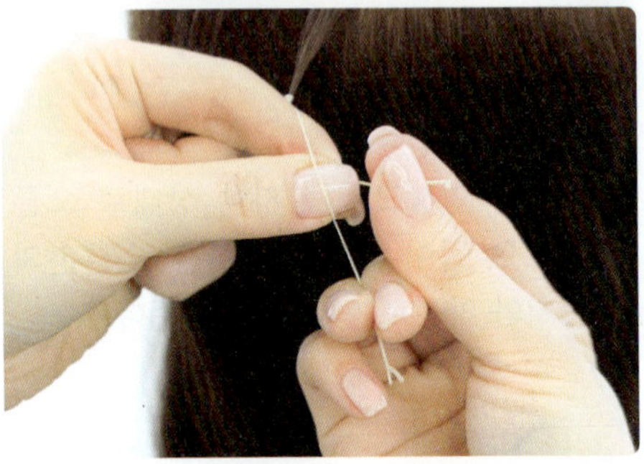

⑨ 고무줄실 매듭짓기

- 잡은 고무줄실로 매듭을 완성한다.

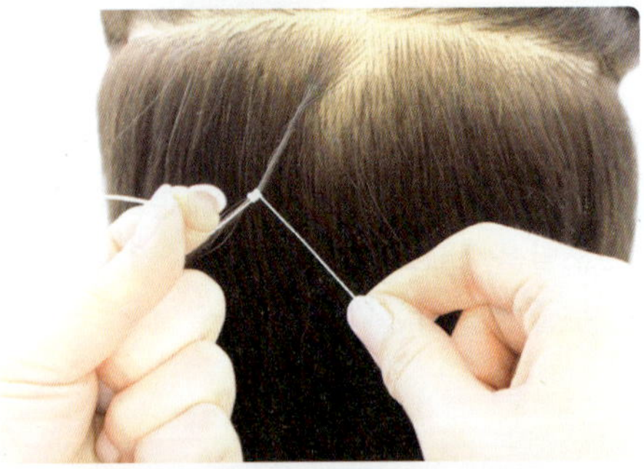

⑩ 매듭 반복

- 텐션을 주어 매듭을 2~3번 반복 한다.

⑪ 고무줄실 자르기

- 텐션을 느슨하게 하여 전용가위로 고무줄실을 자른다.

⑫ 완성

• 고무줄실 매듭의 완성된 모습

4. 트위스트 붙임머리(Twist hair extention)

스킬붙임머리의 가모와 자연모를 교차하며 꼬아서 고무줄실로 매듭짓는 방법이다.

1) 트위스트 붙임머리의 장 · 단점

① 시술시간이 오래 걸린다.

② 이물감이 적어 두피 배김 현상이 거의 없다.

③ 스킬 붙임머리에 비해 두상이 커 보이지 않는 편이다.

④ 스킬 붙임머리 시술방법에 비해 소요시간이 길다.

⑤ 두피의 트러블(Trouble)이 없는 편이다.

2) 트위스트 붙임머리의 주의사항

① 가모와 꼬아주는 자연모의 양이 많으면 두피 배김 현상이 있을 수 있으니 가모의 양과 동일하게 소량씩 잡아서 꼬아준다.

② 가모와 자연모를 엮을 때 모발의 각도(0°)를 최대한 아래쪽으로 향하도록 땋는다.

③ 제거 시 탈락된 자연모와 두피의 노폐물들이 쌓여 있고 잔머리와 엉켜있어 세심한 제거가 필요하다.

3) 홈 케어(Home care)

① 두피부터 빗질하지 않도록 한다. 빗질 시 아랫부분부터 빗어 올라와 붙임 연결 부위를 피해 그 아래쪽까지만 빗질한다.

② 눕거나 취침 시 양 갈래로 묶으면 엉킴 현상을 최소화 할 수 있다.

4) 준비물

① 스킬용 붙임머리(Skill hair extention) 가모

② 분무기(Sprayer)

④ 꼬리빗(Tail comb)

⑤ 가위(Scissors)

⑥ 고무줄실(Rubber band)

5) 트위스트 붙임머리(Twist hair extention) 시술방법

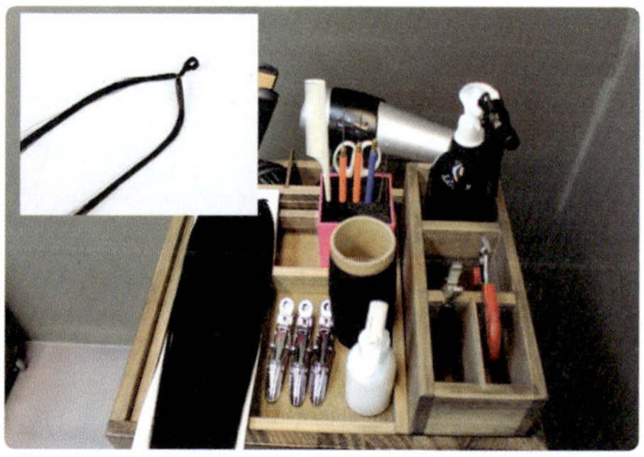

① 재료 준비
- 트위스트용 붙임머리
- 분무기(Sprayer)
- 꼬리빗(Tail comb)
- 가위(Scissors)
- 고무줄실(Rubber band)
- 손 소독제(Antiseptic), 솜(탈지면)

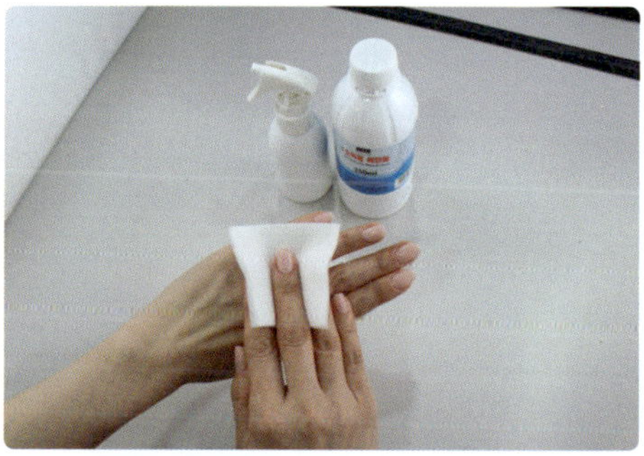

② 손 소독
- 시술자의 손 소독은 솜(탈지면)에 손 소독제(Antiseptic)를 3회 이상 분사하여 양 손을 번갈아가면서 손바닥, 손등, 손가락 사이를 닦아낸다.

Tip. 손, 기구 등의 소독에는 스프레이 용기 등에 알코올 소독제를 넣어서 사용한다.

③ 패널(Pannel) 잡기
- 자연모를 섹션 후 슬라이스(Slice)를 떠서 너비 1cm가량의 패널을 두 개로 나누어 반씩 잡는다.

④ 위치잡기
- 왼손 엄지와 검지 사이에 연장용 모발을 자연모 위로 올리고 오른쪽에는 연장용 모발을 자연모 밑에 둔다.

⑤ 스크류 시작점

- 오른쪽 연장용 모발을 왼쪽으로 두 바퀴 돌린다.

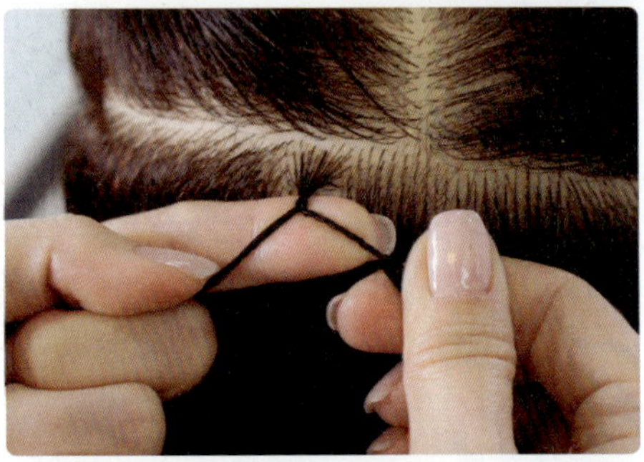

⑥ 스크류 1

- 손의 각도를 들지 않고 0°를 유지한 상태로 오른쪽의 연장모와 자연모를 오른쪽으로 4~5번 돌려 꼬아 준다.

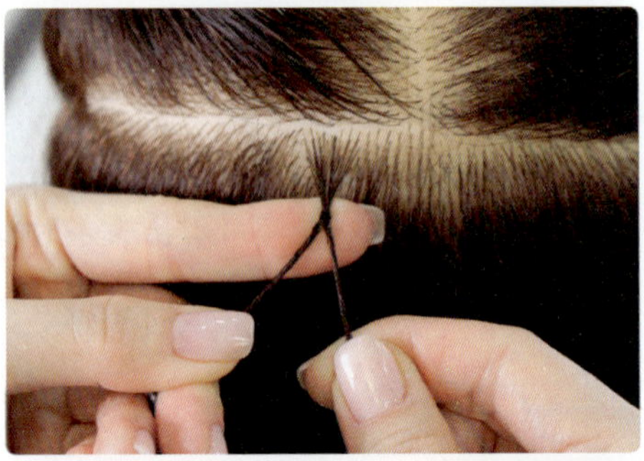

⑦ 스크류 2

- 왼쪽의 연장모와 자연모 한 쌍도 오른쪽과 똑같이 4~5번 꼬아준다.

⑧ 스크류 3

- 양쪽에 꼬임이 풀리지 않도록 교차하여 이음실과 모발의 연결 브릿지(Bridge)부분 끝까지 단단히 꼬아준다. 이때 양쪽 다 오른쪽 방향으로 꼬아준다.

⑨ 스크류 4

- 두 가닥에서 한 가닥으로 꼬아진 모발을 왼손으로 고정하여 잡는다.

⑩ 매듭짓기

- 브릿지 부분까지 꼬임을 만들어 고무줄실을 묶는다.

Tip. 고무줄실로 마무리하는 것은 스킬 붙임머리, 트위스트 붙임머리, 위빙 땋기 붙임머리 공통 사항. 8) 고무줄 실 묶는 방법 참조

⑪ 고무줄 실 자르기

- 길게 남은 고무실의 텐션을 느슨하게 하여 전용가위로 자른다.

Tip. 이때 고무줄실의 텐션을 많이 주거나 길이를 너무 짧게 자르면 고무실 올이 풀려 지저분해지거나 매듭이 풀릴 수 있다.

⑫ 완성

- 트위스트 붙임머리 시술의 완성된 모습

6) 트위스트 붙임머리(Twist hair extention) 제거방법

① 재료 준비

- 가위(Scissors)
- 꼬리빗(Tailcomb)
- 분무기(Sprayer)
- 손 소독제(Antiseptic), 솜(탈지면)

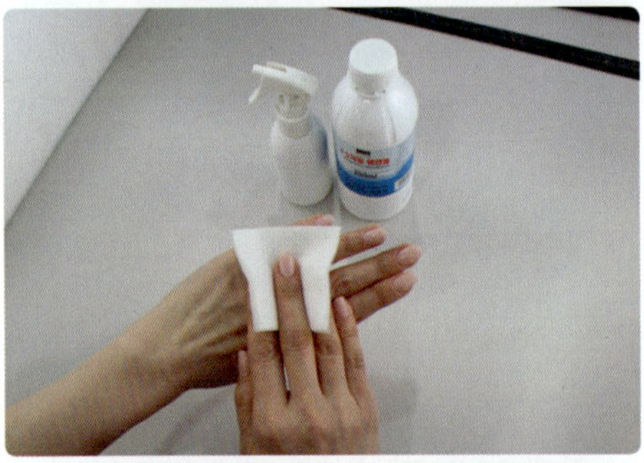

② 손 소독

- 시술자의 손 소독은 솜(탈지면)에 손 소독제(Antiseptic)를 3회 이상 분사하여 양 손을 번갈아가면서 손바닥, 손등, 손가락 사이를 닦아낸다.

Tip. 손, 기구 등의 소독에는 스프레이 용기 등에 알코올 소독제를 넣어서 사용한다.

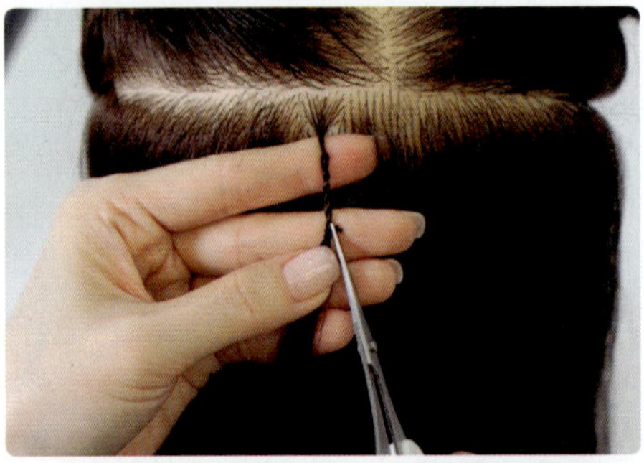

③ 매듭 자르기

- 트위스트 부분을 묶은 고무줄실(Rubber band)의 매듭부분을 전용 가위로 잘라 제거한다.

④ 꼬임풀기

- 하나로 완성된 트위스트 모양을 꼬아진 반대방향으로 돌리면서 풀고 두 가닥으로 분리된 연장모도 왼쪽으로 돌려 각각 푼다.

Tip. 어느 정도 꼬임을 풀어내면 연장모와 자연모가 쉽게 분리된다.

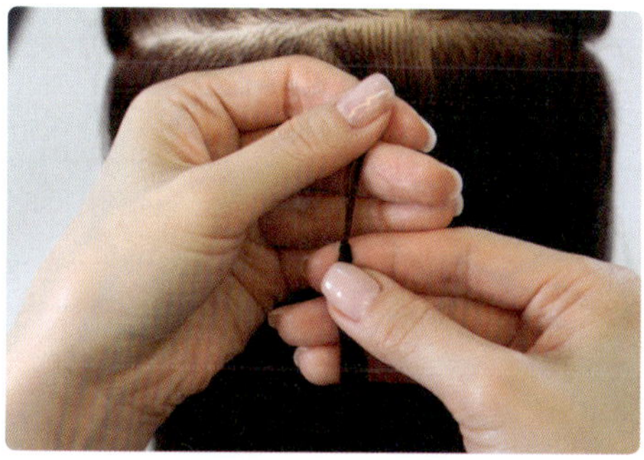

⑤ 제거
- 왼손으로 자연모를 지지하고 오른손으로 매듭을 아래로 당기며 제거한다.

⑥ 완성
- 트위스트 붙임머리 제거의 완성된 모습

5. 위빙땋기 붙임머리(Weaving hair extention)

일본식 땋기, 세가닥 땋기, 명품 땋기라고도 한다. 가모의 윗부분에 미싱 처리가 된 제품으로, 필요량만큼 잘라서 사용 가능하며, 자연모와 같이 땋아서 매듭 짓는 방법이다.

1) 위빙땋기 붙임머리의 장 · 단점

① 붙임머리 방법 중에서 시술시간이 가장 많이 소요된다.
② 제거 시 모발의 손상이 거의 없다.
③ 매듭부위가 없어 일상생활의 불편함을 덜 느낀다.
④ 세가닥 땋기를 할 때 시작점은 단단히 하여야 한다.
⑤ 일정한 모양으로 땋아 내려온다.

2) 위빙땋기 붙임머리의 주의사항

① 모발의 양을 많이 잡고 땋으면 두상도 커 보일뿐만 아니라 무게감으로 인해 두피에 자극감을 유발할 수도 있다.

② 가모와 자연모를 엮을 때 모발의 각도(0°)를 최대한 아래쪽으로 향하도록 땋는다.

3) 홈 케어(Home care)

① 두피부터 빗질하지 않도록 한다. 빗질 시 아랫부분부터 빗어 올라와 붙임 연결 부위를 피해 그 아래쪽까지만 빗질한다.

② 눕거나 취침 시 양 갈래로 묶으면 엉킴 현상을 최소화 할 수 있다.

4) 준비물

① 위빙용 붙임머리(Weaving hair extention) 가모

② 분무기(Sprayer)

③ 꼬리빗(Tail comb)

④ 가위(Scissors)

⑤ 고무줄실(Rubber band)

5) 위빙땋기 붙임머리(Weaving hair extention) 시술방법

① 재료 준비

- 위빙땋기용 붙임머리
- 분무기(Sprayer)
- 꼬리빗(Tail comb)
- 가위(Scissors)
- 고무줄실(Rubber band)
- 손 소독제(Antiseptic), 솜(탈지면)

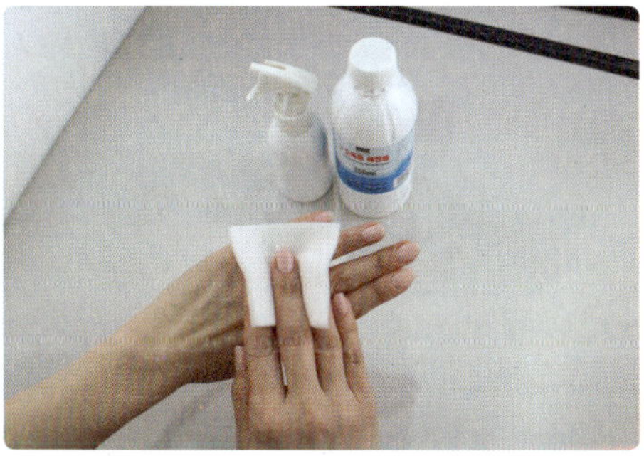

② 손 소독

- 시술자의 손 소독은 솜(탈지면)에 손 소독제(Antiseptic)를 3회 이상 분사하여 양 손을 번갈아가면서 손바닥, 손등, 손가락 사이를 닦아낸다.

Tip. 손, 기구 등의 소독에는 스프레이 용기 등에 알코올 소독제를 넣어서 사용한다.

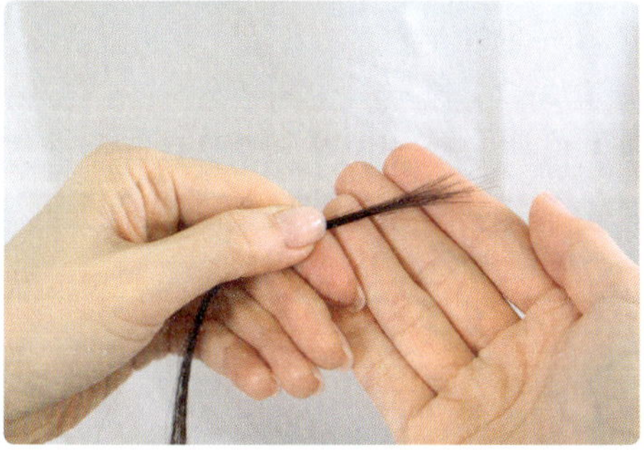

③ 위빙준비

- 연장모의 끝부분을 빼내어 층을 만들어 준다.
- 연장모에 물을 뿌려 정돈한다.

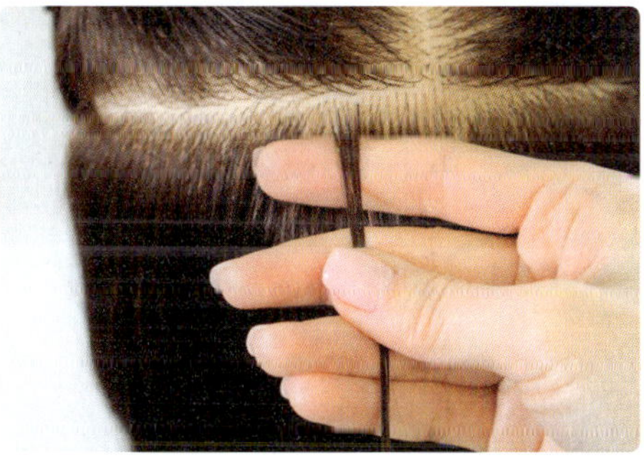

④ 패널(Pannel)잡기

- 사선으로 섹션 후 슬라이스(Slice)를 떠서 0.5cm정도의 패널을 잡는다.

⑤ 위치잡기

- 왼손으로 연장모를 잡고 오른손의 자연모 밑에 교차하게 놓는다.(연장모 10cm가량을 오른쪽으로 둔다.)
- 연장모를 잡은 왼손이 밑으로, 자연모를 잡은 오른손이 위에 가도록 위치를 잡는다.

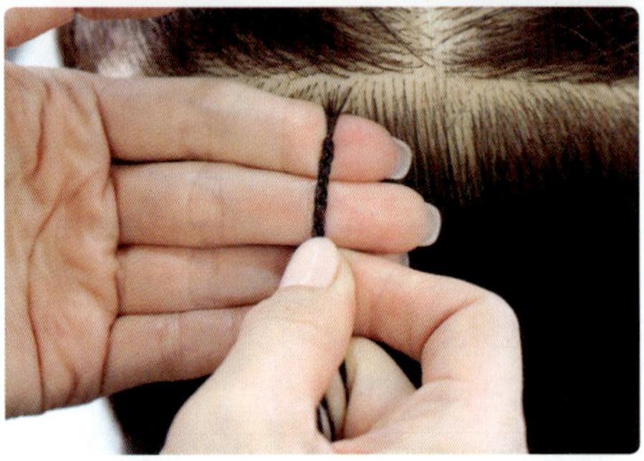

⑥ 땋기

- 두피 가까이에 자리 잡은 연장모 두 가닥과 자연모 한 가닥으로 세 가닥 땋기를 한다.(2~3cm)
- 이때 각도는 0°를 유지한다. 시작점에서 텐션을 충분히 주어야 흘러내림을 방지할 수 있다.

Tip. 스킬 붙임머리, 트위스트 붙임머리, 위빙땋기 붙임머리 공통 사항. 8)고무줄실 묶는 방법 참조

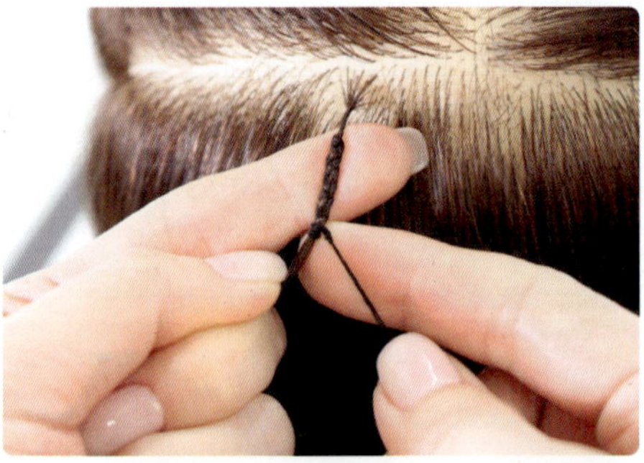

⑦ 고무줄실 묶기

- 고무줄실을 묶어 준다.

Tip. 다른 고정 장치가 없으므로 고무줄실의 텐션을 충분히 주어야 흘러내림을 방지할 수 있다.

⑧ 고무줄실 자르기

- 길게 남은 고무줄실의 텐션을 느슨하게 하여 잘라 준다.

⑨ 완성

- 위빙땋기 붙임머리 시술의 완성된 모습

6) 위빙땋기 붙임머리(Weaving hair extention) 제거 방법

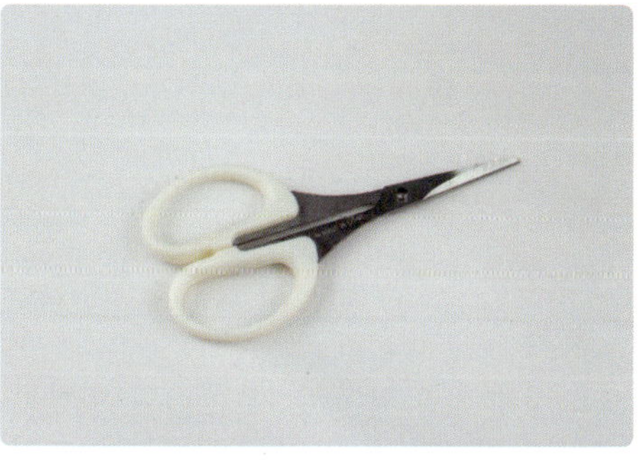

① 재료 준비

- 가위(Scissors)
- 손 소독제(Antiseptic)
- 솜(탈지면, Cotton)

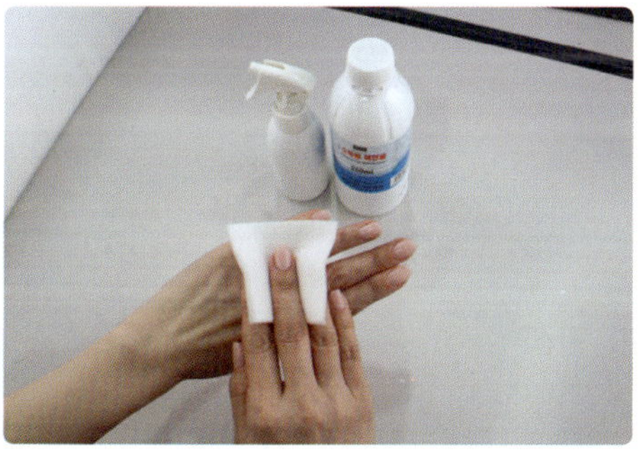

② 손 소독

- 시술자의 손 소독은 솜(탈지면)에 손 소독제(Antiseptic)를 3회 이상 분사하여 양 손을 번갈아가면서 손바닥, 손등, 손가락 사이를 닦아낸다.

Tip. 손, 기구 등의 소독에는 스프레이 용기 등에 알코올 소독제를 넣어서 사용한다.

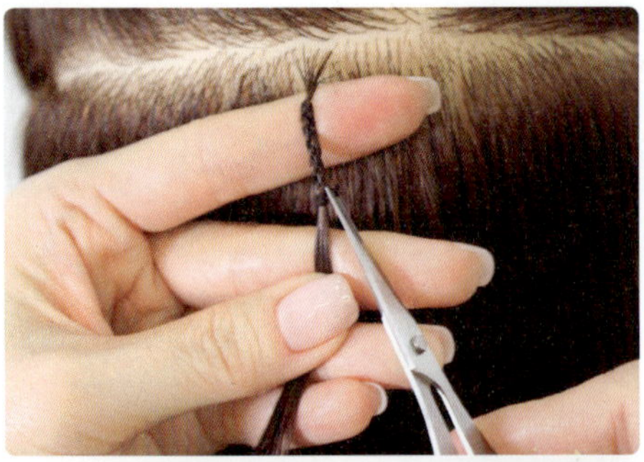

③ 매듭 자르기

- 고무줄실의 매듭부분을 가위로 잘라 제거한다.

④ 풀기

- 땋아진 모양을 풀어낸다.

⑤ 분리

- 2~3개 정도의 꼬임이 풀리면 연장모와 자연모가 분리된다. 이때 자연모의 꼬임 부분은 샴푸를 하면 펴진다.

⑥ 완성

- 위빙땋기 붙임머리 제거의 완성된 모습

Tip. 탈락된 자연모와 두피의 노폐물들이 쌓여 있고 잔머리와 엉켜있어 세심한 제거가 필요하다.

6. 패션 붙임머리(트윙클, Twinkle hair extention)

PVC(폴리염화비닐,Polyvinyl chloride) 소재의 컬러 연장모로 낱개 또는 여러 개를 매듭 부착하여 컬러 브릿지(Color bridge) 효과를 주는 제품이다. 소재의 반짝이는 특성 때문에 트윙클 붙임머리(Twinkle hair extention)라고 불린다.

1) 패션 붙임머리의 장 · 단점

① 몇 가닥의 시술로도 화려하고 효과적이다.

② 비용이 저렴하고 시술 방법이 쉽다.

2) 패션 붙임머리의 주의사항

열기기 사용 시 녹거나 끊어질 수 있으므로 스타일링(Styling)이 제한적이다.

3) 홈 케어(Home care)

① 두피부터 빗질하지 않도록 한다. 빗질 시 아랫부분부터 빗어 올라와 붙임 연결 부위를 피해 그 아래쪽까지만 빗질한다.

② 열이 닿으면 연결 부분이 녹거나 유지력이 떨어질 수 있으니 사용을 삼가고, 샴푸 후 드라이어 사용 시 찬바람으로 말려준다.

4) 준비물

① 패션용 붙임머리(트윙클, Twinkle hair extention)

② 스킬바늘(Skill Needle)

5) 패션 붙임머리(트윙클,Twinkle hair extention) 시술방법

① 재료 준비

- 패션 붙임머리
- 스킬바늘(Skill Needle)
- 손 소독제(Antiseptic)
- 솜(탈지면, Cotton)

② 손 소독

- 시술자의 손 소독은 솜(탈지면)에 손 소독제(Antiseptic)를 3회 이상 분사하여 양 손을 번갈아가면서 손바닥, 손등, 손가락 사이를 닦아낸다.

Tip. 손, 기구 등의 소독에는 스프레이 용기 등에 알코올 소독제를 넣어서 사용한다.

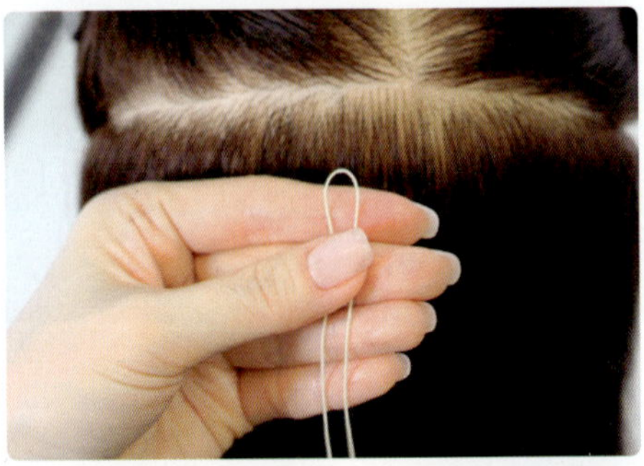

③ U자 고리 만들기

- 연장모를 전체 기장의 ½을 접어 중앙 부분을 U자 형태로 만들어 왼손으로 잡아준다.

Tip. 시술방법의 이해를 돕기 위하여 흰색 실을 사용함.

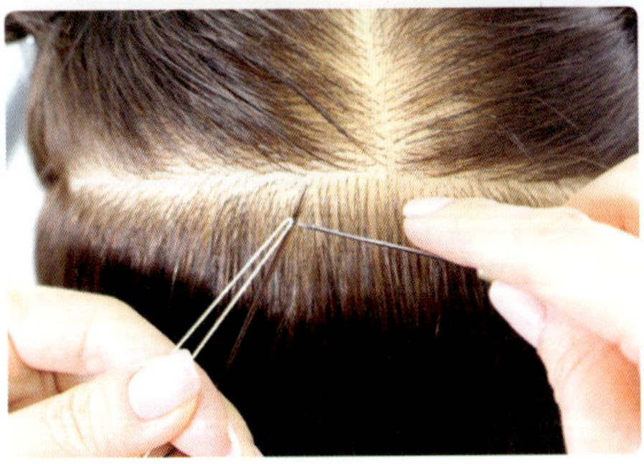

④ 스킬바늘 걸기

- 왼손으로 자연모 10가닥 정도의 패널(Pannel)을 잡고 오른손의 스킬바늘로 걸어준다.

⑤ 연장모와 자연모 합치기

- U자 모양의 연장모와 자연모를 왼손으로 잡고 한꺼번에 스킬바늘로 걸어준다.
- 왼손에 잡고 있는 연장모와 자연모는 12시 방향으로, 걸고 있는 스킬바늘은 6시 방향에 위치하게 한다.

⑥ 스킬바늘 돌려 꼬으기 1

- 스킬바늘을 걸어준 상태에서 오른쪽으로 세바퀴 회전시켜 꼬아준다. 이때 연장용 모발이 두피쪽으로 가깝게 밀착시켜 감아준다.

⑦ 스킬바늘 돌려 꼬으기 2

- 왼손에 잡고 있는 연장모와 자연모를 9시 방향으로 위치를 옮겨 오른쪽으로 한바퀴 회전시켜 꼬아준다.

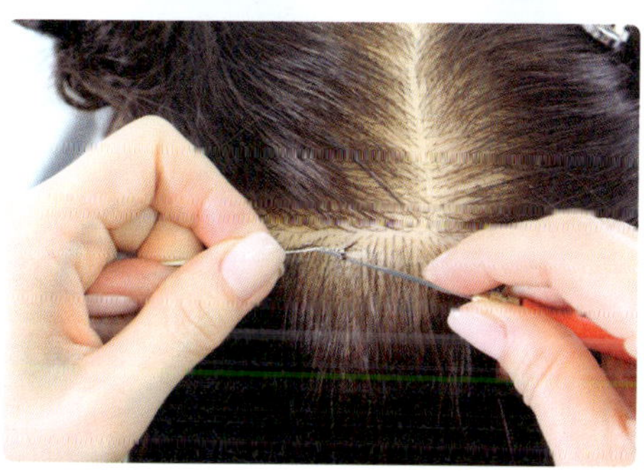

⑧ 꼬은 모 걸기

- 스킬바늘을 대까지 밀어 통과시킨 후 꼬은 모를 걸어준다.

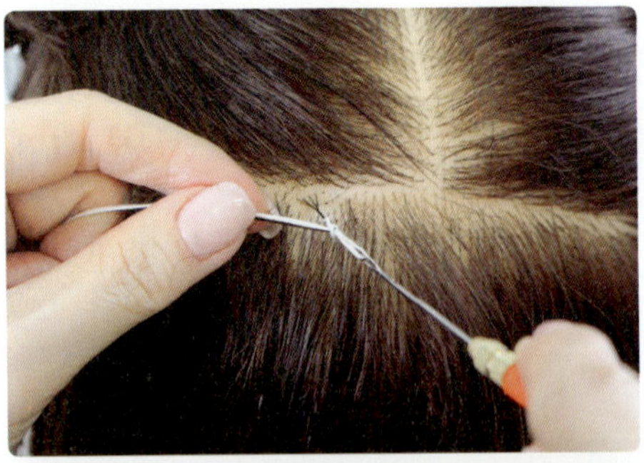

⑨ 꼬은 모 빼내기

- 스킬바늘에 걸린 꼬은 모를 스킬바늘 반대편으로 당겨 빼낸다. 오른손 스킬바늘은 6시 방향, 왼손은 두피가 당기지 않도록 모발을 지지한다.
- 꼬은 모의 매듭 전 고리부분을 양쪽으로 잡아 당겨 매듭을 지어 완성시킨다.(좌측은 자연모, 우측은 연장모)

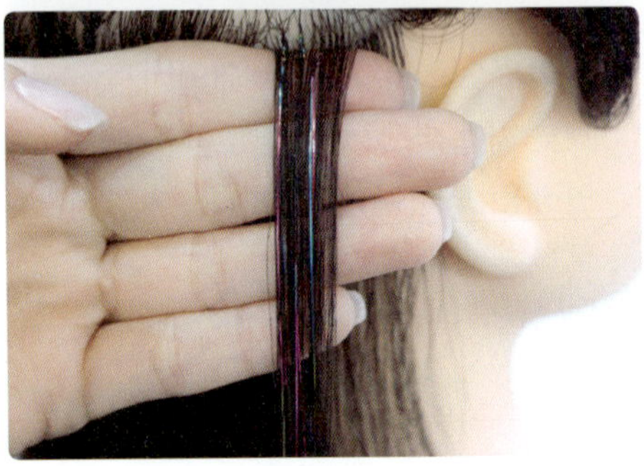

⑩ 완성

- 패션 붙임머리의 완성된 모습

4. 시술 전 · 후 사진

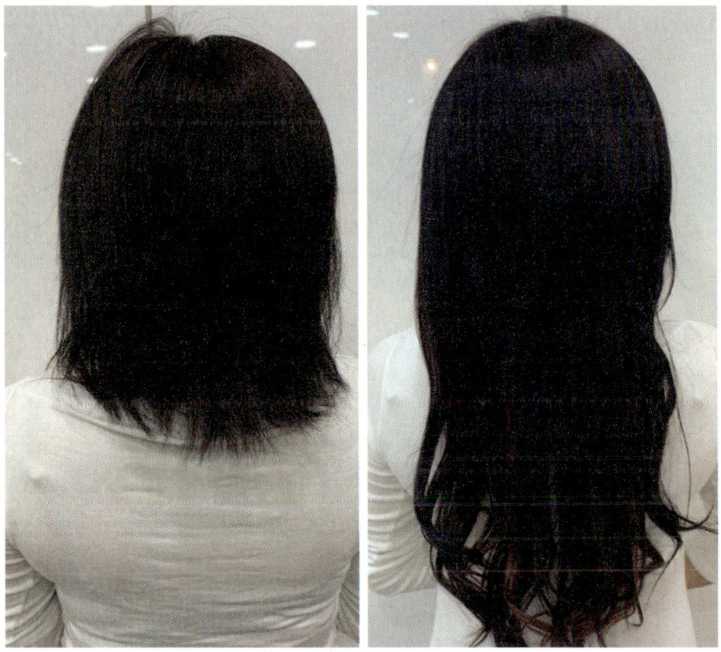

그림 8-4　스티커 붙임머리(Sticker Hair extention) 시술 전 · 후

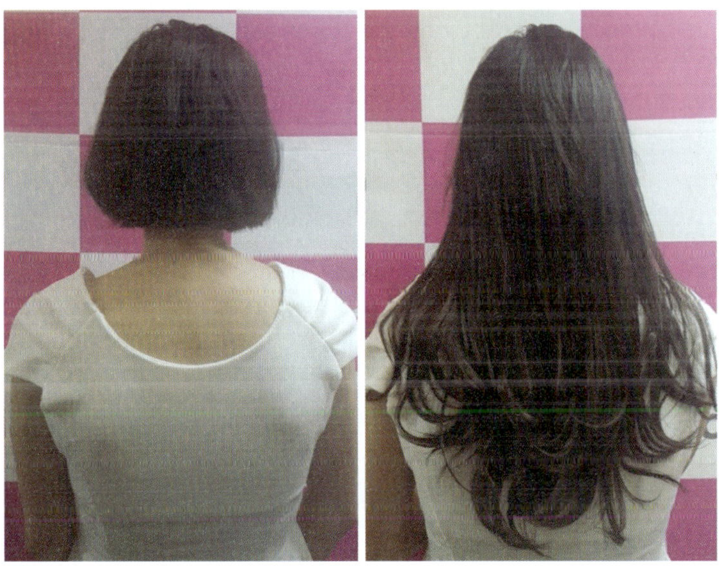

그림 8-5　링 붙임머리(Ring Hair extention)시술 전 · 후

그림 8-6 스킬 붙임머리(Skill Hair extention) 시술 전 · 후

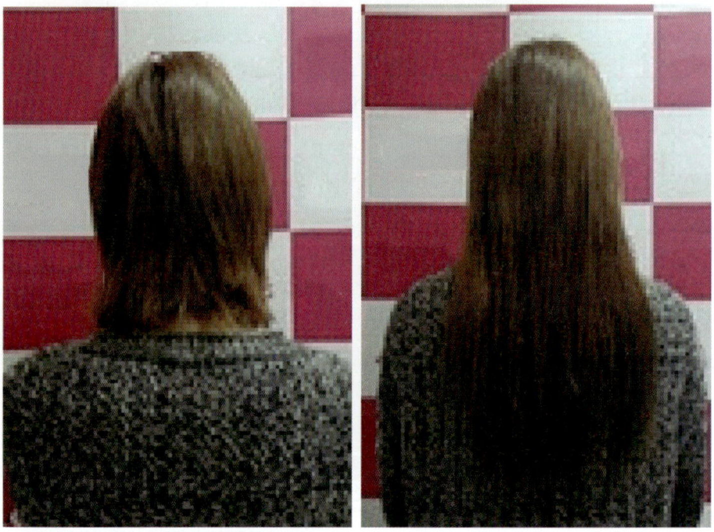

그림 8-7 트위스트 붙임머리(Twist Hair extention)시술 전 · 후

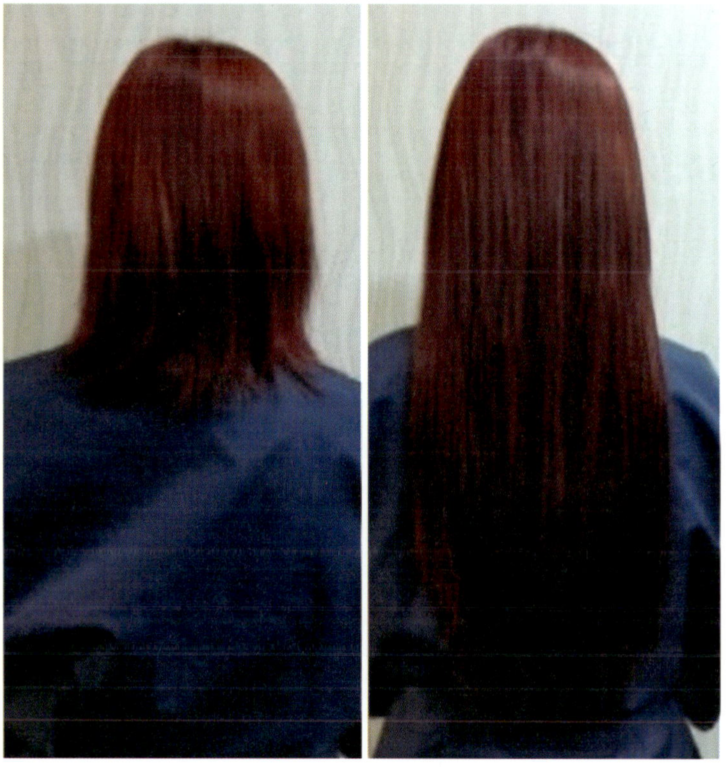

그림 8-8 위빙땋기 붙임머리(Weaving Hair extention) 시술 전 · 후

그림 8-9 트윙클 붙임머리(Twinkle hair extention)

5. 붙임머리 전 고객상담

1. 고객 카드

고객 카드(Customer card)를 작성한다.

2. 붙임머리 경험 유무(有無)

붙임머리 경험 유무(有無)를 확인한다. 붙임머리 경험이 없는 고객일 경우 붙임머리 시술 후의 드라마틱(Dramatic)한 애프터(After)를 예상하므로 혹시나 발생할 수 있는 컴플레인(Complaint)에 대해 유의사항이나 관리방법에 대해 충분히 설명을 한다.

3. 탈모(脫毛) 유무(有無)

탈모(脫毛) 유무를 확인한다. 탈모가 진행 중이라면 붙임머리를 삼가하는 것이 좋다. 견인성(牽引性) 탈모로 이어질 수 있으므로 탈모진행 유무를 반드시 확인하며 상담하도록 한다.

4. 연장모의 양

고객의 모발 길이를 확인하여 시술에 들어갈 연장모의 양을 결정한다. 모발의 길이가 짧을수록 숱 추가가 발생할 수 있고 시술 후 부자연스러울 수 있다는 점을 설명한다. 짧은 숏커트(Short cut) 경우에는 네이프(Nape)가 5cm 이상 자란 후 시술하는 것이 좋다.

5. 컬러(Color)

고객 모발의 컬러(Color)와 비슷한 붙임머리를 선택한다. 특수 컬러의 경우에는 주문 제작이므로 제작 전 예약금은 선불로 결제하도록 한다. 옴브레(Ombre) 또는 브릿지(Bridge)를 원할 경우 붙임머리 컬러를 선택한다.

Checkpoint

옴브레(Ombre) : 헤어 컬러가 단계적으로 진하게 또는 옅어지게 표현한 기법이다.
브릿지(Bridge) : 기본 헤어 컬러에 포인트 헤어 컬러를 넣은 기법이다.

6. 디자인(Design)

고객 모발 상태 및 디자인(Design)을 확인한다. 고객의 모발이 곱슬머리나 퍼머넌트 웨이브(Permanent wave)가 된 상태일 경우 스트레이트(Straight)로 직모를 만든 상태에서 시술하는 것이 좋다. 단발일 경우 혹은 층이 없는 디자인일 경우에는 층을 만들어서 시술하는 것이 가모와 잘 어우러져 자연스럽게 연출할 수 있다.

7. 길이(Length)

붙임머리 할 가모의 길이를 결정한다.

8. 머리숱(Amount of hair)

고객 모발의 길이가 쇄골 기준이상의 길이일 경우 100피스(Piece) 기본 구성으로 전체 부위 붙임머리가 가능하다. 고객 모발 길이가 충분하고 많은 숱을 원하지 않을 경우는 샤기(Shaggy) 또는 더블샤기(Double shaggy)로 2단 내지 3

단으로 시술 가능하다. 고객 모발이 짧을수록 숱 추가가 필요하지만 고객이 원하지 않으면 기본 피스로 시술을 진행한다. 그리고 너무 과한 숱추가는 두상이 커 보이거나 무게감을 줄 수 있으므로 20피스 내외로 추가하는 것이 좋다.

9. 붙임머리 종류

붙임머리 종류를 선택한다. 다양한 시술 방법들을 안내하고 고객의 니즈(Needs)에 알맞은 방법을 추천한다. 금속(金屬) 알러지(Alergy)가 있거나 임산부 혹은 병원 영상검사(X-ray, MRI, MRA, CT 등)를 할 경우에는 링붙임머리와 같은 금속 재질의 붙임머리 제품을 추천하지 않는다.

10. 제거 고객 상담

1) 가모 제거(Remove the hairpiece)

① 붙임머리 시술 방법을 확인하고 제거한다. 제거만 할 경우에는 매듭 및 부착물을 제거한 후 자연모의 엉킨 부분에 분무기로 물을 분사한 후 꼬리 빗으로 촘촘히 빗어준다. 제거 후 구불거리는 부착부위는 아이론으로 정리하거나 샴푸(Shampoo)를 해야 펴진다.

② 붙임머리를 부착하고 있는 동안은 샴푸방법이 제한적이므로 각질이나 붉음증이 발생할 수 있다. 붙임머리 제거 후에는 두피 스케일링(Scaling)과 영양 샴푸를 권장한다.

2) 재사용 제거(Remove the hairpiece reuse)

① 스킬붙임머리 제품의 경우 고객이 재사용을 원할 때는 이음부가 손상되지 않도록 제거하고 제품을 잘 빗어 고객에게 전달한다.

② 재사용 제거는 시술 시간이 더 소요되므로 추가 제거 비용이 발생된다.

6. 고객카드(Costomer card) 작성

고객 카드(Costomer card)

성 명 : 생년월일 :
주 소 : 휴 대 폰 :
직 업 : 병 력 :

상담 내용		
1	경험 유무	① 있음 ② 없음
2	탈모 유무	① 있음 ② 없음
3	모발길이	① 네이프( ) cm ② 커트
4	보발컬러	① 1 ② 1B ③ 2 ④ 3 ⑤ 4 ⑥ 6 ⑦ 특수컬러( ) ⑧ 기타( )
5	모발 및 디자인	① 직모 ② 퍼머넌트웨이브 ③ 곱슬 ④ 층없는 단발 ⑤ 층있음
6	붙임머리 길이	① 16인치 ② 18인치 ③ 20인치 ④ 기타
7	부위별	① 전체 ② 샤기 ③ 더블샤기 ④ 숱 추가
8	붙임머리 컬러	① 1 ② 1B ③ 2 ④ 3 ⑤ 4 ⑥ 6 ⑦ 특수컬러( ) ⑧ 기타( )
9	붙임머리 종류	① 링 ② 스킬땋기 ③ 트위스트땋기 ④ ⑤ ⑥
10	제거	① 기본 ② 재사용 ③ 스켈링 & 샴푸
11	질병/복용 약물	① 항생제 ② 심장약 ③ 호르몬제 ④ 탈모치료제 ⑤ 관절염 ⑥ 기타( )

* 꼭 읽어주세요!
1. 붙임머리 시술 후 관리요령을 잘 지켜주십시오.
2. 2~3개월 유지 후 제거하는 것이 좋습니다.
3. 예약금은 반환되지 않습니다.

년 월 일 성명 : (서명)

고객 카드(Costomer card)				
일자	컬러	관리 내용 및 결제 금액	관리사	확인란

그림 8-10 고객 카드(Costomer card) 양식

7. 붙임머리 전처리 및 주의사항

1. 전처리(Preprocessing)

1) 전 · 후 비교

시술 전 사진을 찍는다.

2) 가르마(Part)

먼저 가르마를 정한다. 가르마를 정하고 시술이 완성되면 가르마 변경이 힘들기 때문에 고객이 자주하는 방향을 선택하도록 한다.

3) 시작점(Starting point)

고객의 모발 길이에 따라 첫 단을 정하는데 보통 귀 3분의 1 지점 즉, 귓볼 근처에서 첫째 단을 시작한다. 모발 길이가 짧아 숱 추가를 할 경우에는 귀 끝 지점에서 첫째 단을 시작할 수 있다.

4) 후면(Back of the head)

머리의 후면 섹션은 다섯 단 기준으로 70피스 정도 시술할 수 있도록 하고 피스간의 간격을 일정히 유지하도록 한다.

2. 주의사항(Precautions)

1) 연결(Conncction)

뒷면 셋째 단과 옆면 첫째 단이 이어질 수 있게 한다.

2) 각도(Angle)

붙임머리 종류에 따라 시술 방법이 다르지만 모발을 들지 않고 0°도의 각도로 시술해야 한다. 모발을 들게 되면 붙임머리가 같이 들리게 되므로 당김으로 통증을 유발할 수 있고, 전체적인 두상이 커 보일 수 있으므로 주의해야 한다.

3) 숱 추가(Add hair)

고객 모발 숱이 많은 경우 100피스로 부족할 수 있으므로 20피스 내외로 추가하는 것이 좋다. 커트머리와 밑단 기장 10cm 이하의 단발일 경우 네이프에 밑단 추가를 해야 한다. 이때 밑단 추가가 없을 시에는 페이스 라인 턱선부터 공간이 비어 부자연스럽다. 추가되는 비용의 부담으로 고객이 전체 밑단 추가를 하지 않을 시에는 가장 밑단의 양쪽 시작하는 두세 개의 매듭까지는 시술을 권유하도록 한다.

4) 시술 중 확인(Check point)

붙임머리 시술 중간에 머리카락 끼인 것을 확인하고 제거해 주어야 한다.

5) 간격(Space)

붙임머리를 두피 쪽으로 지나치게 가까이 하게 되면 따가울 수 있기 때문에 두피에서 1cm 정도 떨어져서 부착할 수 있도록 한다.

6) 고객 모발 상태

고객 모발 상태가 직모가 아닐 경우 단과 단 사이에 아이론(Iron)을 사용하여 직모로 펴면서 작업할 수 있도록 한다. 고객 모발의 층이 없는 경우에는 층을 내어주어 모발과 가모가 잘 어우러질 수 있도록 한다. 층이 많을수록 자연스럽게 연출할 수 있다. 층이 없는 단발의 경우 붙임머리 후 층을 내어 자연스럽게 어우러지게 완성한다.

7) 마무리(Finish)

완성되면 가모와 모발이 잘 어우러질 수 있도록 전체 층을 한 번 더 손질하고 머리기장도 알맞게 정리해준다. 아이론(Iron) 관리는 필수이다.

8) 전 · 후 비교

전 · 후 사진을 찍고 전 · 후 사진을 비교해서 보여준다.

8. 붙임머리 후 관리 방법(Management method)

① 붙임머리 후 두피관리에 더욱 신경을 써야한다. 샴푸가 용이하지 않아 두피관리가 어려워 각질이 쌓이거나 붉음증 또는 뾰루지가 생길 수 있으므로 주기적인 스켈링이나 영양샴푸를 권상한다.

② 취침 시 엉킴을 방지하기 위해 양 갈래로 묶어 눕도록 하고 샴푸 시에는 뒤통수를 과도하게 비비지 않도록 한다. 제거 시 심하게 엉켜 통증을 유발할 수 있기 때문이다.

③ 엎드려 샴푸하는 것은 삼가고 서서 샴푸를 하되, 아침에 하는 첫 샴푸(Shampoo)는 린스(Rinse), 샴푸, 트리트먼트(Treatment) 순으로 해주면 관리하기가 수월하다.

④ 가모는 영양공급이 되지 않고 아이론을 수시로 사용하기 때문에 에센스(Essence)나 트리트먼트(Treatment)에 신경을 써주어야 좋은 머릿결로 유지할 수 있다.

⑤ 고무줄실 등으로 부착한 부분에 통풍이 잘 되지 않을 수 있으므로 두피와 모발을 충분히 말릴 수 있도록 한다. 가급적 찬바람으로 말리는 것을 권장한다.

⑥ 붙임머리를 처음 하는 고객은 2~3일간의 적응 시기 전까지는 당김 현상 및 이물감으로 불편할 수 있다. 이때 손으로 만지게 되면 유지력이 떨어질 수

있으니 주의하도록 한다.

⑦ 일주일 내에 가모가 떨어지거나 흘러내릴 경우는 리터치를 받을 수 있다.

⑧ 빗질은 연장가모를 잡고 아랫 부분을 먼저 빗어 올라가며 빗질하도록 한다.

⑨ 경계 부분은 아이론을 사용하면 자연스럽게 연출할 수 있다.

9. 자주하는 질문(Q & A)

1. 염색, 탈색, 퍼머넌트 웨이브(Permanent wave)

Q 염색, 탈색, 퍼머넌트웨이브(Permanent wave)가 가능한가요?

A 본인머리의 뿌리 염색, 전체 염색도 가능합니다. 다만 진한 블랙(Black) 계열의 컬러(Color)는 염색이 잘 되지 않을 수 있고, 모발을 밝게 하는 염색이나 탈색은 머리결을 상하게 하므로 추천하지는 않습니다. 붙임머리와 본인의 모발 사이 연결부가 염모제로 인해 얼룩이 질 수도 있으므로 시술 전 염색을 권장합니다.

2. 짧은 머리(Short hair)

Q 짧은 머리도 붙임머리 가능한가요?

A 짧은 머리도 가능하지만 머리가 짧을수록 많은 양이 들어가고 관리와 스타일링이 힘들다는 단점이 있습니다. 머리를 좀 더 기른 후 시술 받는 것을 권장합니다.

3. 곱슬 머리(Curly hair)

Q 곱슬 머리, 퍼머넌트웨이브(Permanent wave) 머리도 가능한가요?

A 가능은 하지만 예쁘게 관리하기는 힘들므로 스트레이트(Straight)를 하고

붙임머리 시술을 받는 것이 좋습니다. 시술 후에는 매듭이 있어 두피 가까이 열기구 사용이 불가능하기 때문에 두상이 커 보일 수 있습니다.

4. 숱 추가(Add hair)

기본 정량 즉 100피스로 부족한 경우에만 추가합니다. 모발 기장이 짧은 경우 또는 모발 숱이 많은 경우에 숱 추가를 하는데 무리한 숱 추가는 두상이 커 보일 수 있고, 중량 때문에 불편할 수 있습니다.

5. 유지 기간(Hold time)

개인차는 있지만 보통 2개월 정도 권장합니다. 모발이 자라나오면서 붙임머리의 매듭이 밑으로 내려오는데 2개월 정도 지났을 때 제거하고 다시 위로 붙여주는 것이 엉키지 않게 잘 관리할 수 있습니다.

6. 묶은 머리(Tie hair)

붙임머리 후 묶을 수 있습니다. 반 묶음도 가능하고 올려 묶는 것도 가능하지만 숏커트(Short cut)나 머리카락의 기장이 너무 짧은 경우는 내려 묶는 것을 권장합니다.

7. 층(Layer)

모발과 붙임머리의 연결부가 자연스럽게 이우리지려면 자연모의 층을 내어주는 것이 좋습니다.

8. 두피 고민(Sculp Trouble)

Q 비듬, 각질이 많이 생기고, 두피가 붉어져요.

A 휴지기 머리가 빠지면서 모근이 하얗게 보이는 것이므로 샴푸 후 헹굼이나 건조가 잘되지 못하였을 경우 생길 수 있습니다. 정기적인 두피 스케일링(Scaling)이나 두피 스파(Spa)를 권장합니다.

9. 통증(Pain)

Q 붙임머리를 하면 아플 때가 있는데 왜 그런가요?

A 두피가 예민한 경우, 가모를 두피 가까이 시술한 경우, 또는 시술 시 매듭부위에 잔머리가 끼인 경우 통증을 유발할 수 있습니다.

10. 견인성 탈모(Traction Alopecia)

Q 견인성 탈모가 올 수 있나요?

A 숙련되지 못한 자가 시술을 잘못한 경우 또는 고객이 시술부위에 손을 대어 지나치게 강제로 긁거나 떼어낸 경우를 제외하고는 탈모의 부작용은 생기지 않습니다. 정상인 기준으로 하루 50~100여가닥 정도의 머리카락이 빠지는데 휴지기의 머리카락이 떨어지지 않고 함께 묶여있어서 제거 시 머리카락이 많이 빠진 것처럼 보이는 것입니다.

11. 붙임머리 제거(Remove hair extension)

심하게 엉킴이 없으면 20~30분이면 가능하며 셀프(Self) 제거는 견인성 탈모로 이어질수 있으므로 반드시 붙임머리 전문샵(Shop)을 방문하여 제거해야 합니다.

Chapter 9 헤어증모술 실기

1. 헤어증모술(Hairincrease)의 재료 및 도구

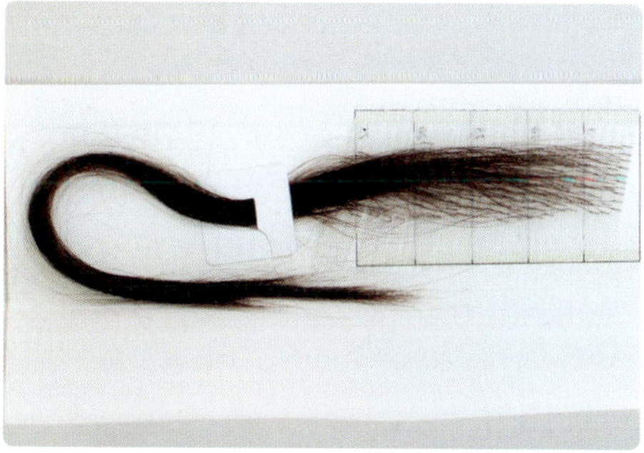

① 헤어증모술 가모
- 헤어증모술(Hairincrease) 기법에 사용된다.

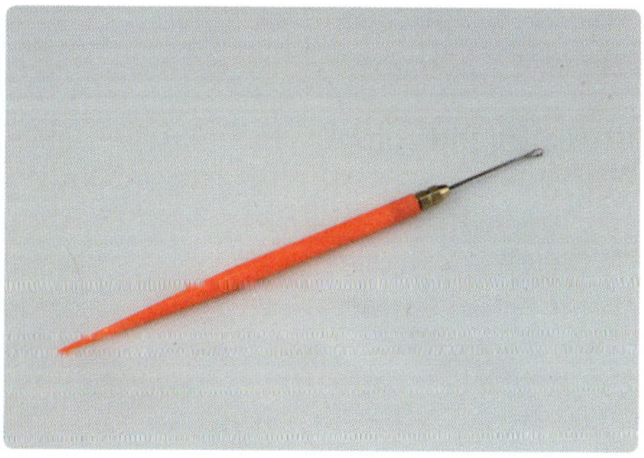

② 스킬바늘(Skill Needle)
- 자연모와 헤어증모술 가모를 매듭지을 때 사용한다.

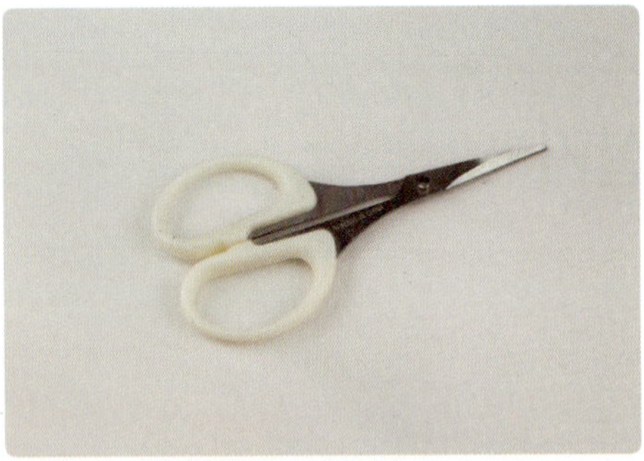

③ 가위(Scissors)

- 시술 후 헤어증모술 가모를 자를 때 사용한다.

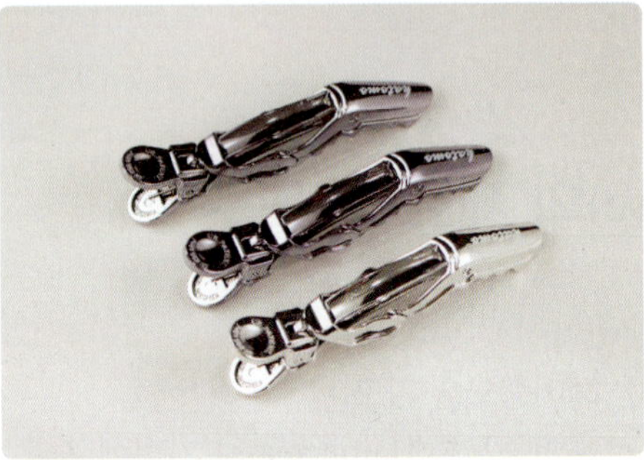

④ 헤어핀(Hairpin) : 헤어클립(Hairclip)

- 자연모의 블로킹(Blocking)과 섹션(Section)을 고정할 때 사용한다.

⑤ 헤어핀(Hair pin) 소(小) : 핀컬핀(Pin curlpin)

- 붙임머리 작업 시 잔머리를 고정할 때 사용한다.

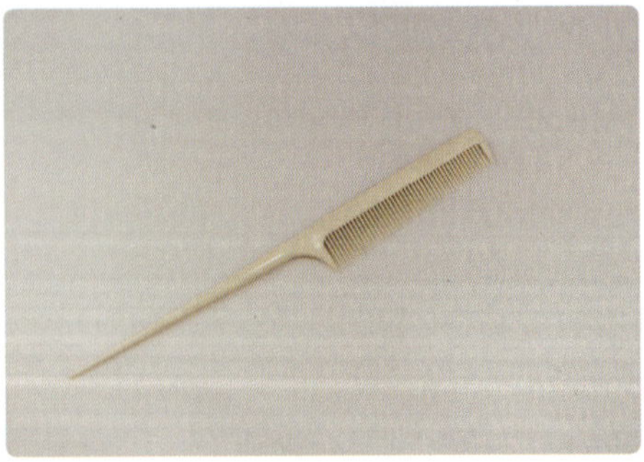

⑥ 꼬리빗(Tail comb)

- 자연모의 섹션 및 시술 사이사이 정돈용으로 사용한다.

⑦ 분무기(Sprayer)

• 시술직전 자연모의 상태를 정리할 때 사용한다.

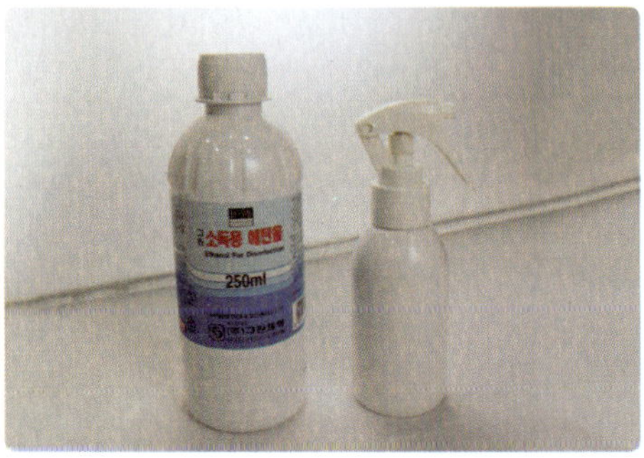

⑧ 손 소독제(Antiseptic)

• 손 소독 및 도구 소독에 사용한다.

⑨ 솜(탈지면, Cotton)

• 손 소독 시 손 소독제(Antiseptic)를 묻혀서 손 전체를 닦아낸다.

⑩ 웨건(Wagon)

• 사용 도구를 위치에 맞게 배열하여 작업의 편리성을 준다.

2. 헤어증모술(Hairincrease)의 준비상태

1. 시술자의 상태

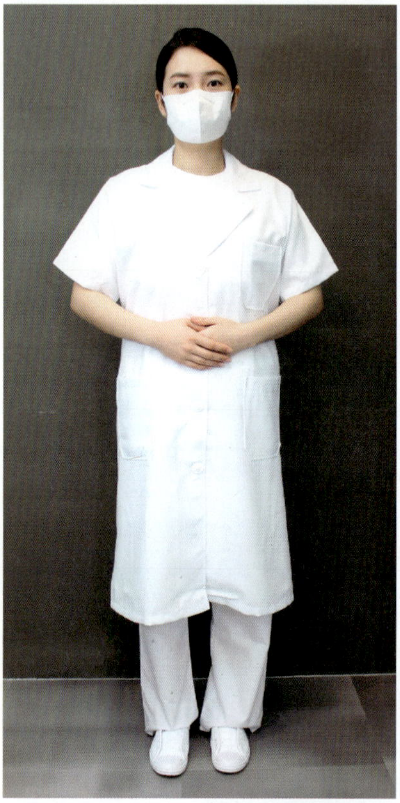

그림 9-1 복장 상태

1) 헤어 고정용품

검은색만 허용(머리핀, 머리띠, 머리망 등)

2) 액세서리(Accessory)

일체 착용금지

3) 마스크(Mask)

흰색만 허용

4) 위생복(Gown)

흰색의 반팔 또는 긴팔 가운 착용

5) 상의(Top)

흰색의 라운드 네크라인의 반팔티셔츠

6) 하의(Bottom)

색상 소재 무관한 긴 바지

7) 신발(Shoes)

매듭이 없는 흰색 운동화

2. 고객의 상태

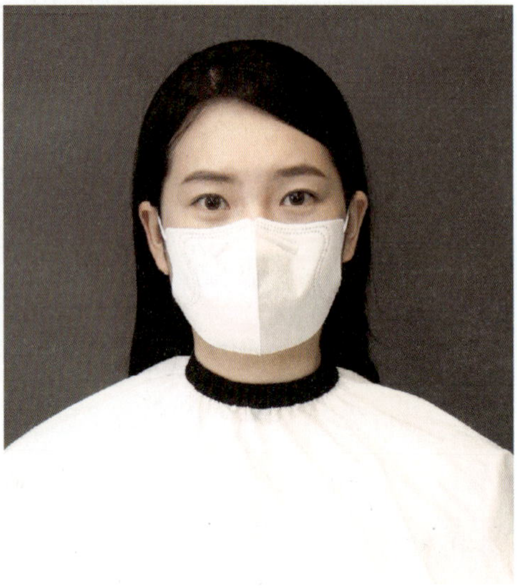

그림 9-2　고객의 상태

1) 자연 모발

흑채 또는 스프레이 젤 등의 헤어 제품을 사용하지 않은 자연 모발 상태

2) 브러싱(Brushing)

브러싱을 하여 노화된 모발 및 두피 노폐물을 제거한 상태

3) 액세서리(Accessory)

시술에 지장을 줄 수 있는 악세서리는 따로 보관하도록 요청

4) 어깨보(커트보, Cut褓)

가운 착용

3. 헤어증모술의 시술방법

1. 헤어증모술(Hairincrease)

헤어증모술(Hairincrease)이란 사람의 머리카락 1올에 인조모 4올이 엮어진 증모 전용가모를 스킬바늘(Skill Needle)을 이용해 올가미 방식으로 매듭지어 머리숱을 풍성하게 하는 미용술이다.

1) 헤어증모술의 장 · 단점

① 탈모로 인해 또는 선천적으로 머리숱이 적은 헤어에 모두 적용이 가능하다.

② 머리숱이 2~3배 풍성해 보이게 한다.

③ 기존 모발에 매듭짓는 방식으로 모발이 있어야 가능하며, 대머리는 적용불가하다.

④ 가발 착용보다 관리가 용이하며 편안하고, 이식 수술보다 시술 비용과 시간이 적게 든다.

2) 헤어증모술의 주의사항

① 약한 자연모에 증모를 하면 자연모가 탈락될 수 있으므로 건강한 모발에 증모를 한다.

② 시술 후 헤어증모 가모제품의 매듭이 풀리지 않도록 주의한다.

③ 증모의 매듭을 최대한 두피 가까이에 안착시킨다

3) 홈 케어(Home care)

① 두피 가까이 빗질하지 않도록 한다. 빗질 시 증모 매듭 부위를 피해 그 아래쪽까지만 빗질한다.

② 모발이 자라나 두피 가까이에 있던 증모의 매듭이 내려오면, 뽑거나 뜯어서는 안되며 리페어(Repair)를 받는다.

③ 증모 당일에는 샴푸를 하거나 두피와 머리 부위를 만지는 것을 삼가야 된다. 특히 모근이 약할 경우 만질 경우 증모의 유지력이 떨어질 수 있다.

4) 준비물

① 헤어증모술용(Hairincrease)

② 스킬바늘(Skill Needle)

③ 꼬리빗(Tail comb)

④ 가위(Scissor)

⑤ 분무기(Sprayer)

5) 매듭증모 기법

① 재료 준비

- 헤어증모술용(Hairincrease) 가모
- 스킬바늘(Skill Needle)
- 꼬리빗(Tail comb)
- 가위(Scissor)
- 분무기(Sprayer)
- 손 소독제(Antiseptic), 솜(탈지면)

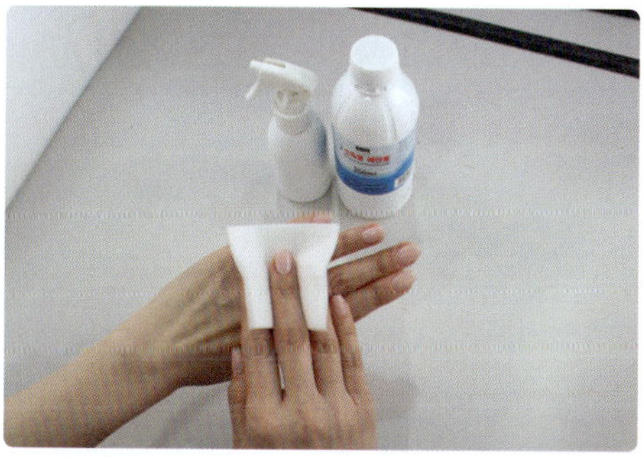

② 손 소독

- 시술자의 손 소독은 솜(탈지면)에 손 소독제(Antiseptic)를 3회 이상 분사하여 양 손을 번갈아가면서 손바닥, 손등, 손가락 사이를 닦아낸다.

Tip. 손, 기구 등의 소독에는 스프레이 용기 등에 알코올 소독제를 넣어서 사용한다.

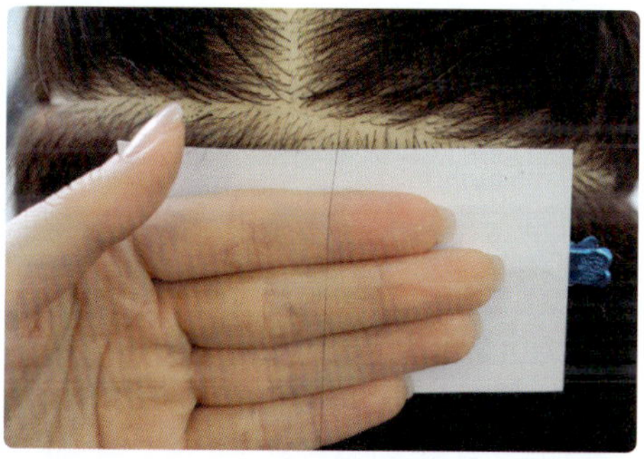

③ 양모 찾기

- 스킬바늘 고리를 이용하여 한 가닥의 건강모를 선별한다.

Tip. 자연모를 고를 때에는 모발 끝이 아닌 두피에서 선별한다.

④ 올가미 준비

- 왼손으로 자연모 한 가닥을 잡고 오른손으로는 헤어증모술용 모발이 걸려 있는 스킬바늘을 잡는다.

⑤ 바늘 걸기

- 오른손 스킬바늘에 자연모를 걸어준다.

⑥ 올가미 걸기

- 증모용 모발피스의 고리부분에 자연모를 한 가닥 넣어서 빼준다.

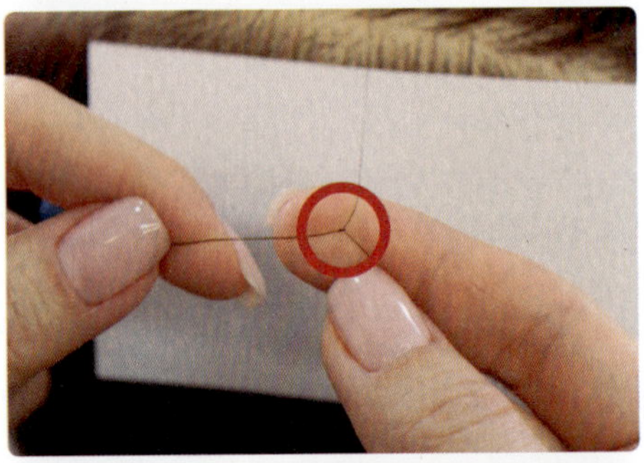

⑦ 올가미 조이기

- 빼낸 자연모를 왼손 엄지와 검지로 잡아 고정하고 증모의 고리부분을 오른손 엄지와 검지를 이용하여 최대한 자연모에 붙도록 고리를 줄여 매듭을 만들어 준다.

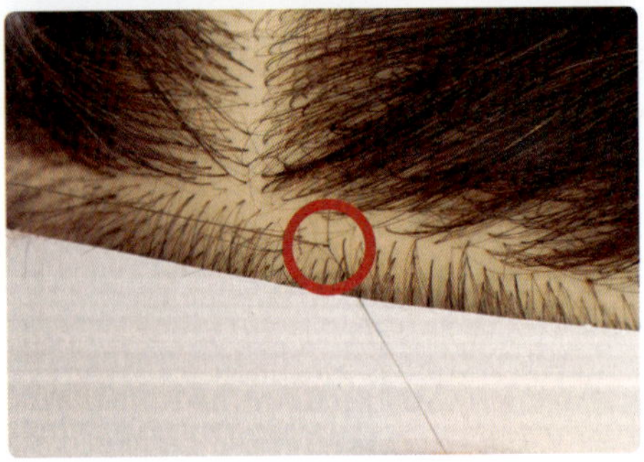

⑧ 올가미 두피로 밀기

- 매듭증모와 자연모를 양 손으로 벌려서 매듭을 두피 가까이로 올려 위치한다.

⑨ 바늘걸기 준비

- 올가미 완성된 증모는 옆으로 제쳐두고 자연모를 왼손의 검지 지문 부위에 놓는다.

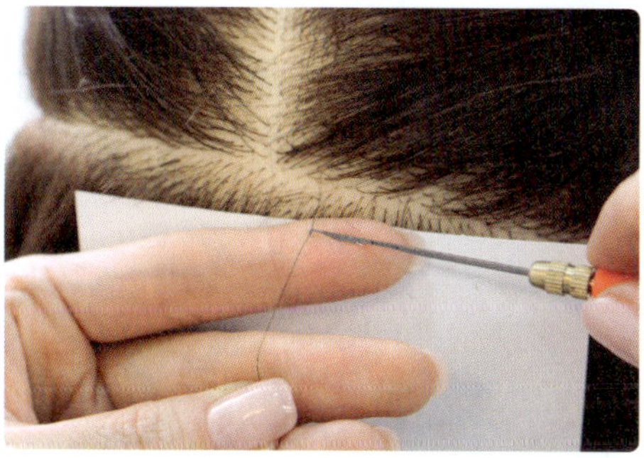

⑩ 자연모 걸기

- 오른손의 스킬바늘로 자연모를 걸어준다.

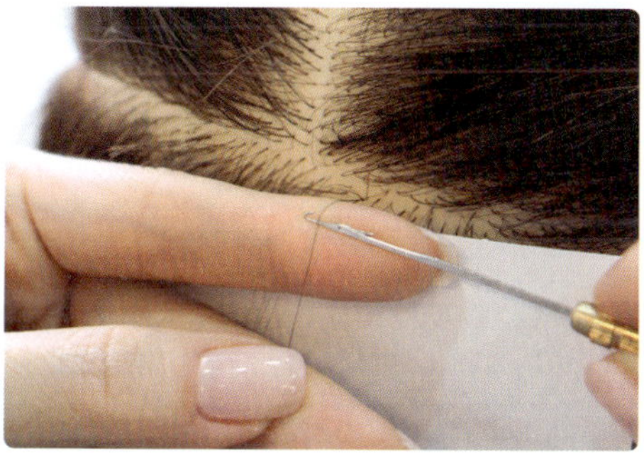

⑪ 매듭 준비

- 자연모가 걸려있는 스킬바늘을 시술자 방향으로 180° 그대로 돌려 스킬바늘의 코가 위로 향하도록 한다. 스킬바늘을 왼쪽으로 살짝 밀어주어 스킬바늘 사이에 자연모가 위치하도록 한다.

※ 이때 동작들을 왼손 검지의 지문위치에서 하면 매듭 확인이 쉽다.

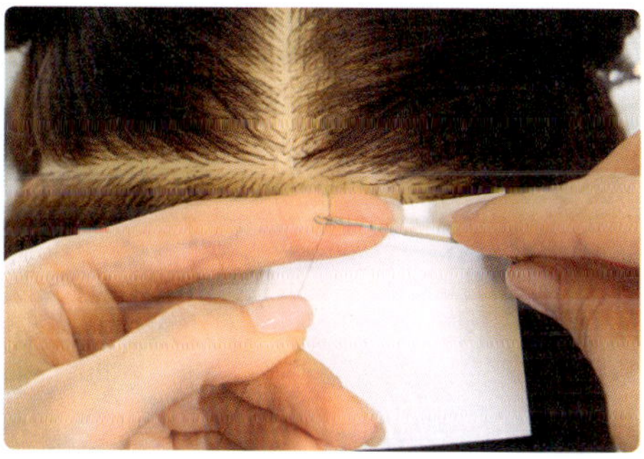

⑫ 바늘 밀기

- 자연모를 왼손으로 잡고 오른손의 스킬바늘을 그대로 두피 쪽으로 밀어 준다. 이때 적당한 텐션을 유지하고 있어야 코바늘이 잘 밀어진다.

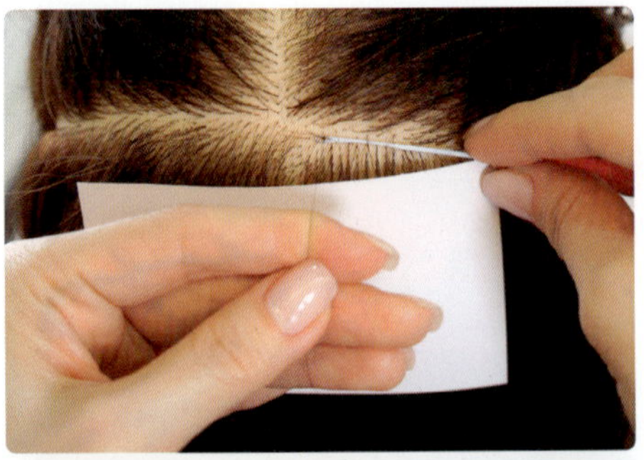

⑬ 자연모 당기기

- 두피 쪽에 밀어둔 자연모를 왼손으로 잡고 왼쪽으로 당기며 두피에 가까이 위치하도록 한다.

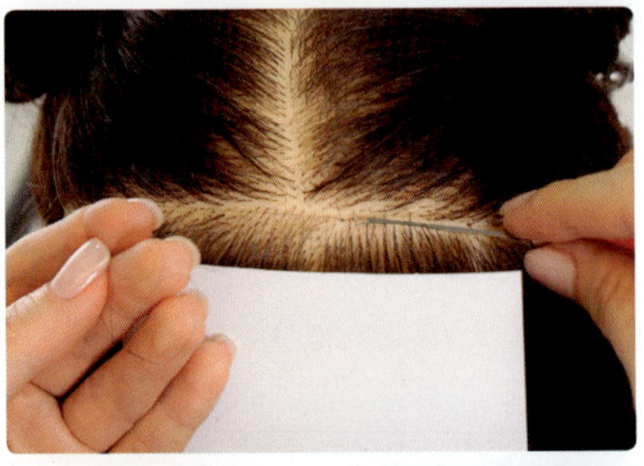

⑭ 매듭 짓기

- 스킬바늘을 오른쪽 두피 쪽으로 붙여서 매듭이 만들어 지도록 당긴다.

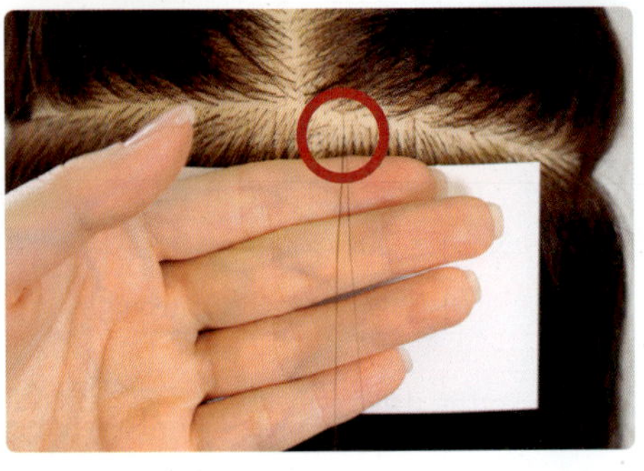

⑮ 완성

- 헤어증모술(매듭증모)의 완성된 모습

6) 리페어(Repair) 증모 기법

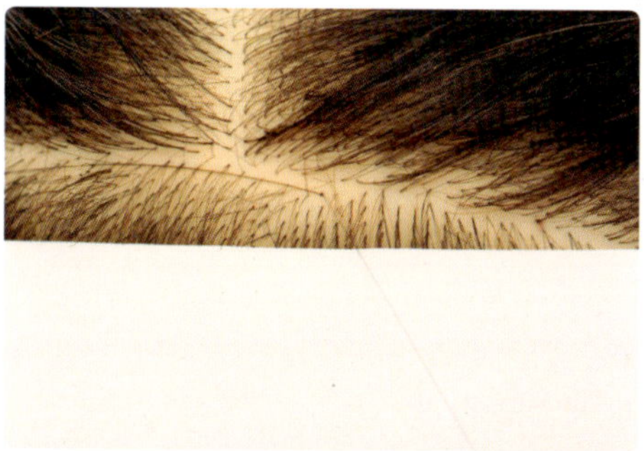

리페어(Repair) 증모

- 헤어증모술(Hairincrease)의 가모와 자연모의 매듭은 자연모의 성장 길이만큼 두피쪽에서 점점 밀려져 내려온다. 이 매듭을 두피쪽으로 밀어주어 재매듭 함으로써 증모의 효과를 원상복구 하는 기법이다.

① 재료 준비

- 스킬바늘(Skill Needle)
- 손 소독제(Antiseptic), 솜(탈지면)

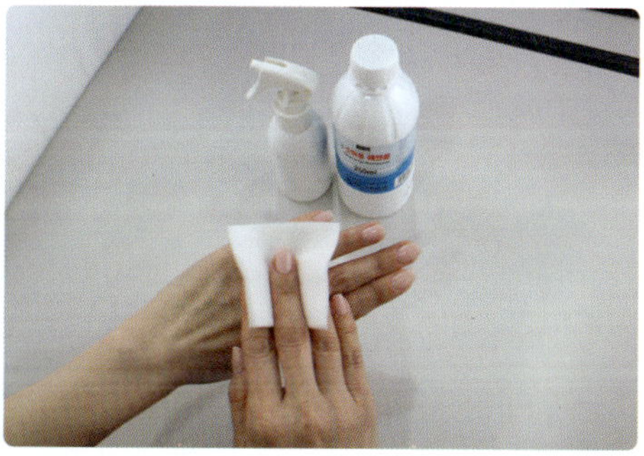

② 손 소독

- 시술자의 손 소독은 솜(탈지면)에 손 소독제(Antiseptic)를 3회 이상 분사하여 양 손을 번갈아가면서 손바닥, 손등, 손가락 사이를 닦아낸다.

Tip. 손, 기구 등의 소독에는 스프레이 용기 등에 알코올 소독제를 넣어서 사용한다.

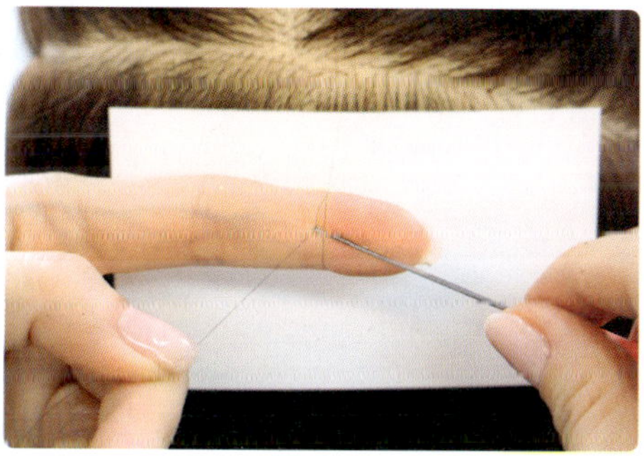

③ 매듭 찾기

- 증모한 매듭의 위치를 확인한다.
  1cm 가량 가로 섹션으로 자연모를 손바닥에 올려놓으면 쉽게 매듭을 찾을 수 있다.

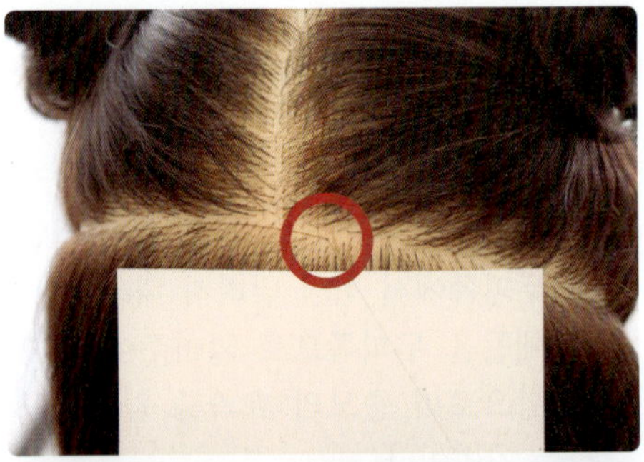

④ 매듭 밀기

- 리페어 할 자연모 한 가닥을 찾아 자연모와 증모를 분리한 후 기존의 매듭을 두피 끝까지 밀어 넣는다.

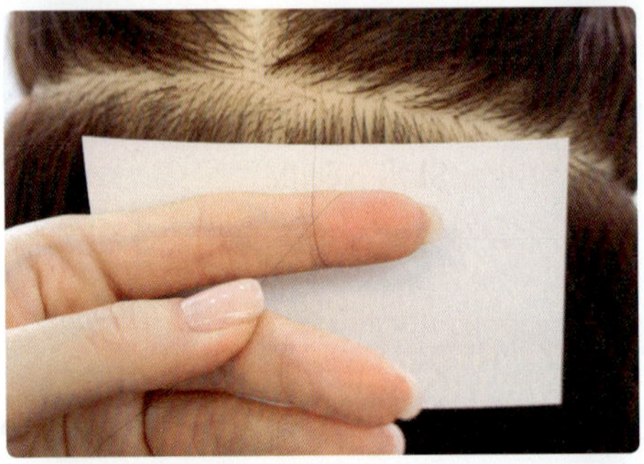

⑤ 자연모 감기

- 자연모를 왼손 검지에 ×자로 돌려 감는다.

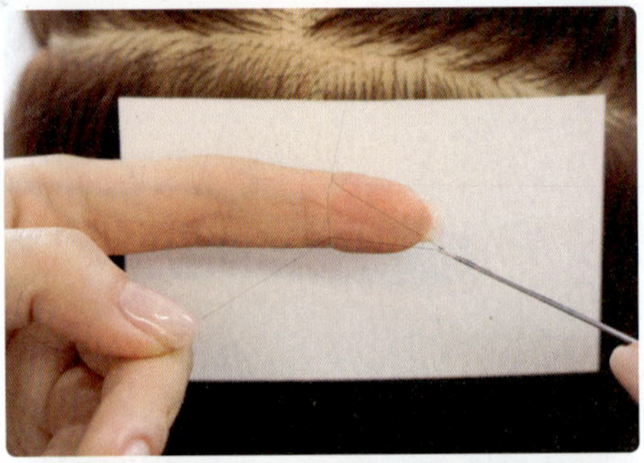

⑥ 자연모 빼기

- 감겨진 자연모의 위쪽부분에 스킬바늘의 코를 걸어 빼낸다.

⑦ 스킬바늘 꼬리 넣기

- 만들어진 링모양의 고리 안에 스킬바늘 뒷부분의 뾰족한 꼬리부분을 밀어 넣는다.

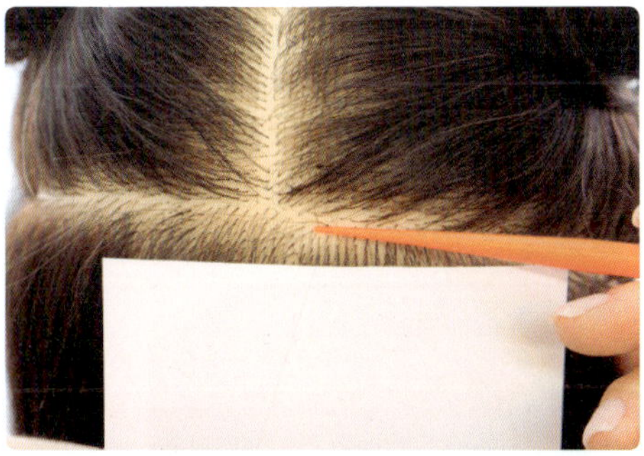

⑧ 매듭 짓기

- 자연모를 당겨 두피 가까이 매듭이 지어지도록 링모양을 줄여 나간다.

⑨ 완성

- 헤어증모술(Repair)의 완성된 모습

4. 시술 전 · 후 사진

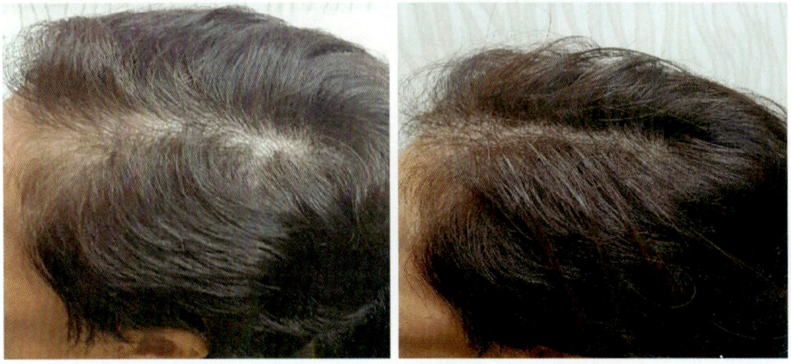

시술 전 100모 시술 후

그림 9-3 헤어증모술(Hairincrease) 100모 시술 전 · 후

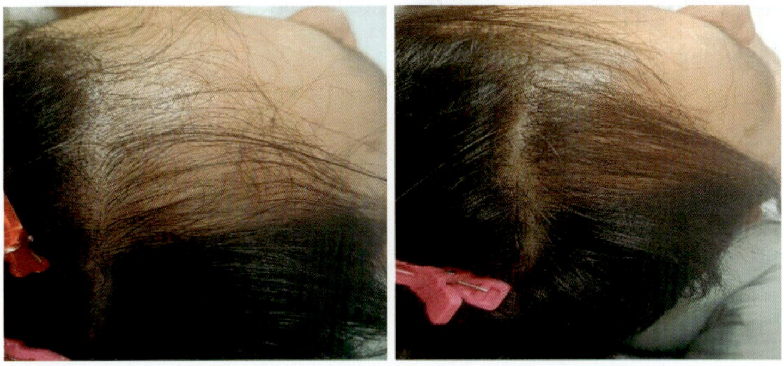

시술 전 200모 시술 후

그림 9-4 헤어증모술(Hairincrease) 200모 시술 전 · 후

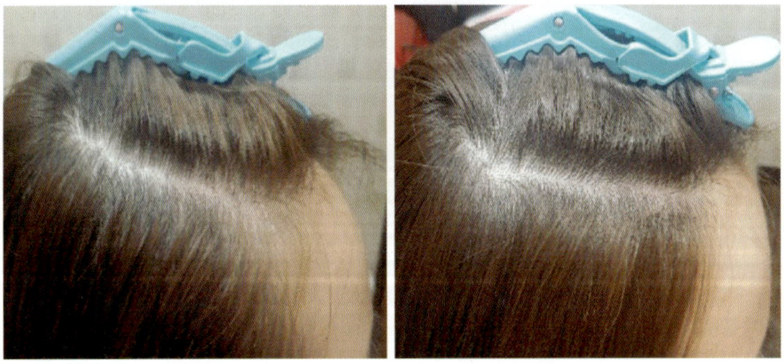

시술 전 300모 시술 후

그림 9-5 헤어증모술(Hairincrease) 300모 전 · 후

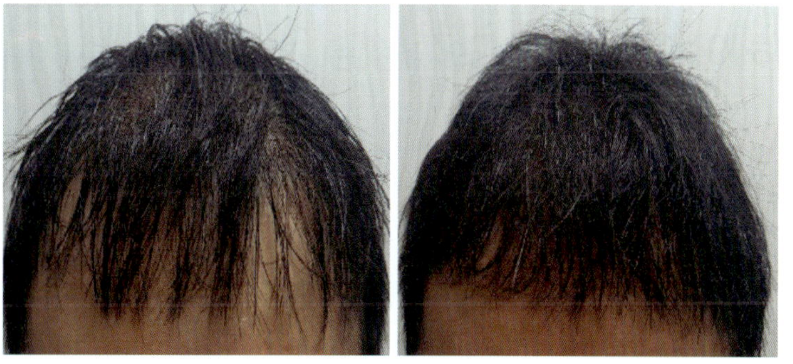

시술 전 1000모 시술 후

그림 9-6 헤어증모술(Hairincrease) 1000모 시술 전 · 후

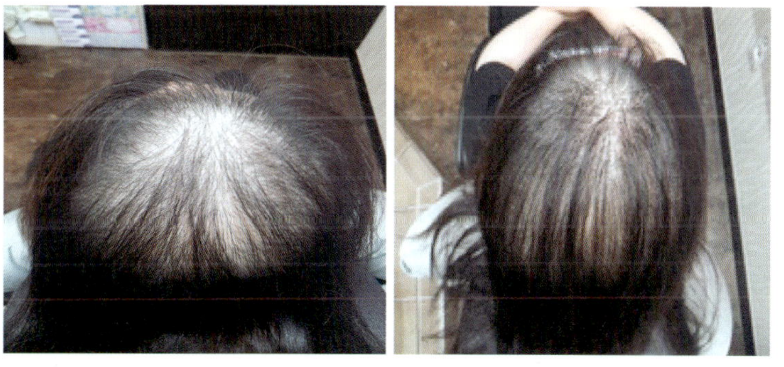

시술 전 1000모 시술 후

그림 9-7 헤어증모술(Hairincrease) 1000모 시술 전 · 후

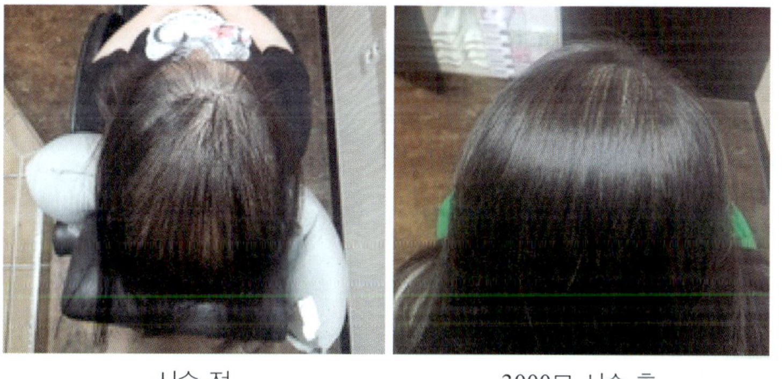

시술 전 3000모 시술 후

그림 9-8 헤어증모술(Hairincrease) 3000모 시술 전 · 후

5. 헤어증모술 전 고객상담

① 고객 카드(Customer card)를 작성할 때 고객의 나이와 직업, 병력 등을 자세히 작성한다.

연령별, 직업별, 질병여부에 따른 탈모 특성과 요인 등을 추정하기 위함이다.

② 탈모시기를 확인한다.

진행 중인 탈모인지 유지되고 있는지도 체크한다.

③ 복용 중인 약을 꼼꼼히 체크한다.

고객이 복용하는 약의 종류에 따라 탈모가 발생하는 경우도 있다. 특히, 여성의 경우 호르몬제 복용 여부에 따라 탈모 유무가 달라질 수 있으므로 시술 전 복용 여부를 꼭 체크한다.

④ 탈모 추정요인에 대해 체크한다.

탈모 추정 요인 중 유전은 진행형 탈모가 대다수이므로 유지력이 떨어질 수 있다.

⑤ 두피진단기(Scalp diagnostic)로 고객의 두피를 확대하여 관찰하고 두피상태를 고객과 같이 모니터링(Monitoring)하며 문제점 등을 확인한다.

두피 환경이 좋지 않을 경우 두피에 에센스(Scalp Essence)나 스케일링(Scaling) 제품으로 두피를 먼저 정리한 후 시술하도록 한다.

⑥ 모발이식(Hair transplant) 여부를 확인한다.

모발 이식을 한 고객의 경우 후두부의 건강한 머리카락을 이식하므로 이식한 앞 머리카락은 굵고 튼튼하여 시술이 용이할 수 있다.

⑦ 여성 고객의 경우 월경(Menses) 유무를 확인한다.

갱년기(Climacterium) 또는 폐경기(Menopause) 여성의 경우 여성 호르몬(Estrogen)이 감소하고 상대적으로 남성 호르몬(Testosterone)이 증가하므로 탈모가 진행 중일 수 있다.

⑧ 휴지기(Telogen stage) 모발이 탈락되면서 가모도 함께 탈락되므로 시술 후 부터는 하루에도 몇 가닥씩 탈락된다는 점을 설명한다.

탈락된 가모는 더 이상 재사용이 안 되므로 리필을 할 수 있도록 설명한다.

⑨ 휴지기(Telogen stage) 모발 한 가닥이 탈락되면

가모 4가닥과 함께 탈락되면서 총 5가닥이 탈락되므로 고객 입장에서는 많은 가닥의 머리가 탈락된다고 오인할 수 있으므로 그 점을 사진에 충분히 설명한다.

6. 고객카드 작성

1. 고객카드(Customer card)

고객 카드(Customer card)

성 명 : __________ 생년월일 : __________

주 소 : __________ 휴 대 폰 : __________

직 업 : __________ 병 력 : __________

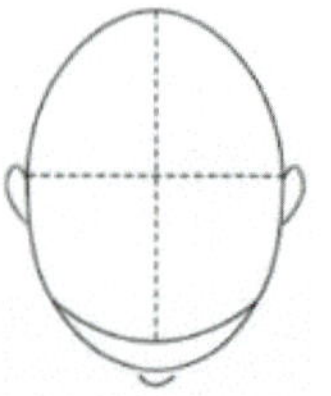

상담 내용		
1	탈모 시기	① 20대 ② 30대 ③ 40대 ④ 50대 ⑤ 60대 ⑥ 기타( )
2	복용 중인 약	① 항생제 ② 심장약 ③ 호르몬제 ④ 탈모치료제 ⑤ 관절염 ⑥ 기타( )
3	탈모 추정 요인	① 유전 ② 스트레스 ③ 직업특성 ④ 음주흡연 ⑤ 다이어트 ⑥ 출산 ⑦ 기타( )
4	두피측정 상태	① 붉음증 ② 각질 ③ 건성 ④ 지성 ⑤ 뾰루지 ⑥ 기타( )
5	모발이식	① 안했음 ② 했음 - 절개식( )/ 비절개식( )
6	월경 유무	① 있음 ② 없음

* 꼭 읽어주세요!

1. 증모술은 이식이 아니므로 본인 머리(휴지기)가 탈락되면서 증모된 가모가 같이 탈락됩니다. 그리고 탈모가 진행 중이신 분들은 지속적으로 빠질 수 있음을 설명 들었습니다.
2. 시술 후 관리법
   ① 모자 착용 금지
   ② 샴푸는 1일 1회, 찬바람으로 드라이
   ③ 린스, 헤어세럼 등을 바르면 엉킴 예방(엉켰을 경우 아이론으로 당겨주면 직모 상태로 돌아감)
   ④ 열퍼머넌트웨이브 가능 100~120℃(고온 시 변형될 수 있음)

년 월 일 성명 : ____________(서명)

일자	모 NO.	관리 내용 및 결제 금액	관리사	확인란

그림 9-9 고객 카드

2. 고객상담 매뉴얼

표 9-1 헤어증모술 상담 매뉴얼 1(Hairincrease counseling manual)

<table>
<tr><th colspan="3">헤어증모술 고객상담 매뉴얼</th></tr>
<tr><td>증모 방식</td><td></td><td>본인 머리카락 한 올에 가모 4올을 스킬바늘로 매듭지어 풍성하게 하는 방식으로 머리숱이 어느 정도 있어야 가능합니다.</td></tr>
<tr><td>미세한 매듭</td><td></td><td>매듭이 미세하여 자세히 보지 않는 이상 티가 나지 않으며 숱이 많이 없어 두피가 훤히 들여다보이는 분에게도 시술이 가능합니다.</td></tr>
<tr><td>유지 기간</td><td colspan="2">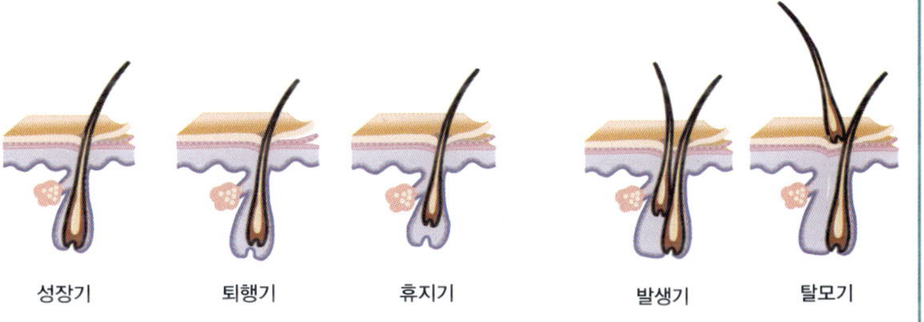

모발 주기는 성장기(3~6년), 퇴화기(3주)를 거쳐 휴지기(3개월)로 넘어가는데, 휴지기가 되면 샴푸나 빗질로 쉽게 탈락이 되고 이 휴지기 머리카락이 빠지면서 가모도 같이 탈락됩니다. 탈모가 진행 중이면 더 많이 빠질 수 있습니다.</td></tr>
</table>

표 9-2 헤어증모술 상담 매뉴얼 2(Hairincrease counseling manual)

헤어증모술 고객상담 매뉴얼	
가모의 재질과 제품의 특징	인공 단백질로 고급 가발에 사용되고 있으며 일본 완제품을 수입하여 사용, 인모보다 가벼워 탈모로 입모근이 약하신 분들에게 시술하기 적합한 제품입니다.
리필	휴지기 머리가 탈락되면서 가모도 같이 탈락되므로 주기적으로 숱을 추가하는 리필을 받으시면 됩니다.
리페어(재사용)	성장기 머리에 잘 붙어있는 가모는 계속 재사용할 수 있습니다. 본인 머리가 길어져 나오면 두피 가까이에 있던 매듭이 밀어져 나오는데 이것을 다시 두피 가까이로 밀어 넣는 작업을 한 달~두 달에 한번 정기적으로 받으시면 됩니다. 리페어를 받으시면 시술한 것과 동일한 효과를 보실 수 있습니다. 풍성하게 보이기 위해서는 두피의 스킨이 빼곡해야 하는데 길어져 나오면 스킨색이 보이게 되므로 숱이 적게 보입니다. 작업 소요시간은 같으나 시술비는 리필의 70% 가격이므로 고객께서는 저렴하게 증모효과를 얻을 수 있습니다.

7. 헤어증모술 전처리 및 주의사항

1. 전처리(Preprocessing)

1) 시술대 및 시술의자

고객카드 작성을 마친 후 헤어증모술을 시작하게 되는데 모량에 따라 장시간의 시술이 될 수 있으므로 고객을 최대한 편안한 시술의자에서 시술할 수 있도록 한다. 이때 각도조절이 되고 다리받침이 있는 메이크업(Make-up) 의자 등이 좋다.

2) 사전 안내(Pre-announcement)

시술 예약 전에 샴푸 외의 헤어 제품 사용을 삼가할 것을 반드시 사전 안내한다. 혹시라도 시술 당일 헤어제품 즉, 흑채(黑彩), 왁스(Wax), 트리트먼트(Treatment), 오일(Oil) 등을 사용했다면 샴푸 후에 시술해야 한다. 헤어제품을 사용 후 씻어내지 않고 시술을 하게 되면 헤어증모술의 유지력이 떨어진다.

3) 전처리(Pre-processing)

쿠션 빗으로 두피를 긁거나 두드려 자극을 준다. 두피 자극을 통해 혈류를 증진시켜 모근의 탄력을 유도한다. 고객에 따라 두피에 열이 많거나 붉음증이 있는 경우에는 두피 에센스(Scalp essence) 등을 두피에 충분히 뿌려 흡수시키도록 한다. 시술 도중의 자극감이나 통증 완화에 도움을 주고, 헤어증모술(Hair increase)의 유지력을 높일 수 있다. 시술은 두피나 모발이 마른 상태에서 시작한다. 또한, 빗으로 충분히 빗어준다. 휴지기 머리를 최대한 많이 탈락시킨 상태에서 증모를 시작한다.

4) 전 · 후 비교(Before and after comparison)

고객의 동의하에 시술 전 사진을 찍어 기록을 남겨놓는다. 헤어증모술(Hair increase) 후 전 · 후 사진과 비교하여 고객에게 확인시킨다.

5) 시작점(Starting point)

빈모 부위를 지정하고 증모술을 시작한다. 범위를 넓게 잡고 점점 사이를 메우는 것이 좋다. 스킬비늘 고로 머리카락 5~6 가닥을 두피에서 골라 그 중에서 굵고 튼튼한 모 1가닥을 선정한다.

2. 주의사항(Precautions)

1) 관리 중 확인(Check point)

증모제품의 길이는 30cm 정도 되는데 긴머리의 고객일 경우 간혹 가모와 머리카락이 엉킬 수 있으므로 이때에는 빗보다는 손을 이용하여 천천히 정리해 주는 것이 좋다.

또한, 일반 퍼머넌트 웨이브(Permanent wave)는 되지 않지만 간혹 열기기 사용이나 디자이너의 시술 방식에 따라 가모에 컬이 생기는 경우도 발생한다. 이때 생긴 컬(Curl)을 원하지 않는 경우에는 아이론(Iron)를 이용하여 직모로 만들어주면 원래의 상태로 돌아가게 된다.

2) 커트(Cut)

리페어(Repair)를 하지 않고 커트를 할 경우 가모의 길이가 잘라져 나가게 되므로 반드시 리페어 한 후에 커트를 해야 가모의 길이를 처음처럼 유지할 수 있다.

3) 형상기억모(形象記憶毛, Memoty hair)

헤어증모술(Hair increase)에 사용되는 가모는 열에 의해 변형되며 다시 열을 가하지 않으면 그 형태를 유지하는 형상기억모(形象記憶毛)이다. 또한, 고객의 드라이어(Drier) 등 열기기 온도 등으로 인해 가모의 손상 또는 변형이 올 수 있다. 손상된 가모는 아이론(Iron)를 이용하여 곧게 펴면 직모로 돌아간다.

4) 두피(Scalp)

두피가 예민한 고객의 경우에는 시술 후 두피의 통증이나 붉음증 또는 가려움이 생길 수 있으나 수 시간 내지 하루가 지나면 완화된다.

5) 휴지기(Telogen stage)

휴지기(Telogen stage) 머리를 최대한 탈락 후 시술을 시작하지만 당일에도 휴지기(Telogen stage) 머리가 탈락될 수 있으므로 본인 머리카락과 가모가 빠지는 것은 지극히 자연스러운 일이므로 잘못된 시술로 기인한 것이 아니다.

6) 매듭(Knot)

가모 매듭을 최대한 쪼여 매듭 크기를 최소화한다. 머리카락 매듭은 두피에 최대한 가까이 매듭짓도록 한다. 이때 두피가 예민한 경우에는 두피에서 1~2mm 정도 간격을 두고 매듭을 지어준다.

7) 고객 모발 상태

증모매듭이 끝난 후에는 꼬리빗으로 전체를 빗질하고 머리카락 길이에 맞게 가모를 잘라준다. 고객의 머리카락 상태에 따라 즉, 웨이브(Wave), 곱슬머리이면 가모를 아이론을 이용하여 웨이브를 만들어준다.

8) 고객카드(Customer card)

고객카드에 시술 부위를 표시하고 다음 방문 때 시술 부위를 확인하여 유지력 및 가모의 상태를 체크한다. 체크된 상태에 따라 다음 시술의 방법이나 디자인 등을 변경할 수 있다.

9) 마무리(Finish)

고객에게 관리요령에 대해 한 번 더 설명한다.

8. 헤어증모술 후 관리방법(Management method)

1. 관리방법(Management method)

1) 샴푸(Shampoo)

증모 당일에는 샴푸를 하거나 두피와 머리 부위를 만지는 것을 삼가야 된다. 특히, 모근이 약할 경우 만지게 되면 증모의 유지력이 떨어질 수 있다. 샴푸는 1일 1회 하는 것이 좋다. 잦은 샴푸로 인해 유지력이 떨어질 수 있다. 샴푸 후 찬 바람 또는 미지근한 바람으로 말려주는 것이 좋다. 가모에 물기가 많을 때에는 무게감이 있으므로 완전히 건조한 뒤 미용기기를 이용하는 것이 좋다.

2) 모자 착용(Cap)

장시간 모자 착용은 피하는 것이 좋다.

3) 가모 유지

가모의 무게가 가벼워 겨울철에는 정전기가 발생할 수 있으므로 정전기 방지 에센스 또는 오일 등을 발라 예방하는 것이 좋다. 또한, 과도한 헤어롤(Hair roll) 사용이나 돈모(豚毛) 브러쉬(Brush)를 이용한 드라이(Dry)는 피하는 것이 좋다. 촘촘한 빗살이 발생시키는 마찰력으로 인해 가모가 엉키거나 뽑힐 수 있어 주의해야 한다.

헤어증모술(Hair increase) 후에 염모제(Hairdye)나 헤나(Henna) 제품을 바를 때에는 과도한 빗질은 삼가는 것이 좋다. 염모제나 펌제가 가모의 손상을 주지는 않지만 과도한 빗질로 인해 가모의 탈락이 올 수도 있다.

8. 자주하는 질문(Q & A)

1. 매듭(Knot)

Q 매듭이 티가 나지 않나요?

A 접착제를 이용하거나 고무줄을 사용하지 않고, 스킬바늘로 머리카락에 매듭을 엮어 고정하는 방식이므로 티가 나지 않아서 자연스럽습니다.

2. 관리(Management)

Q 지속적으로 관리를 받아야 하나요?

A 속눈썹 연장처럼 주기적인 관리가 필요합니다. 본인 머리가 자라면서 매듭의 위치도 같이 밀려 나오기 때문에 매듭을 다시 밀어 넣는 리페어(Repair) 관리를 주기적으로 받을 것을 권장합니다.

3. 가발과 차이점

Q 가발과 무엇이 다른가요?

A 헤어증모술(Hair increase)은 부분적인 빈모를 커버하는 시술로서 가발착용과 모발 이식이 부적합한 경우에 선택하는 것이 적절합니다. 가발은 핀형식과 접착형식이 있는데, 핀형식은 탈모가 시작되어 비어 보이는 부분에 커버할 수 있지만 무게가 무겁고 장시간 착용 시 모근이 약해져 견인성 탈모가 생길 수 있으므로 탈모가 진행 중인 대상자에게는 권유하지 않는 것이 일반적입니다. 접착식은 왁싱 후 접착제로 붙여서 쓰는 타입인데 탈모가 많이 진행된 대상자에게 적합합니다. 일상생활 시 불편함이 있고 정기적인 유지비는 물론이고 다소 부자연스럽기도 합니다.

가발의 답답함과 부자연스러움, 모발이식(Hair transplant)이라는 수술에 대한 두려움을 벗어나 자연스럽고 안정적으로 빈모를 커버할 수 있습니다.

4. 리페어 시기(Repair)

Q 리페어(Repair)는 언제 해야되나요?

A 개인에 따라 머리카락이 자라는 속도에 차이가 있을 수 있습니다. 본인 머리카락이 길어져 나오는 시기에 따라 리페어를 받는 것이 좋습니다. 보통 한 달에서 두 달 사이에 리페어를 받으면 가모와 본인 머리가 엉키거나 가모의 손상을 예방할 수 있습니다. 리페어를 먼저 받고 커트를 해야 가모의 길이를 유지할 수 있습니다.

5. 퍼머넌트웨이트(Permanent wave), 염색(Color)

Q 퍼머넌트웨이브(Permanent wave)나 염색은 되나요?

A 가모는 주로 카네칼론 인조모로 인모가 아니므로 일반 퍼머넌트 웨이브(Permanent wave)는 되지 않습니다. 다만 열에 의해 컬이 생기는 카네칼론(Kanekalon)의 특성상 열을 이용한 퍼머넌트웨이브(Heating permanent wave)는 가능합니다. 이때 열의 온도는 100° 이상 160° 이하가 적당합니다. 고온으로 열을 가하면 가모의 손상이 올 수 있으므로 주의해야 합니다. 염색은 되지 않습니다. 염색의 원리는 모의 큐티클을 열어 화학물질을 침투시켜 착색시키는 것인데 카네칼론(Kanekalon)은 이 큐티클(Cuticle)층이 존재하지 않습니다.

카네칼론(Kanekalon) *Check point*

카네칼론(Kanekalon)이란 아크릴로니트릴(Acrylonitrile)과 염화비닐(Vinyl chloride)의 공중합에 의해 일본에서 만들어진 합성섬유의 상표명. 일반명으로는 아크릴계의 섬유라고 하며, 아크릴로니트릴 40~50%를 혼용한 것을 가리킨다. 헤어증모술의 가모는 열변형 형상기억이 가능한 카네칼론이 많이 사용된다.

6. 영구적(Permanent)

Q 영구적인가요?

A 헤어증모술(Hair increase)은 본인 머리카락 한 올에 가모 4올을 엮는 방식으로 모발주기(Hair cycle)에 따라 휴지기(Telogen stage)에 해당하는 본인 머리가 탈락되면서 가모(假毛)도 같이 탈락됩니다. 그러므로 주기적인 리필(Refill)을 권장합니다.

7. 대머리(Bald head)

Q 대머리도 할 수 있나요?

A 가발처럼 왁싱(Waxing) 후 접착하는 방식이 아니고 본인 머리에 가모를 엮는 방식으로 본인머리가 있어야 증모술이 가능합니다. 속눈썹 연장처럼 원모가 없으면 증모가 불가능합니다.

8. 무게(Weight)

Q 무겁지는 않나요?

A 인모의 한 가닥 무게와 가모의 네 가닥 무게가 비슷하므로 비교적 무게감을 느끼지 못합니다.

9. 목욕, 찜질, 수영장(Bath, Fomentation, Pool)

Q 목욕, 찜질, 수영장 출입이 가능한가요?

A 헤어증모술(Hair increase) 이후에는 일상생활에 지장 없이 활동이 가능합니다. 다만, 너무 과도한 고온에서 찜질을 한다거나, 잦은 샴푸(Shampooing)는 증모의 유지력을 떨어뜨릴 수 있으므로 피하는 것이 좋습니다.

참고 문헌

- G.PEYREFITTE, "피부학", 정담미디어, 2011.
- 강갑연 외 3인, "두피모발관리학", 광문각, 2017.
- 고재숙, "피부관리학", 수문사, 2000.
- 곽형심 외 6인, "모발 · 두피관리학", 청구문화사, 2012.
- 김기영 외 11인, "미용인을 위한 New 해부생리학", 메디시언, 2015.
- 김기영 외 9인, "에센스 미용학개론", 메디시언, 2019.
- 김영숙, "두피모발관리학", 도서출판 대경, 2005.
- 김옥연, "손에 잡히는 모발과학", 메디시언, 2019.
- 김한식, "미용과학 I －피부과학편", 청구문화사, 2012.
- 아사다 야스오, "미용피부과학", 도서출판 신정, 1995.
- 이선재, "우리나라 여성의 머리 양식사", 신광출판사, 2003.
- 이주영, "모발생명과학", 형설출판사, 2005.
- 이황희 외 2인, "Scalp Care & Medical Treatment", 도서출판 정람, 2010.
- 임은진 외 7인, "두피 · 모발관리학", 메디시언, 2018.
- 장수만 외 7인, "New 두피 & 탈모관리", 동명사, 2010.
- 장수용, "직장예절과 고객서비스", 현대미디어, 2017.
- 정미영, "Trichology Ⅰ · Ⅱ · Ⅲ 두피모발관리학", 노구치코리아, 2010.
- 정숙희 외 4인, "TRICOLOIST(트리콜로지스트 스토리북)", 훈미사, 2008.
- 조명숙 외 6인, "모발학", 훈민사, 2005.
- 조성일, "두피&탈모관리학", 리그라인, 2006.
- 피현길, "한권으로 끝내는 헤어샴푸 & 헤드스파", 메디시언, 2020.
- 하명희 외 1인, "NCS미용경영", 성화, 2016.
- 한국서비스경영교육원, "SMART 비즈니스 커뮤니케이션A", 시대고시, 2021.
- 헤드헬스두피연구회, "Trichology Ⅰ · Ⅱ · Ⅲ", 청람, 2014.
- 제품지원 : 라마리코스메틱(주)
- https://search.naver.com/search.naver?sm=tab_hty.top&where=kdic&query=malassezia&tqi=ht0%2BxwprvmZssmwbiIhssssstXh-016501
- https://terms.naver.com/entry.nhn?docId=5144961&cid=61232&categoryId=61232
- https://blog.daum.net/jeuncell/12488806
- https://post.naver.com/my.nhn?memberNo=42410815
- https://blog.naver.com/hdlhani
- https://blog.naver.com/bliss_1107/222109391577
- https://brunch.co.kr/@sooviolet/3
- https://blog.naver.com/pilsuhair0966/221525494957
- https://m.talmo.com/home/bbs/board.php?bo_table=talmojisik&wr_id=48345

찾아 보기

두피 & 헤어 증모

1판 1쇄 인쇄 | 2022년 1월 25일
1판 1쇄 발행 | 2022년 2월 1일

지은이 | 권태일 · 김순경 · 윤정희 · 이수민 · 임성희
정지은 · 최서현 · 류선이 · 강정임

발행인 | 주병오 · 주민기

발행처 | 메디시인

경기도 파주시 회동길 209 (파주출판도시)
대표전화 : 031-955-2777, 031-955-7577
팩스 : 031-955-7730
홈페이지 : www.ji-gu.co.kr
E-mail : jigupub@hanmail.net
등록번호 : 2005년 2월 16일
제 406-2005 000045호

ISBN 979-11-90839-47-1 값 25,000원